普通高等教育“十三五”规划教材
高等院校计算机系列教材

Java Web应用开发教程

主　编　罗　旋
副主编　李龙腾　吴　鹏　李　凌

华中科技大学出版社
中国·武汉

内 容 提 要

全书共分 12 章，主要介绍了 Java Web 应用开发中的基本原理和开发技术。由浅入深，以 JSP、Servlet、MVC、JDBC 为基础，进一步介绍了 Spring、Spring MVC 和 MyBatis 三大主流 Java EE 轻量级框架及其整合的案例，完整介绍了使用 SSM 框架开发的全过程，使读者能快速地进入 Java Web 的开发领域。本书通过项目案例式引导，以实战带动讲解，让初学者快速掌握技术，并能学以致用。

本书可以作为高等院校计算机科学与技术专业、软件工程专业、计算机应用专业，以及其他相关专业的教材，同时可供从事相关专业的科研人员、软件开发人员及相关大专院校的师生参考，也可供学习 Java Web 应用开发基础的技术人员作为入门用书。

图书在版编目(CIP)数据

Java Web 应用开发教程/罗旋主编. —武汉：华中科技大学出版社，2020.9（2024.9 重印）
普通高等教育“十三五”规划教材. 高等院校计算机系列教材
ISBN 978-7-5680-6479-8

Ⅰ.①J…　Ⅱ.①罗…　Ⅲ.①JAVA 语言-程序设计-高等学校-教材　Ⅳ.①TP312.8

中国版本图书馆 CIP 数据核字(2020)第 143065 号

Java Web **应用开发教程**
Java Web Yingyong Kaifa Jiaocheng

罗　旋　主编

策划编辑：范　莹
责任编辑：陈元玉
封面设计：原色设计
责任监印：徐　露
出版发行：华中科技大学出版社（中国·武汉）　电话：(027)81321913
武汉市东湖新技术开发区华工科技园　邮编：430223
录　　排：武汉市洪山区佳年华文印部
印　　刷：武汉邮科印务有限公司
开　　本：787mm×1092mm　1/16
印　　张：22.5
字　　数：545 千字
版　　次：2024 年 9 月第 1 版第 5 次印刷
定　　价：49.80 元

前　　言

Web应用程序开发是目前软件开发领域的方向之一，其最大好处是用户可以很容易访问应用程序。用户只需要有浏览器即可，而不需要安装其他软件。基于Java的Web应用开发技术是目前Web开发的主流技术。本书从初学者的角度，循序渐进地讲解了使用Java语言和开源框架进行Web应用开发应该掌握的各项技术，从基础技术JSP、Servlet入手，到Spring、Spring MVC和MyBatis(SSM框架)的整合，以案例组织，重点讲解了这些技术在Web项目开发中的应用。

为了提高Java Web应用开发课程的教学质量，满足市场的需求和就业的需要，根据教学的基本要求，针对课程学习的特点，编写了本书。本书具有以下几个特点。

(1) 内容丰富，信息量大，融入了大量本领域的新知识和新方法。

本书理论与实践相结合，原理与技术相结合，突出通用性和实用性，并兼具前沿性。当前技术日新月异，软件开发技术也飞速发展，但是万变不离其宗，所以本书详细介绍了Java Web应用开发底层的基本原理，以基础篇(JSP、Servlet、JDBC技术)、进阶篇(SSM三大框架)逐层递进，以行业视角下的Java Web企业级应用开发知识体系为依据，让读者对使用MVC理念、SSM框架开发的全过程有全面的了解，体现了应用Java技术开发Web应用的发展特性，涉及当前应用广泛的开发规范。

(2) 在逻辑安排上循序渐进，由浅入深，便于读者系统学习。

本书详细介绍了应用Java技术实现Web应用的相关技术及编程方法，以由浅入深、逐层递进的方式介绍了Java Web应用开发后端的基础技术。

第1～5章是基础篇，主要介绍了Java Web应用开发的相关知识、Java Web开发环境的搭建、JSP技术的语法基础、JavaBean技术、Servlet技术和JDBC技术等主要的组件技术。

第6～12章是进阶篇，主要介绍了Spring框架、Spring MVC框架、MyBatis框架以及三大SSM框架的整合。

(3) 实践性强。

本书将理论知识的阐述融入案例的讲解中，深入浅出，逐层递进，讲解生动，并且附有大量的开发实例。读者不仅可以将这些实例作为练习的对象，也可以将其作为实际工作中的参考。实现了理论学习和具体应用的充分结合。

(4) 综合性强。

从宏观上介绍了MVC的理念与基于Java EE的主流框架的关系，通过两个实际的项目案例，详细介绍了Web系统开发的设计模式和开发过程，以及相关组件的应用。一个是使用JSP＋JavaBean＋Servlet技术实现的案例，另一个是使用SSM框架实现的案例。

本书由罗旋主编，李龙腾、吴鹏、李凌任副主编。其中，罗旋编写第3章、第5～12章，李龙腾编写第1章、第2章和第4章。全书由罗旋、吴鹏统稿。感谢李凌对本书习题部分的整理和编辑。

本书可以作为高等院校计算机科学与技术专业、软件工程专业、计算机应用专业，以及其他相关专业的教材，同时可供从事相关专业的科研人员、软件开发人员及相关大专院校的师生参考，也可供学习Java Web应用开发基础的技术人员作为入门用书。

本书提供了所有实例的源代码供读者学习参考使用，所有程序均经过了作者精心的调试。

本书引用了许多专家、学者、技术同行的研究成果，在此特向他们表示衷心的感谢。

由于时间仓促和作者的水平有限，书中的疏漏和不妥之处在所难免，敬请读者批评指正。

编　者

2020年4月于武汉

目　　录

第1章　Java Web 应用开发概述 …… (1)
1.1　C/S 架构和 B/S 架构 …… (1)
1.1.1　C/S 架构 …… (1)
1.1.2　B/S 架构 …… (2)
1.2　Web 的基本概念 …… (2)
1.2.1　Web 的定义 …… (2)
1.2.2　JSP 和其他 Web 编程语言 …… (4)
1.2.3　Web 的相关标准 …… (5)
1.2.4　JSP 开发 Web 应用的常见方式 …… (7)
1.3　Java EE 简介 …… (9)
1.3.1　Java 语言平台 …… (9)
1.3.2　Java EE 体系结构 …… (9)
1.4　小结 …… (10)
习题 1 …… (10)
第2章　Java Web 开发环境 …… (11)
2.1　Java 开发工具包 …… (11)
2.1.1　JDK 安装 …… (11)
2.1.2　JDK 部署测试 …… (12)
2.2　可视化集成开发环境 Eclipse …… (14)
2.2.1　Eclipse 概述 …… (14)
2.2.2　Eclipse 的安装及 JDK 集成 …… (14)
2.2.3　利用 Eclipse 开发 Java 程序 …… (16)
2.3　Web 服务器 Tomcat …… (17)
2.3.1　Tomcat 概述 …… (17)
2.3.2　Tomcat 的下载和安装 …… (17)
2.3.3　在 Eclipse 中配置 Tomcat …… (18)
2.3.4　在 Eclipse 中部署 Web 应用程序 …… (18)
2.4　MySQL 的下载与安装 …… (21)
2.4.1　MySQL 简介 …… (22)
2.4.2　MySQL 的下载 …… (22)
2.4.3　MySQL 的安装 …… (22)
2.5　小结 …… (26)

习题 2 ······ (26)
第 3 章 JSP 语法基础 ······ (27)
3.1 JSP 页面概述 ······ (27)
3.1.1 JSP 简介 ······ (27)
3.1.2 JSP 页面组成 ······ (28)
3.1.3 JSP 处理过程 ······ (28)
3.2 JSP 脚本标识 ······ (30)
3.2.1 JSP 声明 ······ (30)
3.2.2 JSP 表达式 ······ (31)
3.2.3 JSP 脚本段 ······ (32)
3.3 JSP 注释 ······ (32)
3.4 JSP 指令标识 ······ (33)
3.4.1 Page 指令 ······ (34)
3.4.2 include 指令 ······ (35)
3.4.3 taglib 指令 ······ (36)
3.5 JSP 动作标签 ······ (37)
3.5.1 包含标签〈jsp:include〉 ······ (37)
3.5.2 转发标签〈jsp:forward〉 ······ (38)
3.5.3 参数标签〈jsp:param〉 ······ (39)
3.5.4 创建 Bean 标签〈jsp:useBean〉 ······ (40)
3.5.5 设置属性值标签〈jsp:setProperty〉 ······ (42)
3.5.6 获取属性值标签〈jsp:getProperty〉 ······ (45)
3.5.7 插件标签〈jsp:plugin〉 ······ (48)
3.6 JSP 内置对象 ······ (49)
3.6.1 JSP 内置对象概述 ······ (49)
3.6.2 request 对象 ······ (50)
3.6.3 response 对象 ······ (54)
3.6.4 session 对象 ······ (58)
3.6.5 application 对象 ······ (61)
3.6.6 out 对象 ······ (62)
3.6.7 其他内置对象 ······ (63)
3.7 JavaBean 技术及其应用 ······ (65)
3.7.1 JavaBean 概述 ······ (65)
3.7.2 JavaBean 规范 ······ (66)
3.7.3 JavaBean 实例 ······ (67)
3.8 小结 ······ (70)
习题 3 ······ (70)

第4章　Java Web的数据库操作 ……………………………………………… (72)
4.1　JDBC 概述 ………………………………………………………………………… (72)
4.2　JDBC 的常用 API ………………………………………………………………… (73)
4.2.1　Driver 接口 ……………………………………………………………………… (73)
4.2.2　DriverManager 接口 …………………………………………………………… (73)
4.2.3　Connection 接口 ……………………………………………………………… (74)
4.2.4　Statement 接口 ………………………………………………………………… (74)
4.2.5　PreparedStatement 接口 ……………………………………………………… (74)
4.2.6　ResultSet 接口 ………………………………………………………………… (74)
4.3　通过 JDBC 访问数据库的过程 …………………………………………………… (75)
4.3.1　加载 JDBC 驱动程序 …………………………………………………………… (75)
4.3.2　建立数据库连接 ………………………………………………………………… (75)
4.3.3　执行 SQL 语句 ………………………………………………………………… (76)
4.3.4　获得查询结果 …………………………………………………………………… (76)
4.3.5　关闭连接 ………………………………………………………………………… (76)
4.4　JDBC 在 Java Web 开发中的应用 ……………………………………………… (77)
4.4.1　开发模式 ………………………………………………………………………… (77)
4.4.2　分页查询 ………………………………………………………………………… (77)
4.4.3　JSP 通过 JDBC 驱动 MySQL ………………………………………………… (78)
4.5　小结 ……………………………………………………………………………… (80)
习题4 ………………………………………………………………………………… (80)
第5章　Servlet 技术 ……………………………………………………………… (81)
5.1　Servlet 概述 ……………………………………………………………………… (81)
5.1.1　Servlet 技术简介 ………………………………………………………………… (81)
5.1.2　Servlet 任务 ……………………………………………………………………… (82)
5.1.3　Servlet 技术特点 ………………………………………………………………… (83)
5.1.4　Servlet 与 Applet 的比较 ……………………………………………………… (83)
5.1.5　Servlet 与 CGI 的比较 ………………………………………………………… (83)
5.1.6　Servlet 与 JSP 的区别 ………………………………………………………… (84)
5.1.7　Servlet 生命周期 ………………………………………………………………… (85)
5.2　Servlet 的常用类和接口 ………………………………………………………… (87)
5.2.1　Servlet 接口 ……………………………………………………………………… (88)
5.2.2　ServletConfig 接口 ……………………………………………………………… (89)
5.2.3　HttpServlet 类 …………………………………………………………………… (90)
5.3　Servlet 开发过程 ………………………………………………………………… (92)
5.3.1　Servlet 的创建 …………………………………………………………………… (92)
5.3.2　Servlet 的配置 …………………………………………………………………… (97)

5.4 Servlet 实例 …………………………………………………… (99)
5.5 Servlet 的中文问题 ……………………………………………… (103)
5.6 Servlet 过滤器 …………………………………………………… (104)
5.6.1 过滤器的概念 ………………………………………………… (104)
5.6.2 Servlet 过滤器对象……………………………………………… (105)
5.6.3 Servlet 过滤器实例……………………………………………… (107)
5.7 产品管理系统 …………………………………………………… (109)
5.7.1 系统功能分析 ………………………………………………… (109)
5.7.2 系统架构设计 ………………………………………………… (109)
5.7.3 数据库设计 …………………………………………………… (110)
5.7.4 公共模块实现 ………………………………………………… (110)
5.7.5 用户管理模块实现……………………………………………… (114)
5.7.6 产品管理模块实现……………………………………………… (118)
5.8 小结 ……………………………………………………………… (124)
习题 5 ……………………………………………………………… (124)
第 6 章 Spring 基础……………………………………………… (126)
6.1 Spring 概述 ……………………………………………………… (126)
6.1.1 Spring 的发展历史 ……………………………………………… (126)
6.1.2 Spring 的特点 ………………………………………………… (129)
6.1.3 Spring 的作用 ………………………………………………… (130)
6.2 Spring 体系结构 ………………………………………………… (130)
6.3 Spring 开发环境的搭建 ………………………………………… (133)
6.3.1 下载 Spring …………………………………………………… (133)
6.3.2 Spring 框架配置………………………………………………… (133)
6.4 Spring 开发过程 ………………………………………………… (135)
6.4.1 创建项目 ……………………………………………………… (135)
6.4.2 创建接口 ……………………………………………………… (135)
6.4.3 创建接口实现类 ……………………………………………… (135)
6.4.4 创建配置文件 ………………………………………………… (136)
6.4.5 编写测试类 …………………………………………………… (136)
6.4.6 运行项目 ……………………………………………………… (137)
6.5 小结 ……………………………………………………………… (137)
习题 6 ……………………………………………………………… (137)
第 7 章 Spring 关键技术………………………………………… (138)
7.1 Spring IoC 和 DI ………………………………………………… (138)
7.1.1 概述 …………………………………………………………… (138)
7.1.2 Spring IoC 容器 ………………………………………………… (139)

7.1.3　Spring Bean 的配置 …… (141)
7.2　依赖注入 …… (142)
7.2.1　Bean 的属性注入 …… (142)
7.2.2　Bean 的构造函数注入 …… (147)
7.2.3　Bean 的注解注入 …… (149)
7.3　Bean 自动装配 …… (155)
7.4　Spring Bean 实例化 …… (157)
7.4.1　构造器实例化 …… (157)
7.4.2　静态工厂方式实例化 …… (159)
7.4.3　实例工厂方式实例化 …… (160)
7.4.4　Spring Bean 的作用域 …… (162)
7.4.5　Spring Bean 的生命周期 …… (166)
7.5　面向切面编程 …… (167)
7.5.1　面向切面编程概述 …… (167)
7.5.2　基于 XML 的声明式 …… (171)
7.5.3　基于 Annotation 的声明式 …… (175)
7.6　Spring JDBC …… (177)
7.6.1　Spring JDBC 的配置 …… (177)
7.6.2　JdbcTemplate 的解析 …… (177)
7.6.3　JdbcTemplate 的常用方法 …… (179)
7.7　Spring 事务管理 …… (181)
7.7.1　核心接口 …… (182)
7.7.2　注解声明式事务管理 …… (184)
7.8　小结 …… (188)
习题 7 …… (189)
第 8 章　Spring MVC 基础 …… (190)
8.1　Spring MVC 简介 …… (190)
8.2　Spring MVC 工作流程 …… (192)
8.2.1　Spring MVC 工作流程概述 …… (192)
8.2.2　关键组件分析 …… (193)
8.3　Spring MVC 开发过程 …… (199)
8.4　小结 …… (202)
习题 8 …… (202)
第 9 章　Spring MVC 关键技术 …… (203)
9.1　Spring MVC 注解 …… (203)
9.1.1　@Controller …… (203)
9.1.2　@RequestMapping …… (206)

9.2 Spring MVC的参数传递 …… (211)
9.2.1 客户端到服务器端的参数传递 …… (211)
9.2.2 服务器端到客户端的参数传递 …… (213)
9.3 转发与重定向 …… (219)
9.4 类型转换和格式转换 …… (223)
9.4.1 内置的类型转换器 …… (224)
9.4.2 格式转换 …… (225)
9.5 数据绑定 …… (227)
9.5.1 基本类型 …… (228)
9.5.2 Pojo对象类型 …… (230)
9.5.3 包装Pojo对象类型 …… (231)
9.5.4 List集合类型 …… (234)
9.5.5 Map集合类型 …… (238)
9.6 Spring MVC中文问题 …… (241)
9.7 表单标签库 …… (241)
9.8 拦截器 …… (261)
9.9 文件上传与下载 …… (263)
9.10 小结 …… (265)
习题9 …… (265)
第10章 MyBatis基础 …… (266)
10.1 MyBatis概述 …… (266)
10.2 MyBatis开发环境的搭建 …… (268)
10.3 MyBatis原理 …… (269)
10.3.1 架构图 …… (269)
10.3.2 主要构件 …… (271)
10.3.3 工作流程 …… (272)
10.4 MyBatis开发流程 …… (273)
10.5 小结 …… (278)
习题10 …… (278)
第11章 MyBatis关键技术 …… (279)
11.1 核心API …… (279)
11.2 配置文件 …… (285)
11.2.1 配置文件简介 …… (285)
11.2.2 〈properties〉元素 …… (286)
11.2.3 〈settings〉元素 …… (286)
11.2.4 〈typeAliases〉元素 …… (290)
11.2.5 〈typeHandlers〉元素 …… (290)

11.2.6 〈objectFactory〉元素 …… (292)
11.2.7 〈plugins〉元素 …… (292)
11.2.8 〈environments〉元素 …… (292)
11.2.9 〈mappers〉元素 …… (294)
11.3 映射文件 …… (295)
11.3.1 〈select〉元素 …… (295)
11.3.2 〈insert〉、〈update〉、〈delete〉元素 …… (298)
11.3.3 〈sql〉元素 …… (300)
11.3.4 〈resultMap〉元素 …… (300)
11.4 单表操作 …… (301)
11.5 级联查询 …… (309)
11.5.1 一对一关联查询 …… (309)
11.5.2 一对多关联查询 …… (315)
11.6 动态 SQL …… (318)
11.6.1 〈if〉元素 …… (319)
11.6.2 〈choose〉、〈when〉、〈otherwise〉元素 …… (320)
11.6.3 〈trim〉元素 …… (321)
11.6.4 〈where〉元素 …… (321)
11.6.5 〈set〉元素 …… (322)
11.6.6 〈foreach〉元素 …… (323)
11.6.7 〈bind〉元素 …… (324)
11.7 小结 …… (325)
习题 11 …… (325)
第 12 章 SSM 三大框架整合 …… (326)
12.1 SSM 框架整合环境的搭建 …… (326)
12.1.1 层次图 …… (326)
12.1.2 导入相关 JAR 包 …… (327)
12.2 在 Spring 中配置 MyBatis 工厂 …… (328)
12.3 使用 Spring 管理 MyBatis 的数据操作接口 …… (329)
12.4 SSM 框架整合案例 …… (329)
12.4.1 准备数据库 …… (330)
12.4.2 创建 Web 应用项目 …… (330)
12.4.3 创建持久化层 …… (330)
12.4.4 创建 DAO 层 …… (332)
12.4.5 创建 Service 层 …… (333)
12.4.6 创建 Controller 层 …… (334)
12.4.7 创建 Web 页面 …… (336)

12.4.8 创建配置文件 …………………………………………………………… (339)
12.4.9 发布并运行应用程序 …………………………………………………… (344)
12.5 小结…………………………………………………………………………… (345)
习题 12 ………………………………………………………………………………… (345)
参考文献…………………………………………………………………………… (346)

第1章　Java Web应用开发概述

学习目标

- C/S架构和B/S架构的主要特点；
- Web的基本概念；
- Java EE的体系结构。

1.1　C/S架构和B/S架构

1.1.1　C/S架构

C/S架构是一种比较早的软件架构，主要用于局域网内，全称为Client/Server，即客户端/服务器模式。它可以分为客户端和服务器两层。

第一层：在客户端系统上结合了界面显示与业务逻辑；第二层：通过网络结合了数据库服务器。简单来说就是第一层为用户表示层，第二层为数据库层。

这里需要补充的是，客户端不仅是一些简单的操作，也会处理一些运算、业务逻辑的操作等。也就是说，客户端也做一些本该由服务器来做的事情，如图1-1所示。

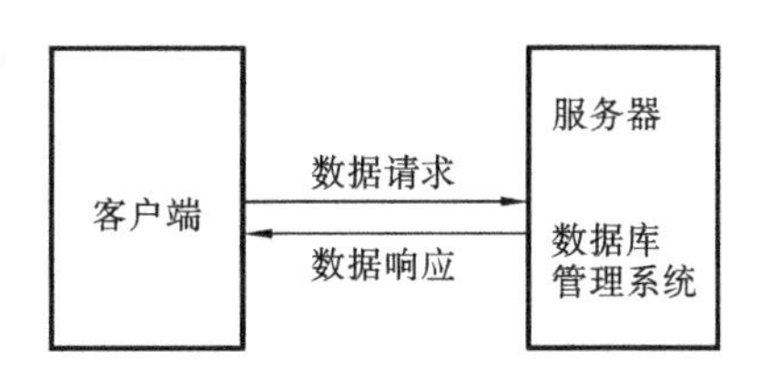

图1-1　两层C/S架构

C/S架构有一个特点，就是如果用户要使用的话，那么需要下载一个客户端，安装后才可以使用。比如QQ、百度云盘等。

C/S架构包含以下几个方面的优点。

- 能充分发挥客户端PC的处理能力，很多工作可以在客户端处理后再提交给服务器，所以客户端的响应速度快。
- 操作界面可展现的形式丰富多样，可以充分满足客户自身的个性化要求。
- C/S结构的管理信息系统具有较强的事务处理能力，能实现复杂的业务流程。
- 安全性能可以很容易保证，C/S一般面向相对固定的用户群，程序更加注重流程，它可以对权限进行多层次校验，提供了更安全的存取模式，对信息安全的控制力很强。

C/S架构包含以下几个方面的缺点。

- 需要专门的客户端安装程序，分布功能弱，针对点多、面广且不具备网络条件的用户群体，不能实现快速部署、安装和配置。
- 兼容性差，对于不同的开发工具，具有较大的局限性。若采用不同的工具，则需要重新改写程序。

● 开发、维护成本较高，需要具有一定专业水准的技术人员才能完成，发生一次升级，则所有客户端的程序都需要改变。

● 用户群固定。由于程序需要安装才可使用，因此不适合面向一些不可知的用户，所以适用面窄，通常用于局域网中。

1.1.2 B/S 架构

B/S 架构的全称为 Browser/Server，即浏览器/服务器结构。Browser 指的是 Web 浏览器，极少数事务逻辑在前端实现，但主要事务逻辑在服务器端实现。B/S 架构的系统客户端无须特别安装，只要有 Web 浏览器即可。

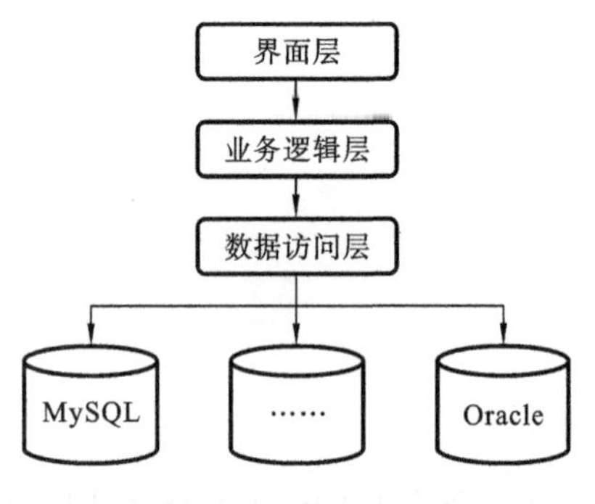

图 1-2 三层 B/S 架构

B/S 架构的分层如图 1-2 所示。

与 C/S 架构只有两层不同的是，B/S 架构有三层，如下。

第一层为界面层：主要完成用户与后台的交互，以及最终查询结果的输出功能。

第二层为业务逻辑层：主要利用服务器完成客户端的应用逻辑功能。

第三层为数据访问层：主要是接收客户端的请求后再独立进行各种运算。

B/S 架构包含以下几个方面的优点。

● 分布性强，客户端零维护。只要有网络、浏览器，就可以随时随地进行查询、浏览等业务处理。

● 业务扩展简单方便，通过增加网页即可增加服务器功能。

● 维护简单方便，只需要改变网页，就可实现所有用户的同步更新。

● 开发简单，共享性强。

B/S 架构包含以下几个方面的缺点。

● 个性化特点明显下降，无法实现具有个性化的功能要求。

● 在跨浏览器上，B/S 架构不尽如人意。

● 客户端/服务器端的交互是请求-响应模式，通常动态刷新页面，响应速度明显下降(Ajax 可以在一定程度上解决这个问题)。

● 在速度和安全性上需要花费巨大的设计成本。

● 功能弱化，难以实现传统模式下的特殊功能要求。

1.2 Web 的基本概念

1.2.1 Web 的定义

Web 即全球广域网，也称万维网，它是一个基于超文本和 HTTP 的、全球性的、动态交互的、跨平台的分布式图形信息系统。它是建立在Internet上的一种网络服务，为浏览者在Internet上查找和浏览信息提供了图形化的、易于访问的直观界面，其中的文档及超链接将Internet上的信息节点组织成一个互为关联的网状结构。

早期的Web应用主要是静态页面的浏览，这些静态页面使用HTML语言编写，放在服务器上，用户使用浏览器通过HTTP协议请求服务器上的Web页面，服务器上的Web服务器软件接收到用户发送的请求后，读取请求URI所标识的资源，加上消息包头发送给客户端的浏览器，浏览器解析响应中的HTML数据，向用户呈现多样化的HTML页面。静态Web工作过程如图1-3所示。

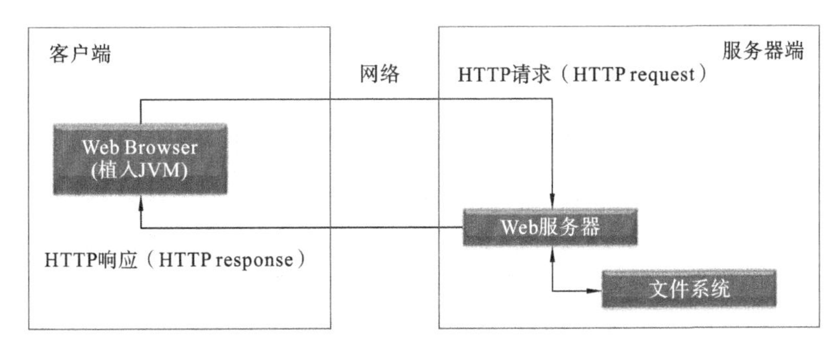

图1-3 静态Web工作过程

但是随着网络的发展，很多线下业务开始向网上发展，基于Internet的Web应用也变得越来越复杂，用户所访问的资源已不仅仅局限于服务器硬盘上存放的静态网页，更多的应用需要根据用户的请求动态生成网页信息，复杂的业务还需要从数据库中提取信息，经过一定的运算，生成一个页面返回给用户。动态Web工作过程如图1-4所示。

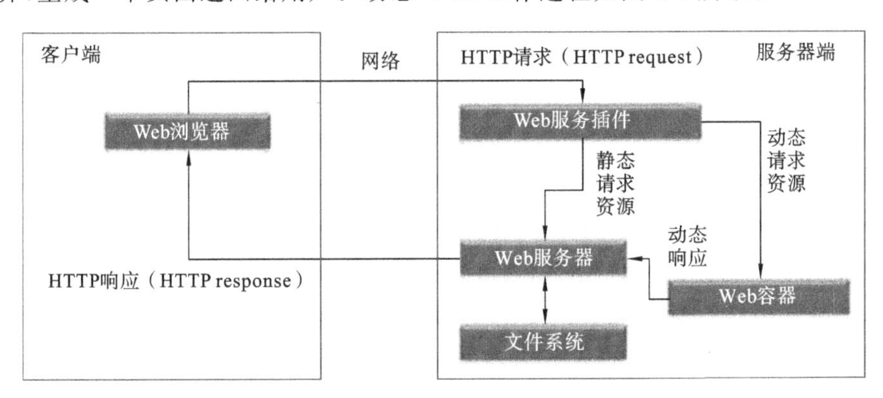

图1-4 动态Web工作过程

动态Web的一个最大的特点就是具备交互性，而且在动态Web中，客户端的工作虽然很简单，但是服务器端还是有了很大的改变，例如，在服务器端不再直接使用Web服务器进行接收，而是先通过一个Web服务插件，用于区分是动态请求还是静态请求。

如果是静态请求，则将内容交给Web服务器，调用文件系统；如果是动态请求，则进入一个Web容器，开始做代码的拼凑工作。动态Web本身没有固定代码。但是不管是固定的还是拼凑的，基本都通过Web服务器返回，返回给客户端，并进行内容的显示。

静态 Web 基本是靠普通的 HTML 实现的。

比较常见的服务器端动态 Web 页面技术包含以下几方面。

- CGI(common gateway interface,公共网关接口)。
- PHP(hypertext preprocessor,超文本预处理)。
- ASP(active server pages,动态服务器页面)。
- ASP. NET(active server page . NET,基于. NET 的动态服务页面)。
- JSP(Java server page,Java 服务器页面)。
- Servlet(服务器端小程序)。

1.2.2 JSP 和其他 Web 编程语言

目前,主流的 Web 编程语言有 JSP、ASP、PHP 等。

1. JSP

JSP(Java server page)是由 Sun Microsystems 公司倡导、许多公司参与一起建立的一种动态网页技术标准。JSP 技术类似 ASP 技术,它是在传统的网页 HTML 文件(*.htm、*.html)中插入 Java 程序段(Scriptlet)和 JSP 标记(tag),从而形成 JSP 文件(*.jsp)。使用 JSP 开发的 Web 应用是跨平台的,既能在 Linux 下运行,也能在其他操作系统上运行。

JSP 页面由 HTML 代码和嵌入其中的 Java 代码所组成。服务器在页面中被客户端请求后会对这些 Java 代码进行处理,然后将生成的 HTML 页面返回给客户端的浏览器。Java Servlet 是 JSP 的技术基础,而且大型 Web 应用程序的开发需要 Java Servlet 和 JSP 配合才能完成。JSP 具备 Java 技术的简单易用、完全地面向对象、平台无关性且安全可靠、主要面向因特网的所有特点。

JSP 可采用一种简单易懂的等式表示为:HTML+Java=JSP。

2. PHP

PHP 是英文 hypertext preprocessor(超文本预处理)的缩写。PHP 是一种 HTML 的内嵌式语言,是一种在服务器端执行的嵌入 HTML 文档的脚本语言,语言的风格类似于 C 语言,现已被广泛运用。

PHP 独特的语法混合了 C、Java、Perl 以及 PHP 自创新的语法。安装 PHP 可以比 CGI 或者 Perl 更快速地执行动态网页。使用 PHP 做出的动态页面与其他的编程语言相比,PHP 是将程序嵌入 HTML 文档中去执行,执行效率比完全生成 HTML 标记的 CGI 要高许多;PHP 还可以执行编译后的代码,编译可以达到加密和优化代码运行的目的,使代码运行的速度更快。PHP 具有非常强大的功能,所有 CGI 的功能 PHP 都能实现,而且 PHP 支持几乎所有流行的数据库以及操作系统。

3. ASP 和 ASP. NET

ASP 是 active server page 的缩写,意为动态服务器页面。ASP 是 Microsoft 公司开发的代替 CGI 脚本程序的一种应用,它可以与数据库和其他程序进行交互,是一种简单、方便的编程工具。ASP 的网页文件的格式是. asp,现在常用于各种动态网站中。

ASP. NET 是把基于通用语言的程序在服务器上运行。不像以前的 ASP 即时解释程序，而是将程序在服务器端首次运行时进行编译，执行效果比一条一条的解释强很多，执行效率也大大提高。

ASP.NET可以运行在Web应用软件开发者的几乎全部平台上。通用语言的基本库、消息机制、数据接口的处理都能无缝地整合到ASP.NET的Web应用中。

1.2.3　Web的相关标准

Web标准不是某一个标准，而是一系列标准的集合。狭义上讲，Web标准主要由三部分组成：结构标准（XML、HTML和XHTML）、表现标准（CSS）、行为标准（DOM、JavaScript）。广义上讲，Web标准还包括超文本传输协议（hyper text transport protocol，HTTP）、统一资源标志符（uniform resource identifier，URI）和统一资源定位符（uniform resource locator，URL）等。

1. HTML、XML与XHTML

HTML（hyper text marked language），即超文本标记语言，是一个包含标记的文本文件，需要通过www浏览器才能显示出效果，是一种最为基础的语言。

所谓超文本，因为它可以加入图片、声音、动画、影视等内容，因此可以通过超链接功能将网页链接起来，而网页与网页的链接构成网站，网站与网站的链接最终就构成多姿多彩的万维网。

所谓标记，就是采用一系列的指令符号来控制输出的效果。标记也常被称为标签，HTML使用标签语言来标记要显示的网页中的各个部分。通过这些标签，浏览器就可以获知网页中的各个部分应该如何显示，如显示的字体、字号、颜色等。

XML（extensible markup language，可扩展标记语言）最初设计的目的是弥补HTML的不足，以强大的扩展性满足网络信息发布的需要，后来逐渐用于网络数据的转换和描述。XML是一种简单的数据存储语言，使用一系列简单的标记描述数据，而这些标记可以方便的方式建立，虽然XML占用的空间比二进制数据要占用的空间更多，但XML极其简单且易于掌握和使用。

XHTML是HTML向XML的过渡语言，删除了部分表现层的标签，标准要求提高，有严谨的结构，所有标签必须关闭。如果是单独不成对的标签，在标签最后加一个"/"来关闭它。

2. TCP/IP与HTTP

TCP/IP是以IP和TCP协议为核心的一整套网络协议的总称，所以有时候我们也称其为TCP/IP协议族。可以说，TCP/IP支撑着整个互联网，因为它就是互联网采用的网络协议。IP和TCP协议是TCP/IP协议中最为核心的两个协议。处于网络层的IP协议提供的IP数据报传输是不可靠的，因为它只承诺尽可能地将数据报发送出去，而不能保证发送的数据包能否成功地抵达目的地。TCP是一个基于连接的协议，TCP利用“接收确认”和“超时重传”机制确保了数据能够成功抵达目的地。

HTTP（hyper text transfer protocol，超文本传输协议），是TCP/IP协议族的一部分，这是一个位于应用层的网络协议，在它之下的就是TCP协议。由于TCP协议是一个“可靠”的协议，所以HTTP自然也能提供可靠数据传输功能。

HTTP于1990年诞生。HTTP是一种通信协议，它规定了客户端(浏览器)与服务器之间信息交互的方式。因此，只有客户端和服务器都支持HTTP，才能在万维网上发送和接收信息。经过多年的使用和发展，HTTP得到了不断的完善和扩展。

在浏览器的地址栏中输入一个URL，或者单击网页中的一个超链接时，便确定了要浏览的地址。浏览器会通过超文本传输协议(HTTP)从Web服务器上将站点的网页代码提取出来，并翻译成网页返回到浏览器。

HTTP可以使浏览器的使用更加高效，并减少网络传输。它不仅可以保证计算机正确、快速地传输超文本文档，还可以确定具体传输文档中的哪些部分以及优先传输哪些部分等。

3. DOM与JavaScript

文档对象模型(document object model，DOM)是HTML和XML文档的编程接口。它提供了对文档的结构化的表述，并定义了一种方式可以从程序中对该结构进行访问，从而改变文档的结构、样式和内容。DOM将文档解析为一个由节点和对象(包含属性和方法的对象)组成的结构集合。

一个Web页面是一个文档。这个文档可以在浏览器窗口或作为HTML源码显示出来。但上述两种情况中都是同一份文档。文档对象模型(DOM)提供了对同一份文档的另一种表现、存储和操作的方式。DOM是Web页面的完全的面向对象表述，它能够使用如JavaScript等脚本语言来修改。

JavaScript是世界上最流行的脚本语言。JavaScript是属于Web的语言，被设计为向HTML页面增加交互性。

人们一般使用JavaScript代码、通过DOM来访问文档和其中的元素。DOM并不是一种编程语言，但如果没有DOM，JavaScript语言也不会有任何网页、XML页面以及涉及元素的概念或模型。文档中的每个元素，如整个文档、文档头部、文档中的表格、表格中的文本等都属于文档对象模型(DOM)中的一部分，因此它们可以使用DOM和一种脚本语言如JavaScript来访问和处理。

4. URI与URL

可操作的Web资源应该具有一个唯一的标识。虽然具有很多唯一性标志符的种类可供选择(比如GUID)，但是采用URI来标识Web资源已经成了一种共识。实际上，URI的全称为uniform resource identifier(统一资源标志符)。

URI和URL之间有很大的区别。一个URL肯定是一个URI，但是一个URI不一定是一个URL，URL仅仅是URI的一种表现形式而已。两者的差异其实可以直接从其命名来区分，URI是Web资源的标志符，所以只要求它具有“标志性”即可；URL的全称为uniform resource locator(统一资源定位符)，所以除了具有标志性外，它还具有定位的功能，用于描述Web资源所在的位置。

URL不仅用于定位目标资源所在的位置，还用于指名获取资源所采用的协议，一个完整的URL包含协议名称、主机名称(IP地址或者域名)、端口号、路径和查询字符串5个部分。比如对于"http://www.exampleSite.com:8080/images/flag.png?size=big"这样一个URL，上述的5个部分分别是"http"、"www.exampleSite.com"、"8080"、"images/flag.png"和"?size=big"。

1.2.4　JSP开发Web应用的常见方式

1. 单纯的JSP设计模式

在单纯的JSP设计模式下，通过应用JSP中的脚本标志，可以直接在JSP页面中实现各种功能。虽然这种模式很容易实现，但是，其缺点也非常明显。因为将大部分的Java代码与HTML代码混淆在一起，会给程序的维护和调试带来许多困难，而且难以理清完整的程序结构。

这就好比规划管理一个大型企业，如果将负责不同任务的所有员工都安排在一起工作，势必会造成公司秩序混乱、不易管理等许多隐患。所以说，单纯的JSP设计模式是无法应用到大型、中型甚至小型的JSP Web应用程序开发中的。

2. JSP+JavaBean设计模式

JSP+JavaBean设计模式是JSP程序开发经典设计模式之一，适合小型或中型网站的开发。利用JavaBean技术，可以很容易地完成一些业务逻辑上的操作，例如数据库的连接、用户登录与注销等。

JavaBean是一个遵循了一定规则的Java类，在程序的开发中，将要进行的业务逻辑封装到这个类中，在JSP页面中，通过动作标签来调用这个类，从而执行这个业务逻辑。此时的JSP除了负责部分流程的控制外，还用来进行页面的显示，而JavaBean则负责业务逻辑的处理。JSP+JavaBean设计模式如图1-5所示。

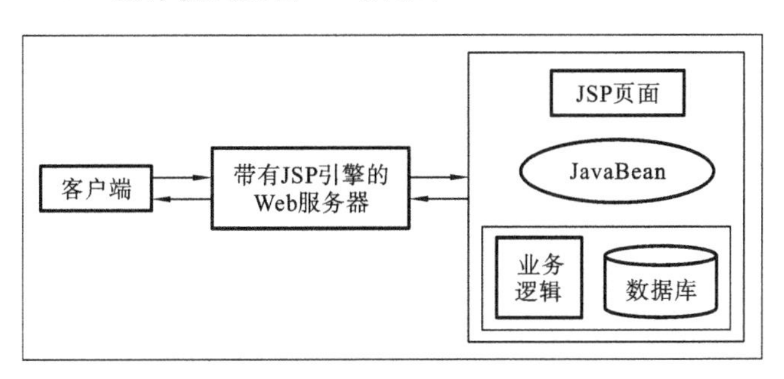

图1-5　JSP+JavaBean设计模式

从图1-5可以看出，JSP+JavaBean设计模式有一个比较清晰的程序结构，在JSP技术的起步阶段，该模式曾被广泛应用。

3. JSP+JavaBean+Servlet设计模式

JSP+JavaBean设计模式虽然已经对网站的业务逻辑和显示页面进行了分离，但这种模式下的JSP不但要控制程序中的大部分流程，而且要负责页面的显示，所以仍然不是一种理想的设计模式。

在JSP+JavaBean设计模式的基础上加入Servlet来实现程序中的控制层，是一种很好的选择。在这种模式中，由Servlet来执行业务逻辑并负责程序的流程控制，JavaBean组件负责实现业务逻辑，充当模型的角色，JSP负责页面的显示。可以看出，这种模式使得程序中的层次关系更明显，各组件的分工也非常明确。图1-6展示了该模式对客户端的请求进行处理的过程。

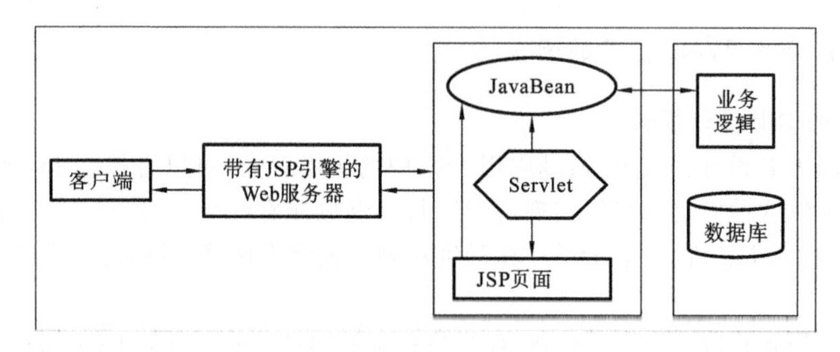

图1-6　JSP+JavaBean+Servlet设计模式对客户端的请求进行处理的过程

但JSP+JavaBean+Servlet设计模式同样也存在缺点。该模式遵循了MVC设计模式，MVC只是一个抽象的设计概念，它将待开发的应用程序分解为三个独立的部分：模型(Model)、视图(View)和控制器(Controller)。

虽然用来实现MVC设计模式的技术可能都是相同的，但各公司都有自己的MVC架构。也就是说，这些公司用来实现自己的MVC架构所应用的技术可能都是JSP、Servlet与JavaBean，但它们的流程及设计却是不同的，所以工程师需要花更多的时间去了解。

从项目开发的观点来说，因为需要设计MVC各对象之间的数据交换格式与方法，所以在系统的设计上需要花费更多的时间。

使用JSP+JavaBean+Servlet设计模式进行项目开发时，可以选择一个实现了MVC模式的现成的框架，在此框架的基础上进行开发，能够大大节省开发的时间，会取得事半功倍的效果。目前，已有很多可以使用的现成的MVC框架，例如Spring MVC、Struts框架。

4. MVC框架设计模式

MVC(Model-View-Controller，模型-视图-控制器)是一个程序设计概念，它同时适用于简单的和复杂的程序。使用该模式，可将待开发的应用程序分解为三个独立的部分：模型、视图和控制器。

Model(模型)：MVC模式中的Model(模型)指的是业务逻辑的代码，是应用程序中真正用来完成任务的部分。

View(视图)：视图实际上就是程序与用户进行交互的界面，用户可以看到它的存在。视图可以具备一定的功能，并遵守对其所做的约束。在视图中，不应包含对数据处理的代码，即业务逻辑代码。

Controller(控制器)：控制器主要用于控制用户的请求并做出响应。它根据用户的请求选择模型或修改模型，并决定返回什么样的视图。

目前，企业流行开发的MVC框架的实现有SSH(Struts2、Spring、Hibernate)和SSM(Spring MVC、Spring、MyBatis)等。SSH通常是指Struts2做控制器(Controller)、Spring管理各层的组件、Hibernate负责持久化层。SSM则是指Spring MVC做控制器(Controller)、Spring管理各层的组件、MyBatis负责持久化层。

1.3　Java EE简介

1.3.1　Java语言平台

Java语言的平台有三个版本：适用于小型设备和智能卡的Java ME(Java platform micro edition,Java微型版)、适用于桌面系统的Java SE(Java standard edition,Java标准版)、适用于企业应用的Java EE(Java platform enterprise edition,Java企业版)。

Java EE是一个基于标准的开放的平台，是开发分布式企业级应用的规范和标准。Java EE应用程序是由组件构成的。Java EE组件是具有独立功能的单元，它们通过相关的类和文件组装成Java EE应用程序，并与其他组件交互。

1.3.2　Java EE体系结构

Java EE应用程序的体系一般由三层结构组成。第一层为表示层：由用户界面和用户生成界面的代码组成；第二层为中间层：包含系统的业务和功能代码；第三层为数据层：负责完成存取数据库的数据和对数据进行封装。

Java EE技术体系结构可分为表示层技术、中间层技术、数据层技术。Java EE还涉及系统集成的一些技术。

1. 表示层技术

表示层技术包括HTML、JavaScript、Ajax。Ajax是几种技术的整合。Ajax的主要功能是异步地向服务器端发送请求，处理数据或者根据返回的数据重新显示页面。

2. 中间层技术

中间层技术包括JSP、Servlet、JSTL、JavaBean和中间层的框架技术。

JSP：显示动态内容的服务器网页。

Servlet：接收客户端请求，并做出响应的Java程序。Servlet是中间层技术的重要组成部分，它控制着其他的组件。

JSTL：辅助JSP显示动态内容的标准标签库。

JavaBean：Java EE的模型组件。

中间层的框架技术：Struts框架对各层中相关对象的实例进行管理。Struts主要扩展了Servlet。

3. 数据层技术

数据层技术包括JDBC和数据层框架技术。

JDBC(Java database connectivity)：Java数据库连接。使用JDBC操作数据库中的表和数据。

数据层框架技术：MyBatis能将对象映射成数据库中的记录。Hibernate提供了以对象的形式操作关系型数据库数据的功能。

4. 系统集成技术

系统集成技术包括JAX-WS和JNDI。

JAX-WS(Java API for XML Web service)：是 Java EE 平台的重要组成部分。JAX-WS 简化了使用 Java 技术开发 Web 服务的工作。

JNDI(Java naming and directory interface，Java 命名和目录接口)：是一组在 Java 应用中访问命名和目录服务的 API，命名服务把对象和名称联系在一起，并且可以通过名称找到相应的对象。

1.4 小结

本章首先分析了 C/S 结构和 B/S 结构的主要特点；然后介绍了 Java Web 开发的相关概念，主要包括 Web 的定义、JSP 及其他常见的 Web 编程语言、Web 的相关标准、JSP 开发 Web 应用的常见方式等内容；最后介绍了 Java Web 开发平台 Java EE。通过本章的学习，读者能够了解 Java Web 开发的基本概念，以及常见的开发模式，为后面的学习打下基础。

习 题 1

1. C/S 架构和 B/S 架构各自的优缺点是什么？
2. JSP 有什么优点？JSP 与 ASP、PHP 的相同点是什么？
3. JSP 开发 Web 应用的四种常见模式是什么？
4. HTML、XML 与 XHTML 分别是指什么？有什么区别与联系？
5. URI、URL 分别是指什么？有什么区别与联系？
6. JSP 程序包括哪些开发模式？

第2章 Java Web 开发环境

学习目标

- Java 开发工具包；
- 可视化集成开发环境 Eclipse；
- Web 服务器 Tomcat。

2.1 Java 开发工具包

Java 开发工具包(Java development kit,JDK)由 Sun 公司(已被 Oracle 公司收购)提供。它包括运行 Java 程序所必需的 JRE(Java runtime environment,Java 运行环境)及开发过程中常用的库文件。使用 JDK 可以将 Java 程序编译为字节码文件,即 class 文件。

在使用 JSP 开发 Web 之前,首先必须安装 JDK 组件。

2.1.1 JDK 安装

1. 下载

JDK 的官方地址为:http://www.oracle.com。下面以下载 JDK 8 为例介绍 JDK 下载及安装的方法,具体过程如下。

在浏览器中输入 https://www.oracle.com/java/technologies/javase-downloads.html,进入 JDK 下载页面,如图 2-1 所示。

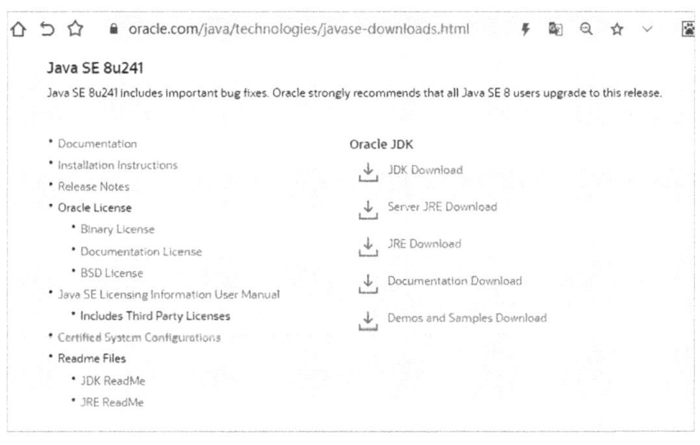

图 2-1 JDK 下载页面

单击 JDK Download 下载链接,进入 JDK 8 的下载页面,在下载页面中列出了 JDK 在

Linux/Solaris/Windows 等不同操作系统和硬件平台(64 位和 32 位)的安装链接,用户可根据情况进行选择。首先必须勾选"Accept License Agreement"复选框,否则无法下载,例如,选择 64 位 Windows 操作系统的 JDK,则单击 jdk-8u161-windows-x64. exe 下载。

2. 安装

下载完毕后,双击 jdk-8u161-windows-x64. exe 文件,会出现安装向导窗口,如图 2-2 所示。在图 2-3～图 2-5 所示的对话框中,可以单击"更改"按钮更改安装路径。

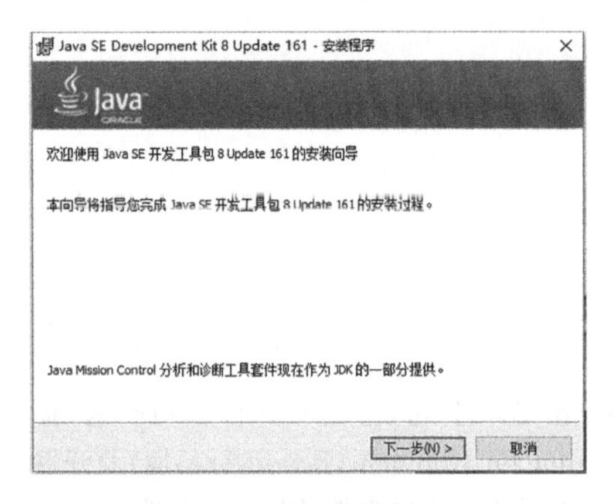

图 2-2　安装向导窗口

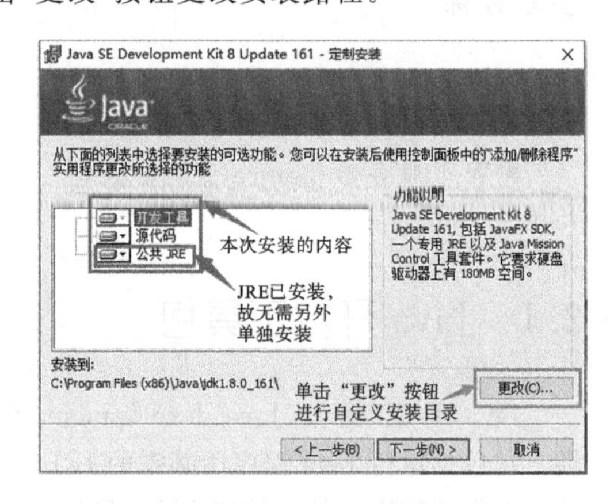

图 2-3　定制安装页面

图 2-4　更改 JDK 的安装路径

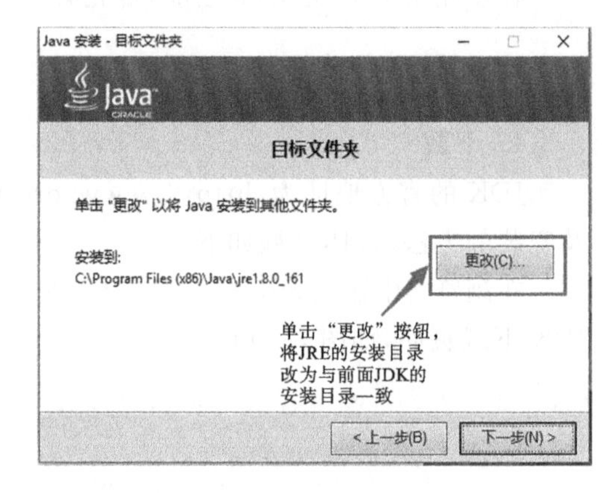

图 2-5　选择 JRE 的安装路径

JDK 安装完毕后,单击"关闭"按钮,完成安装。

2.1.2　JDK 部署测试

安装好的 JDK 需要进行环境变量的配置。在 JDK 中需要配置 JAVA_HOME、CLASSPATH 和 PATH 三个环境变量。其中 CLASSPATH 和 PATH 必须配置,JAVA_HOME 可选。配置的具体过程如下。

(1) 右击"我的电脑",在快捷菜单中选择"属性",弹出如图 2-6 所示的"系统"窗口,在该窗口的左侧控制面板主页选择"高级系统设置",会弹出"系统属性"对话框。在该对话框中选择"高级"选项卡(见图 2-7),再单击"环境变量"按钮,弹出"环境变量"对话框,如图 2-8 所示。

图 2-6　“系统”窗口

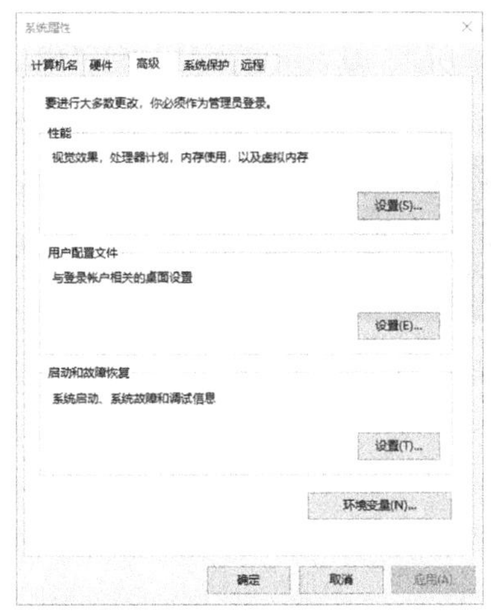

图 2-7　“系统属性”对话框

图 2-8　“环境变量”对话框

（2）单击“系统变量”栏下的“新建”按钮，弹出“编辑系统变量”对话框，如图 2-9 所示。在该对话框的“变量名”文本框中填写 JAVA_HOME，在“变量值”文本框中填写 JDK 的安装路径。该变量的含义就是指 Java 的安装路径。

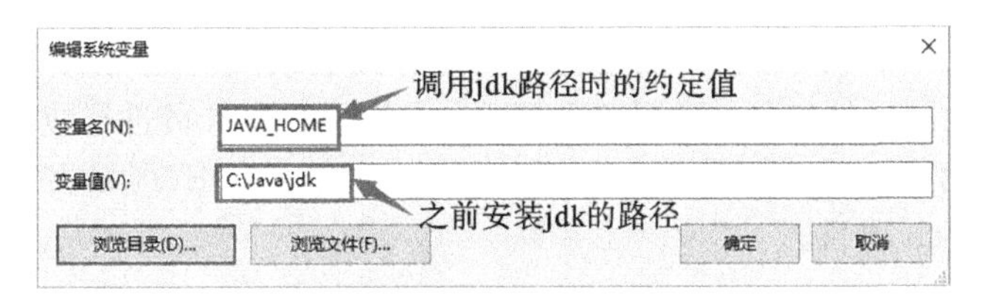

图 2-9　新建 JAVA_HOME 系统变量

此处根据用户自己的安装路径填写，例如，“C:\Java\jdk”，然后单击“确定”按钮，JAVA_HOME 配置完成。

PATH 环境变量为操作系统提供查找和执行应用程序的路径。当执行可执行文件时，系统首先在当前路径下查找，若查找不到，则到 PATH 指定的各个路径中去查找。Java 开发需要的编译器(javac exe)、解释器(java. exe)都在其安装路径的 bin 目录中。为了在命令行的任何路径下都可以使用它们，应将 bin 目录添加到 PATH 环境变量中。

在系统变量中查看是否有 PATH 环境变量，若不存在，则需要新建；若存在，则选中 PATH 环境变量，单击“编辑”按钮，打开“编辑系统变量”对话框。在该对话框的“变量值”文本框的开始位置添加%JAVA_HOME%\bin。其中的%JAVA_HOME%代表环境变量 JAVA_HOME 的当前值。

在“系统变量”选项区域中新建 CLASSPATH 系统变量，并赋值为：

.;%JAVA_HOME%\lib.jar;%JAVA_HOME%\lib\tools.jar

其中的“.”代表当前路径，表示让 Java 虚拟机先到当前路径下去查找要使用的类。当前路径指 Java 虚拟机运行时的当前工作目录。

(3) 安装好 JDK 并配置好环境变量后，可以通过 cmd 命令进行测试，测试是否已安装及是否配置正确。在“开始”菜单栏键入 cmd 命令，回车后打开 cmd 窗口，在该窗口中输入 java 并回车，会显示出 java 的相关信息；键入 javac 并回车，会显示出 Java 编译的相关信息；输入 java -version 获取当前安装的 jdk 的版本信息，如图 2-10 所示，即表示已安装并配置成功。

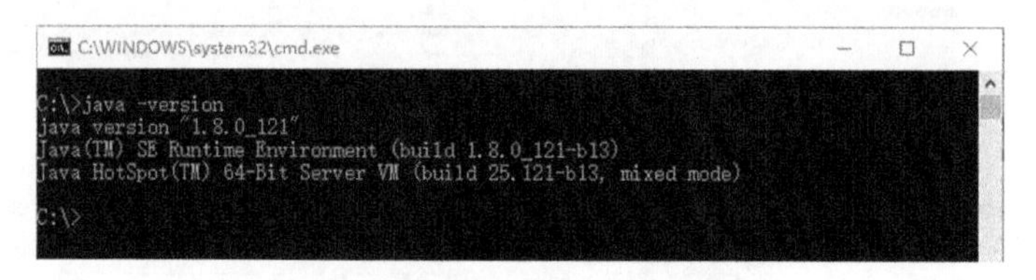

图 2-10　测试 JDK 是否正常运行

2.2　可视化集成开发环境 Eclipse

2.2.1　Eclipse 概述

Eclipse 是一个开放源代码的、基于 Java 的可扩展开发平台。Eclipse 是 Java 的集成开发环境(IDE)。当然，Eclipse 也可以作为其他开发语言的集成开发环境，如 C、C++、PHP 和 Ruby 等。Eclipse 提供一个框架，可以通过添加相应的插件组件构建不同的开发环境。Eclipse 还包括插件开发环境(plug-in development environment，PDE)，这个组件主要针对希望扩展 Eclipse 的软件开发人员，因为该组件允许开发人员构建与 Eclipse 环境无缝集成的工具。Eclipse 通过插件组件构建的开发环境，方便了开发人员进行应用开发。

在 Eclipse 的官方网站中提供了 Java EE 版的 Eclipse IDE，可以在不需要安装其他插件的情况下创建 Web 项目。

2.2.2　Eclipse 的安装及 JDK 集成

Eclipse 的安装及 JDK 集成步骤如下。

(1) 访问 Eclipse 官网的下载页面 https://www.eclipse.org/downloads/，选择 Download Packages，可以下载 Eclipse 的最新版本，如图 2-11 所示。选择“Eclipse IDE for Enterprise Java Developers(includes Incubating components)”，再根据开发环境选择“Windows 64-bit”版本，进入下载页面。

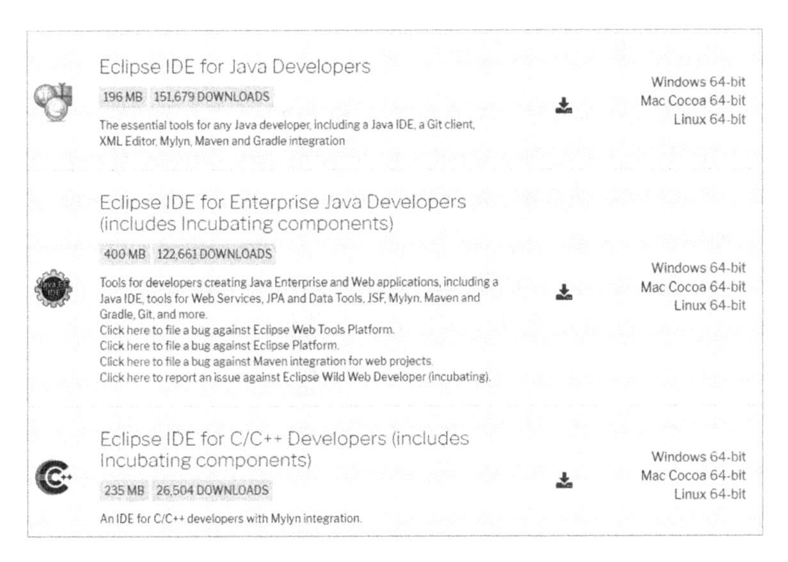

图 2-11　Eclipse 下载页面

(2) 下载后，双击安装包，可直接解压到指定的目录(如 D:\ECLIPSE)，即可完成 Eclipse 的安装。双击安装目录下的 eclipse. exe，启动 Eclipse。Eclipse 是基于 Java 的可扩展开发平台，所以安装 Eclipse 前，需要确保你的电脑已安装 JDK。若你打开 Eclipse 的时候发现如图 2-12 所示的提示对话框，则说明你的电脑未安装 JDK 环境。

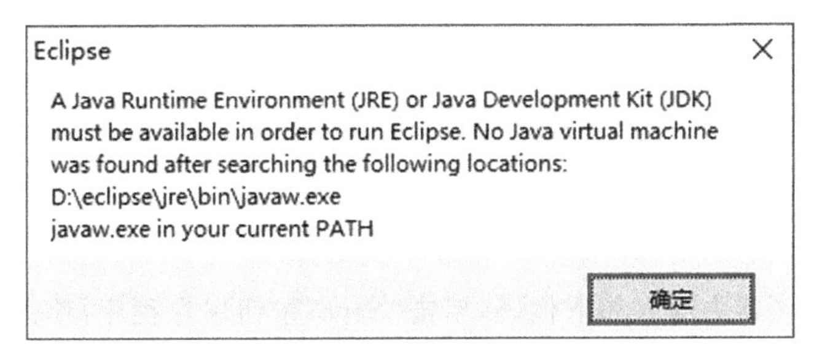

图 2-12　提示对话框

第一次打开需要设置的工作环境，你可以指定工作目录，或者使用默认的 C 盘工作目录，单击“OK”按钮，如图 2-13 所示。

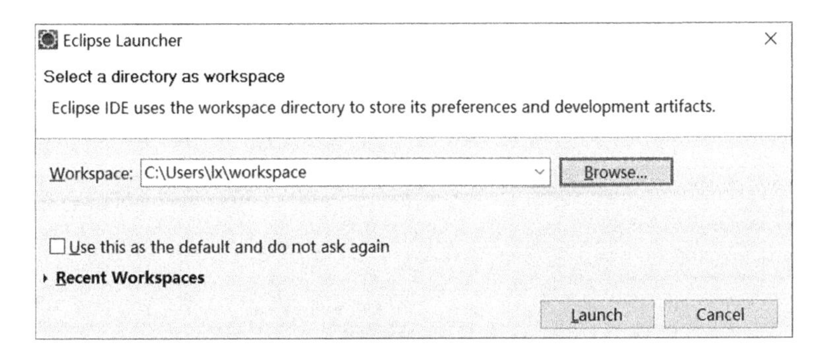

图 2-13　“设置工作目录”对话框

2.2.3 利用 Eclipse 开发 Java 程序

Eclipse 安装完成后，下面编写一个简单的 Java 程序。

（1）创建一个项目：选择 File|New|Project 命令，弹出“New Project”对话框，如图 2-14 所示。

（2）在“New Project”对话框中，选择“Java Project”，单击“Next”按钮，弹出“New Java Project”对话框，如图 2-15 所示。输入项目名称“testProject”，单击“Finish”按钮，弹出对话框，询问是否进行透视图切换，单击“Yes”后，自动打开 Java 透视图。Eclipse 左侧 Package Explorer（包资源管理器）中显示项目 testProject 及其包含的包和 JRE System Library。

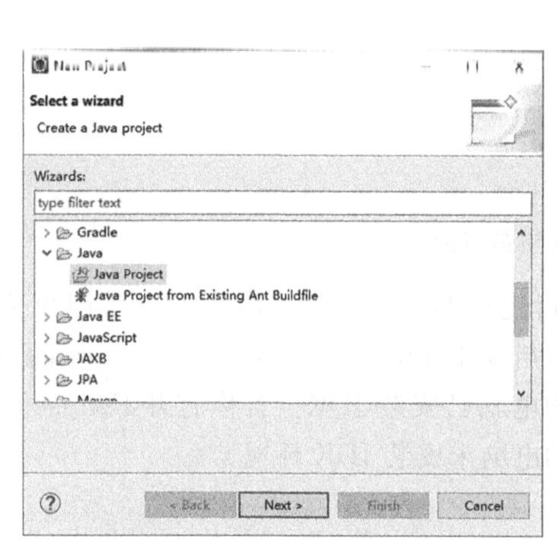

图 2-14 “New Project”对话框

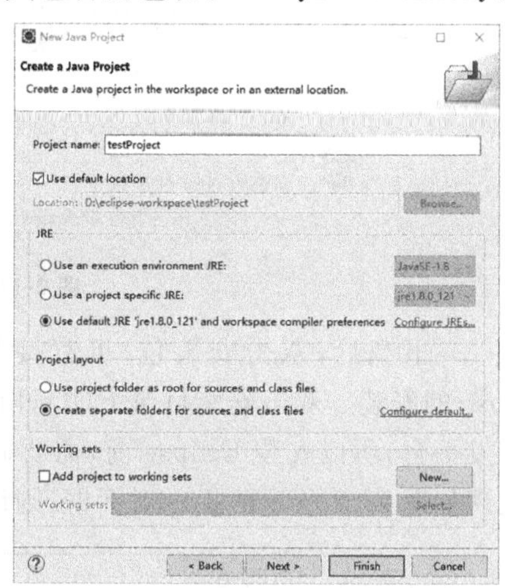

图 2-15 “New Java Project”对话框

（3）选择“File|New|Class”命令，弹出“New Java Class”对话框。在“Name”文本框中输入类名“testClass”，勾选“public static void main(String[]args)”复选框，单击“Finish”按钮，如图 2-16 所示。

（4）在代码编辑器中输入如下代码，单击“Save”按钮保存程序，单击“Run”按钮，在控制台 Console 中可以看到运行结果输出"Hello world!"，如图 2-17 所示。

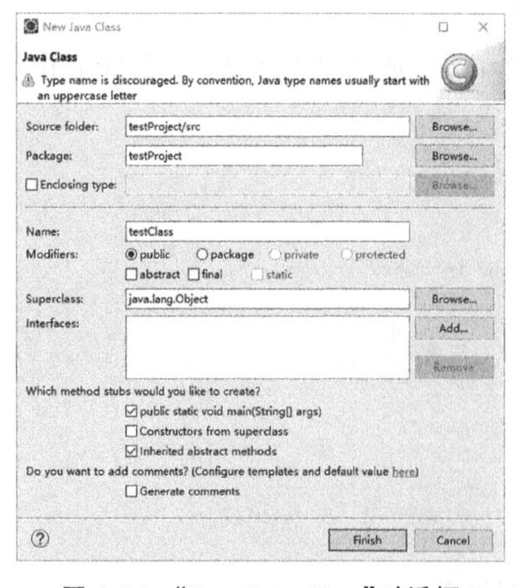

图 2-16 “New Java Class”对话框

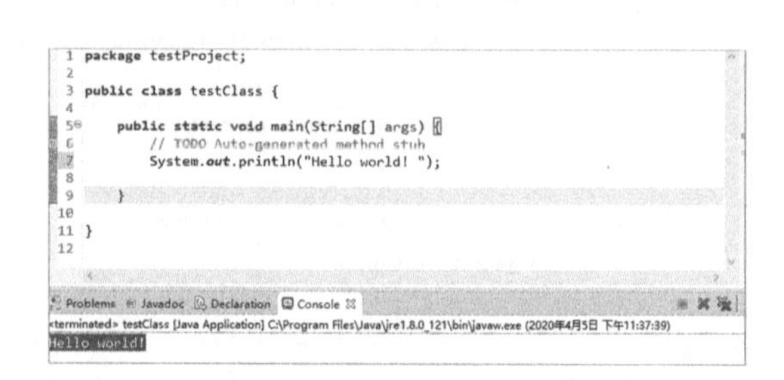

图 2-17 代码及控制台显示

2.3　Web 服务器 Tomcat

开发 Web 应用程序，需要建立 Web 服务器的发布和运行项目。常见的服务器有 Apache、WebSphere、WebLogic、Tomcat 等。Tomcat 作为一个基于 Java 的开源 Web 服务器，主要优势在于它占用资源少、易扩展。本书以 Tomcat 作为开发 Web 应用的服务器。

需要注意的是，在安装 Tomcat 之前，一定要确保安装了相应的 JDK，并配置了环境变量（如 PATH、JAVA_HOME 等）。

2.3.1　Tomcat 概述

Tomcat 是 Apache 软件基金会（Apache software foundation）的 Jakarta 项目中的一个核心项目，由 Apache 公司、Sun 公司和其他一些公司及个人共同开发而成。因为 Tomcat 技术先进、性能稳定，而且免费，因此深受 Java 爱好者的喜爱并得到了部分软件开发商的认可，已成为目前比较流行的 Web 应用服务器。

Tomcat 服务器是一个免费的开放源代码的 Web 应用服务器，属于轻量级应用服务器，在中小型系统和并发访问用户不是很多的场合下被普遍使用，是开发和调试 JSP 程序的首选。

2.3.2　Tomcat 的下载和安装

Tomcat 的下载和安装步骤如下。

（1）登录 Tomcat 官方网站 http://tomcat.apache.org/，在左侧列出了可以下载的 Tomcat 版本，如图 2-18 所示。本书选择以 Tomcat 8 作为服务器，单击对应的链接，进入对应的下载页面，如图 2-19 所示，选择“64-bit Windows zip”，下载相应的打包文件。

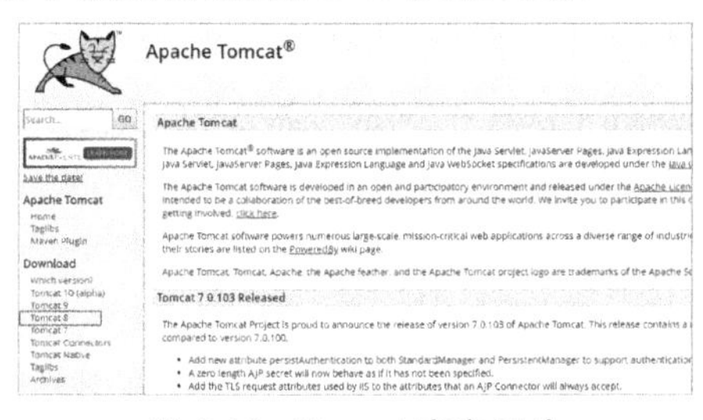

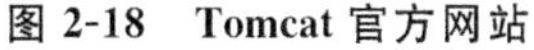
图 2-18　Tomcat 官方网站

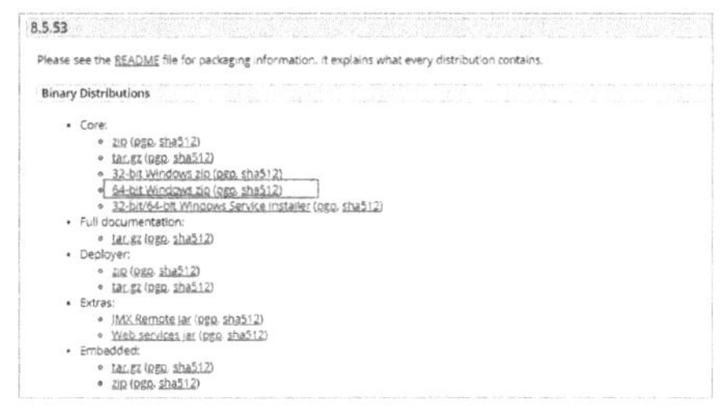

图 2-19　选择下载的版本

（2）将下载的 zip 格式压缩包解压。解压后，在 Tomcat 目录中，比较重要的文件夹如下。

bin：支持 Tomcat 运行的常见 exe 文件，以及启动和关闭 Tomcat 的脚本。

conf：Tomcat 系统的配置文件。其中，server.xml 和 web.xml 是最主要的两个配置文件。

webapps：网站资源文件。发布 Web 应用时，默认存放于此。

logs：存放系统的日志文件。

work：JSP 生成的 Servlet 源文件和字节码文件，由 Tomcat 自动生成。

lib：存放 Tomcat 服务器运行所需的各自 jar 文件。

（3）启动 Tomcat。双击 bin 文件夹中的 startup.bat，Tomcat 启动后，会出现一个黑色的控制台窗口，如图 2-20 所示。在控制台窗口中，包含服务端口（8080）和启动时间（2724

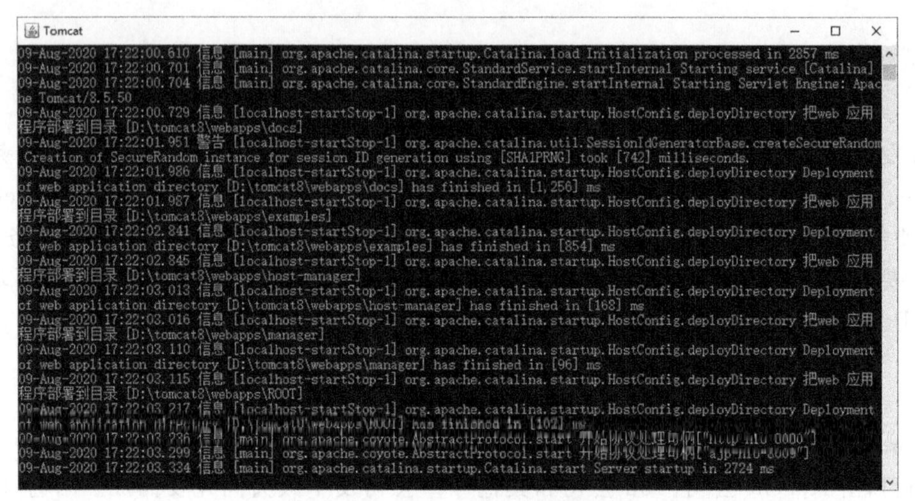

图 2-20　Tomcat 控制台窗口

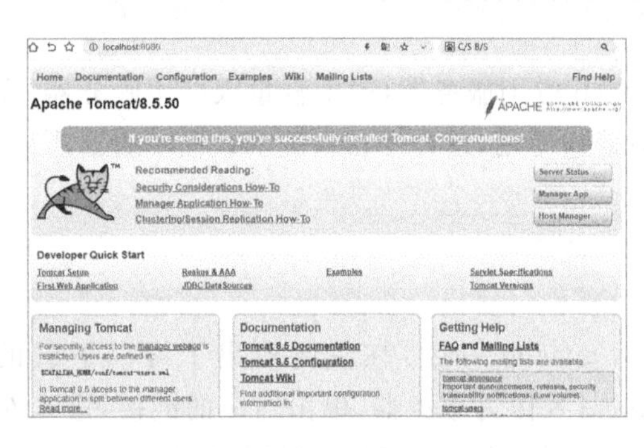

图 2-21　Tomcat 主页

ms)等重要信息。注意:控制台窗口不能关闭,否则 Tomcat 也被关闭。

(4) 在浏览器地址栏输入 http://localhost:8080,出现如图 2-21 所示的主页,说明 Tomcat 安装成功。执行 shutdown.bat 可以停止 Tomcat 服务器。

(5) Tomcat 默认的服务端口是 8080,如果此端口被占用,则可能会导致 Tomcat 启动失败。此时,可以配置服务器,修改默认运行端口。方法是:用记事本或写字板打开 Tomcat 安装目录下的 conf 文件夹中的 server.xml,找到 Connector port="8080",将 8080 改为其他端口即可。保存修改后,需要重启服务器。

2.3.3　在 Eclipse 中配置 Tomcat

Tomcat 安装后,可以在 Eclipse 中配置部署 Tomcat,以利于下一步 Java Web 项目的开发和发布。具体步骤如下。

(1) 打开 Eclipse,单击"Window"菜单,选择下方的"Preferences",在"Preferences"对话框中选择"Server|Runtime Environments",如图 2-22 所示,单击"Add"按钮。

(2) 在如图 2-23 所示的"New Server Runtime Environment"对话框中选择"Apache Tomcat v8.5",单击"Next"按钮,打开指定 Tomcat 安装目录的窗口,如图 2-24 所示。

(3) 单击"Browse"按钮,选择 Tomcat 的安装目录,如图 2-25 所示。指定安装目录后,单击"Finish"按钮,完成 Tomcat 服务器的配置。

2.3.4　在 Eclipse 中部署 Web 应用程序

完成 Eclipse 中 Tomcat 的配置后,下面通过创建一个 Java Web 项目展示如何将其部

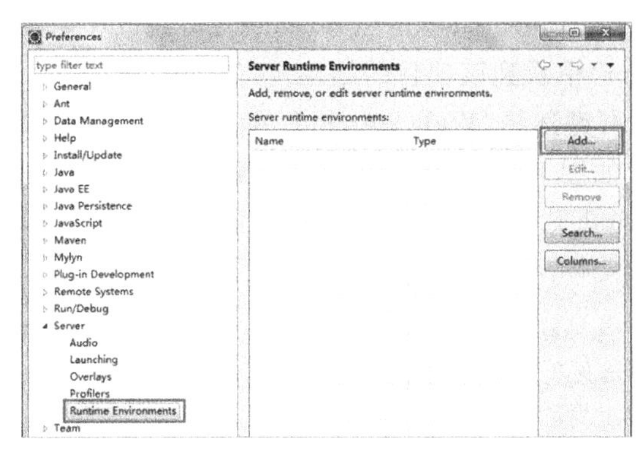

图 2-22　“Preferences”对话框

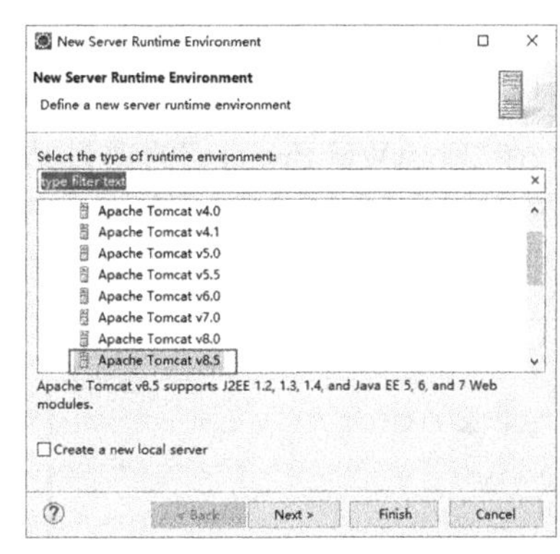

图 2-23　“New Server Runtime Environment”对话框

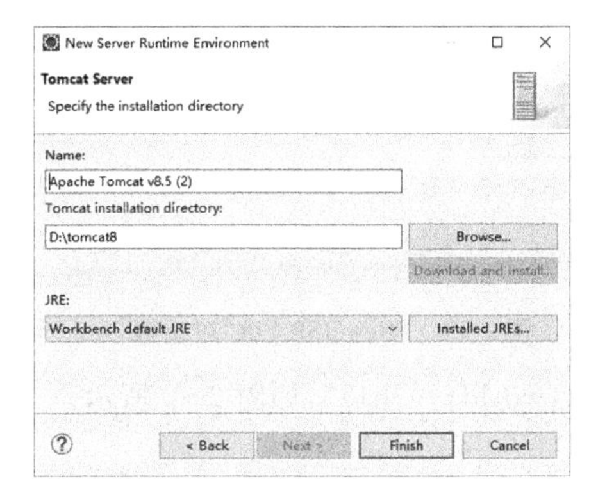

图 2-24　配置“Tomcat Server”

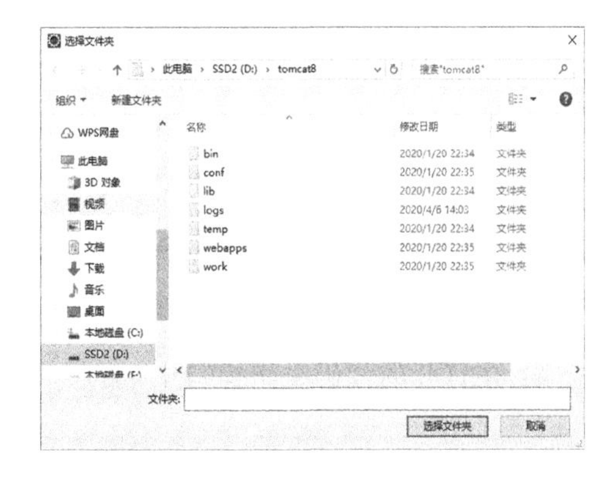

图 2-25　选择 Tomcat 安装目录

署到 Tomcat 服务器中运行。

（1）启动 Eclipse，单击菜单“File|New”，选择“New Project...”，在弹出的“New Project”对话框中选择“Dynamic Web Project”，如图 2-26 所示。

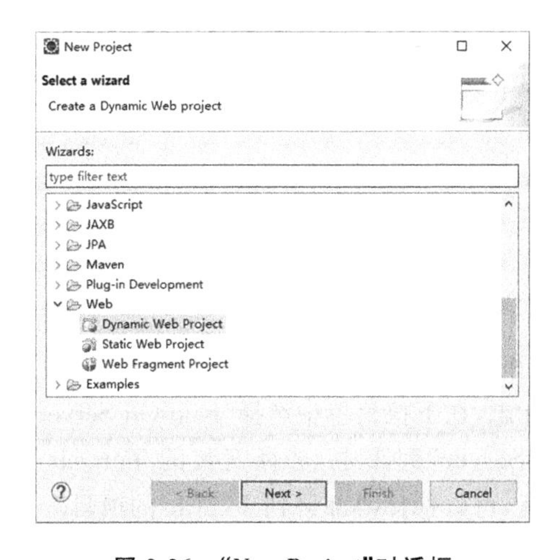

图 2-26　“New Project”对话框

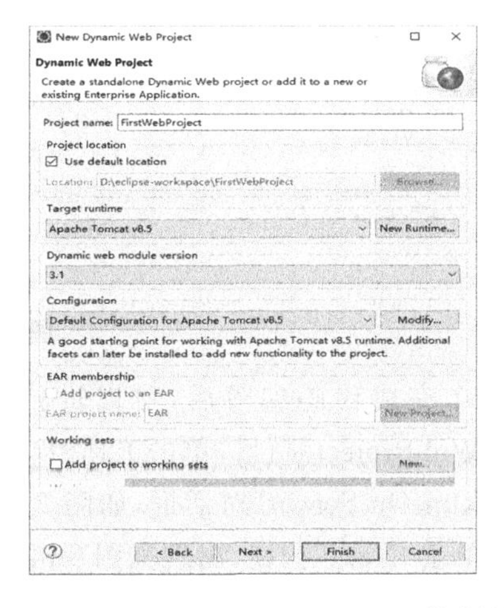

图 2-27　“New Dynamic Web Project”对话框

（2）单击“Next”按钮，弹出“New Dynamic Web Project”对话框，如图 2-27 所示。在

“Project name”文本框中输入项目名称“FirstWebProject”，单击“Finish”按钮，完成项目创建。此时，可在 Eclipse 左侧的“Project Explorer”中看到该项目的结构树，如图 2-28 所示。

(3) 在“FirstWebProject”的项目结构树中右键选择“WebContent”，在快捷菜单中选择“New|JSP File”，弹出“New JSP File”对话框，如图 2-29 所示。在“File name”文本框中输入文件名“index.jsp”，单击“Finish”按钮，创建 index.jsp 文件。

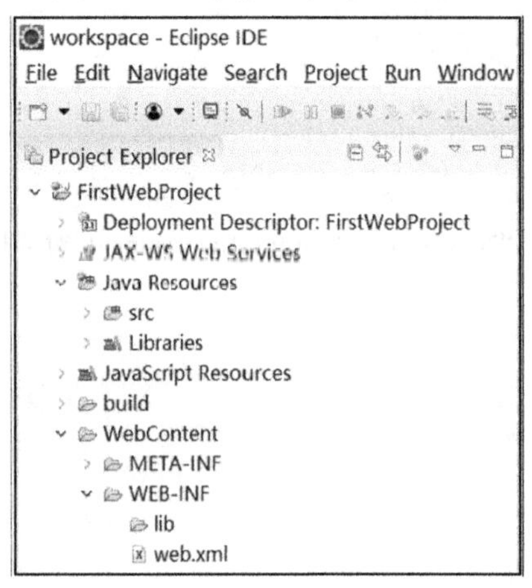

图 2-28 “FirstWebProject”项目结构树

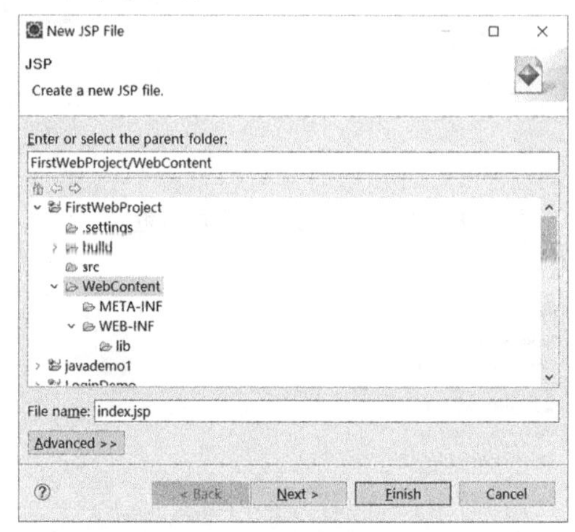

图 2-29 “New JSP File”对话框

(4) 在打开的代码编辑窗口中，输入“〈h1〉Hello，world! 〈/h1〉”，如图 2-30 所示。

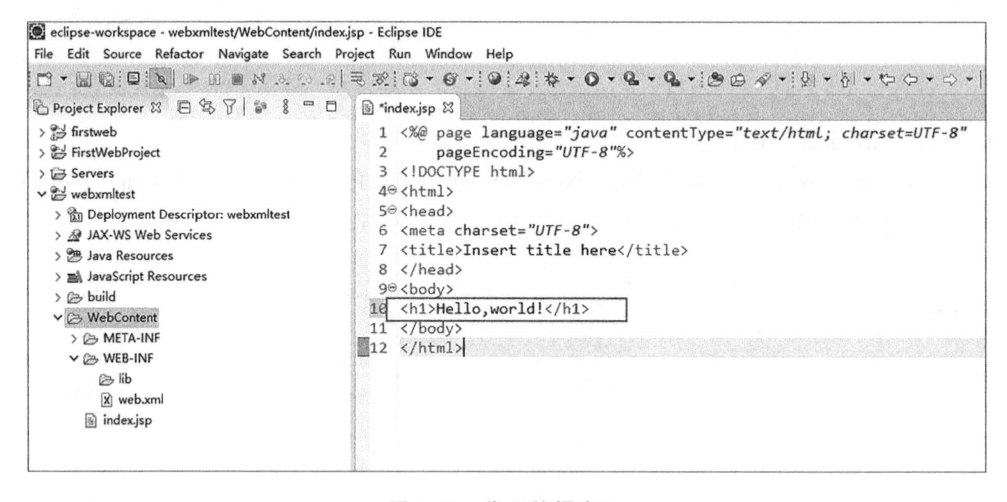

图 2-30 代码编辑窗口

(5) 完成代码编写后，可以进行项目的部署和运行。在“Project Explorer”中选择“FirstWebProject”项目，单击工具栏“Run As”三角标志，在下拉菜单中选择“Run On Server”，弹出“Run On Server”对话框，如图 2-31 所示。在“Server”列表中，选择安装的 Tomcat 服务器，单击“Next”按钮，出现如图 2-32 所示的对话框，可以选择要部署到 Tomcat 的项目。当前项目已默认部署到 Tomcat。单击“Finish”按钮，完成项目部署。此时，在弹出的对话框(见图 2-33)中选择重启服务器，最后项目运行结果如图 2-34 所示。

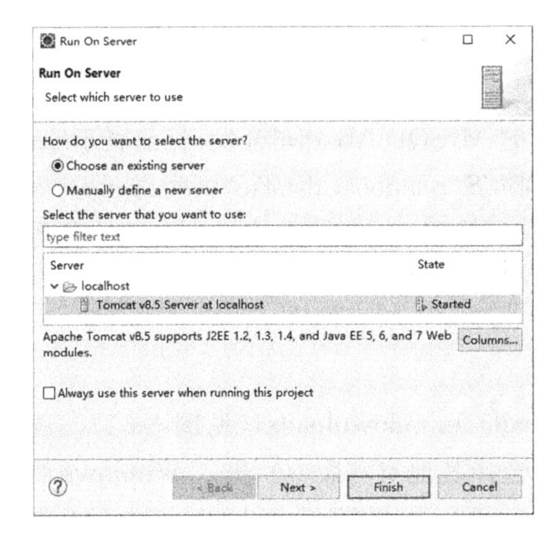

图 2-31　选择运行服务器

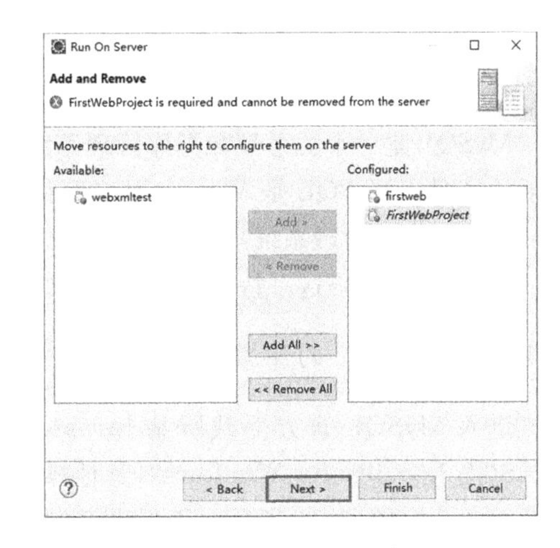

图 2-32　添加 Web 项目到 Tomcat

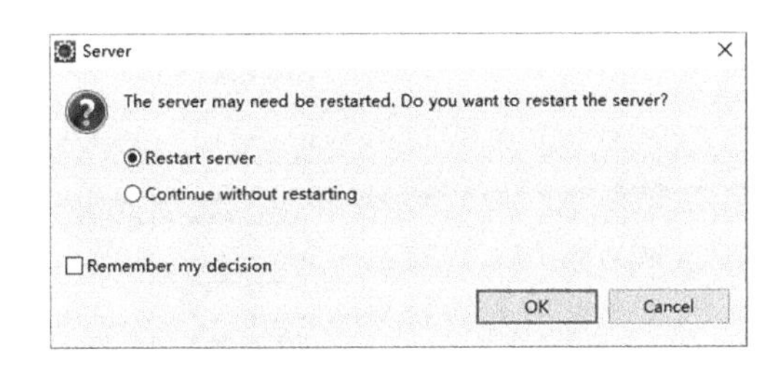

图 2-33　重启 Tomcat 服务器

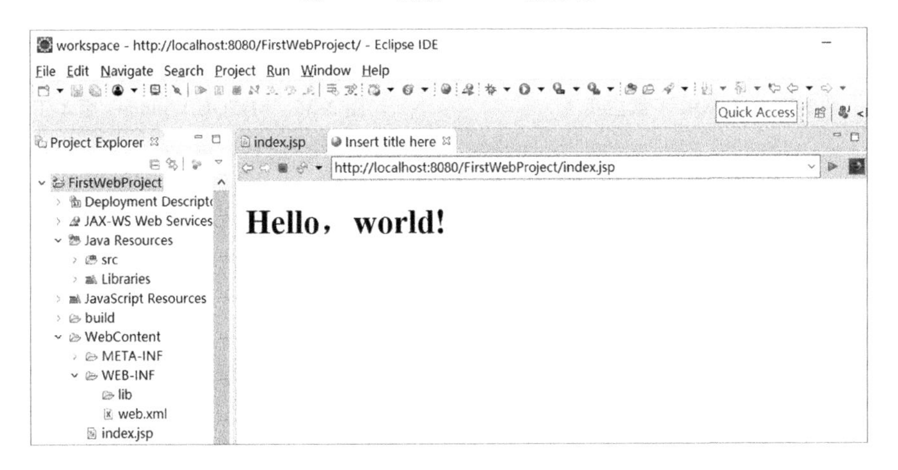

图 2-34　运行结果

2.4　MySQL 的下载与安装

数据库应用技术是开发 Web 应用程序的重要技术，大多数 Web 应用程序都离不开数据库。JSP 可以访问并操作的数据库管理系统有很多，如 SQL Server、Oracle、MySQL、DB2、PostgreSQL 等。本书采用 MySQL 作为数据库管理系统。本节介绍 MySQL 的下载与安装。

2.4.1 MySQL 简介

MySQL 是一个关系型数据库管理系统，由瑞典的 MySQL AB 公司开发，目前属于Oracle 旗下的产品。MySQL 是 Web 应用方面最好的 RDBMS(relational database management system,关系数据库管理系统)应用软件之一。由于其具有体积小、速度快、总体拥有成本低等特点，尤其是开放源码这一特点，一般中小型网站的开发都选择 MySQL 作为网站数据库。

2.4.2 MySQL 的下载

进入 MySQL 官方下载网站 https://dev.mysql.com/downloads/(见图 2-35)。选择“MySQL Installer for Windows”(其他操作系统可选择其他对应版本)，进入 Windows 版本下载页面，如图 2-36 所示，显示最新版本为 8.0.19，如果要下载历史版本，可选择“Archives”选项卡，进入历史版本下载页面，如图 2-37 所示，本书选择 5.7.9 版本。

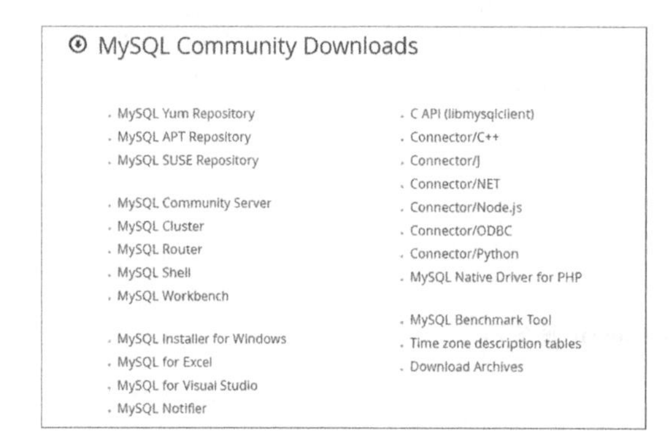

图 2-35　MySQL 下载主页

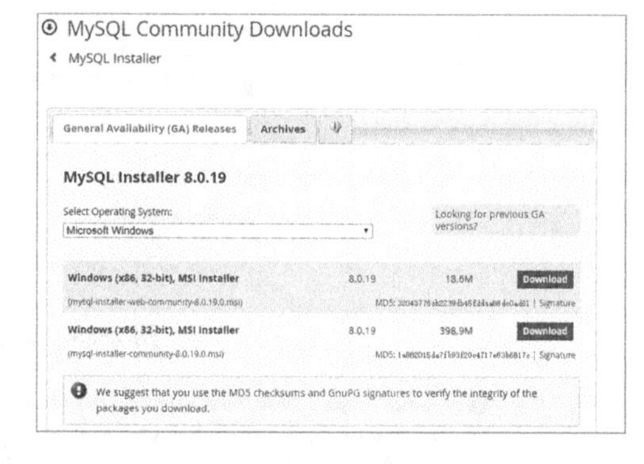

图 2-36　MySQL Windows 版本下载页面

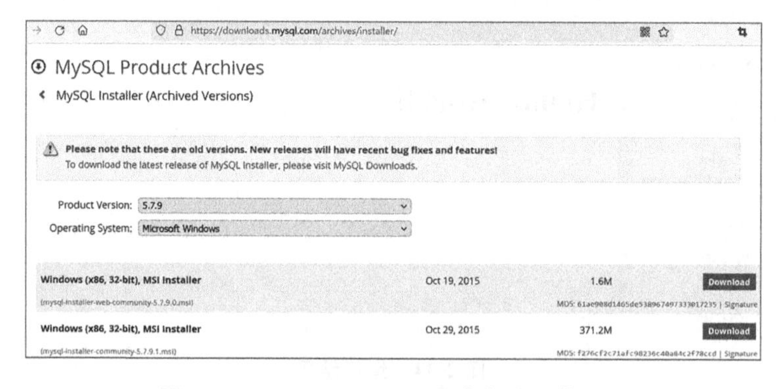

图 2-37　MySQL Windows 历史版本下载页面

注意：要先登录 Oracle Web 账户后才能下载，如果没有账户的话，可以先注册登录，具体步骤不再赘述。

2.4.3 MySQL 的安装

MySQL 的安装步骤如下。

(1) 打开刚刚下载好的安装包，开始安装 MySQL，如图 2-38 所示。

(2) 勾选“I accept the license terms”，然后单击“Next”按钮进入选择安装类型界面，如图 2-39 所示。MySQL 提供了五种不同的类型，选择“Developer Default”，然后单击“Next”按钮进入下一步。

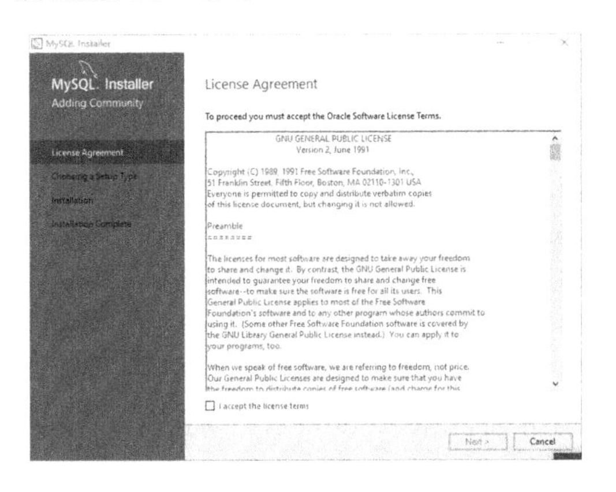

图 2-38　许可协议页面

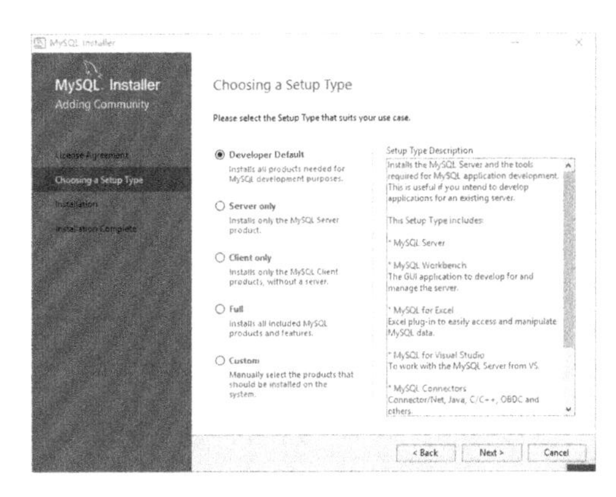

图 2-39　选择安装类型

(3) 检查 MySQL 安装及一些软件集成的需求，如图 2-40 所示。直接单击“Next”按钮进入待安装产品列表窗口。

(4) 在待安装产品列表窗口中，列出了本次安装涉及的产品和组件，如图 2-41 所示。单击“Execute”按钮，开始安装。安装后的状态如图 2-42 所示。

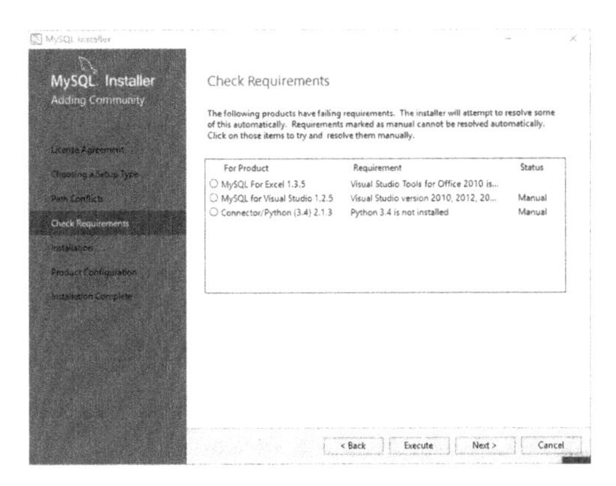

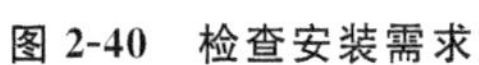

图 2-40　检查安装需求

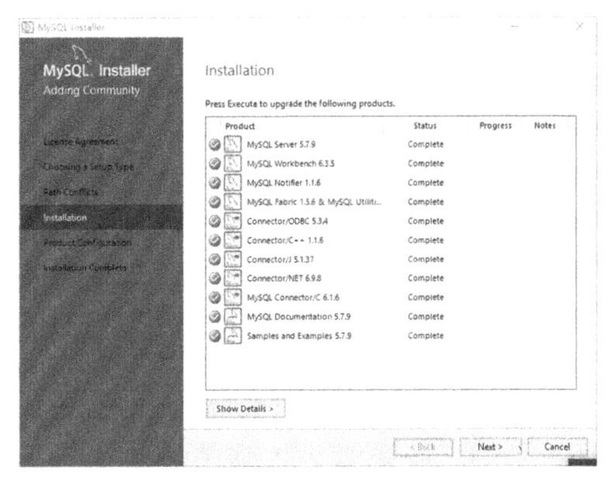

图 2-41　待安装产品列表窗口

(5) 单击“Next”按钮，给出产品信息，再次单击“Next”按钮，进入 MySQL 配置窗口，如图 2-43 所示，在该界面可选择“Config Type”(服务器模式)下的默认选项“Development Machine”(开发模式，占用内存较少)即可。其他可选模式包括“Server Machine”(服务器模式，占用内存较多)和“Dedicated Machine”(专有模式，占用所有可用内存)。

窗口下方可以设置 MySQL 网络选项。Connectivity 用于设置连接到数据库服务器的方式；TCP/IP 选项用来控制是否启用 TCP/IP 连接，如果禁用，则只能在本机访问数据库；否则需设定连接端口，默认端口是 3306。

(6) 单击“Next”按钮，进入用户账户与角色设置界面，如图 2-44 所示。在此可设置管理员账户 root 的密码。也可添加新的账户，并分配权限。

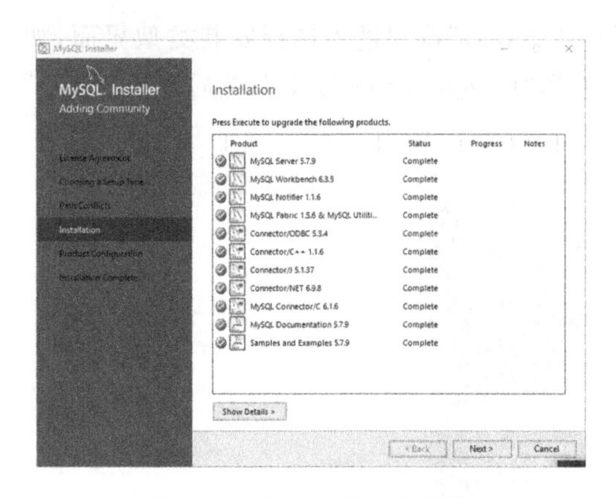

图 2-42　产品安装后的状态

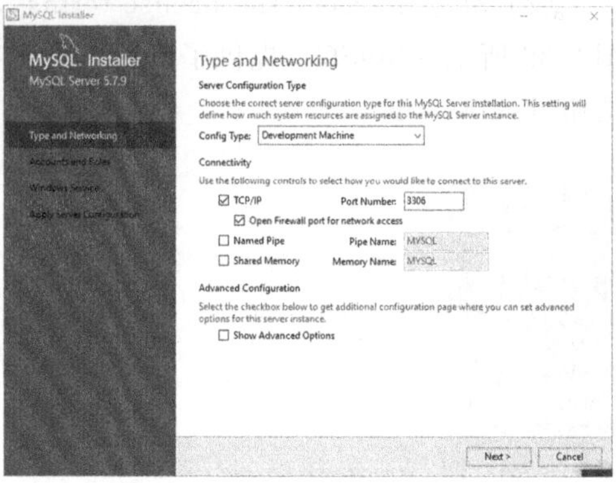

图 2-43　选择服务器模式

（7）单击“Next”按钮，进入 Windows 服务设置界面，如图 2-45 所示。勾选“Configure MySQL Server as a Windows Service”，可将 MySQL 配置为 Windows 服务。“Windows Service Name”文本框可设置 MySQL 服务名。勾选“Start the MySQL Server at System Startup”，可以使 MySQL 随系统自动启动。

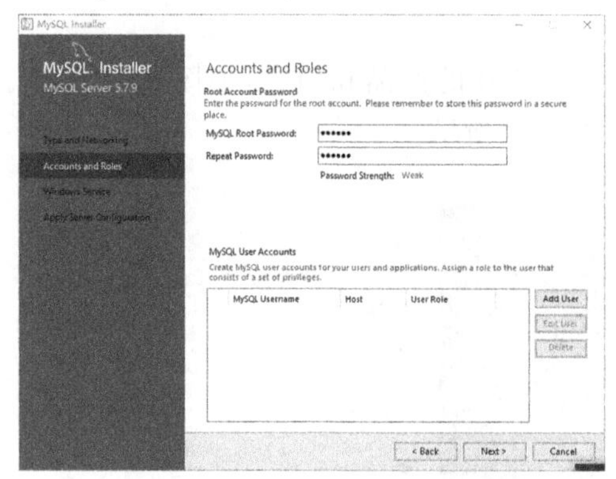

图 2-44　用户账户及角色设置界面

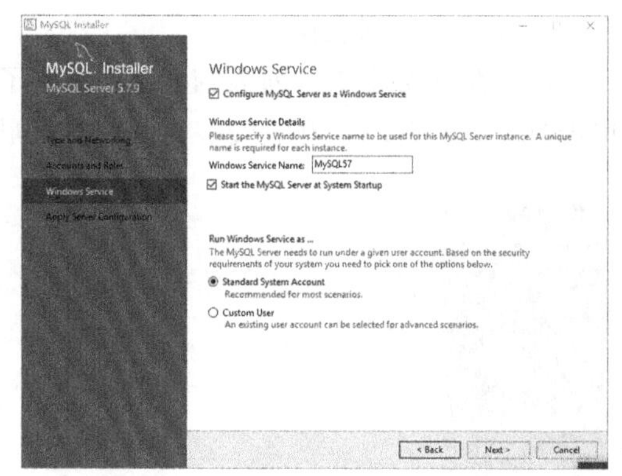

图 2-45　Windows 服务设置界面

（8）单击“Next”按钮，进入图 2-46 所示的界面，单击“Execute”按钮，开始进行配置。配置结束后，显示图 2-47 所示的界面。

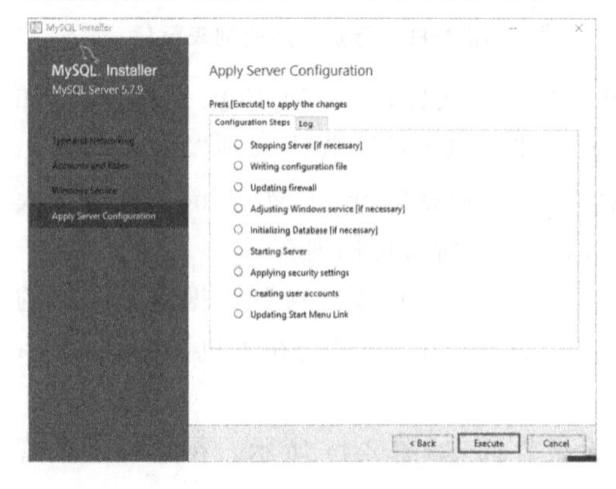

图 2-46　应用服务器配置界面 1

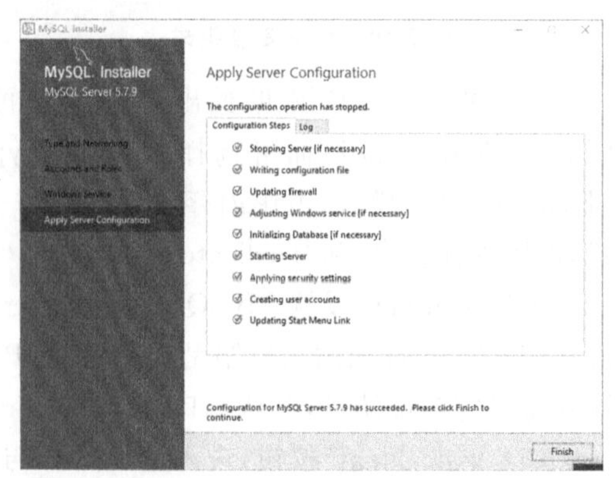

图 2-47　配置结束界面 1

（9）单击“Finish”按钮，进入产品配置界面，如图 2-48 所示，单击“Next”按钮，进入连接服务器界面，如图 2-49 所示，单击“Check”按钮，如果用户名、密码正确，则显示“Connection successful”。

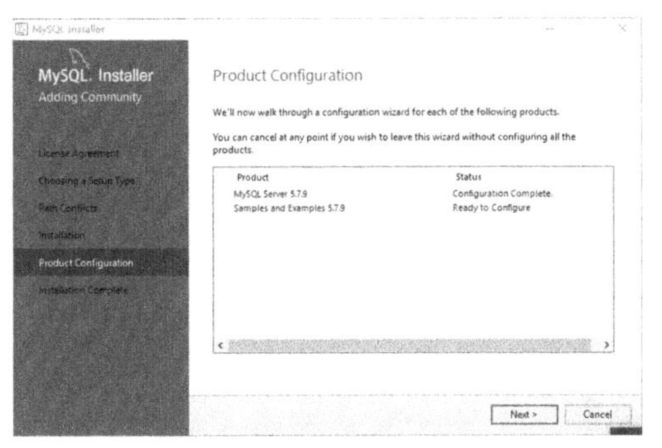

图 2-48　产品配置界面

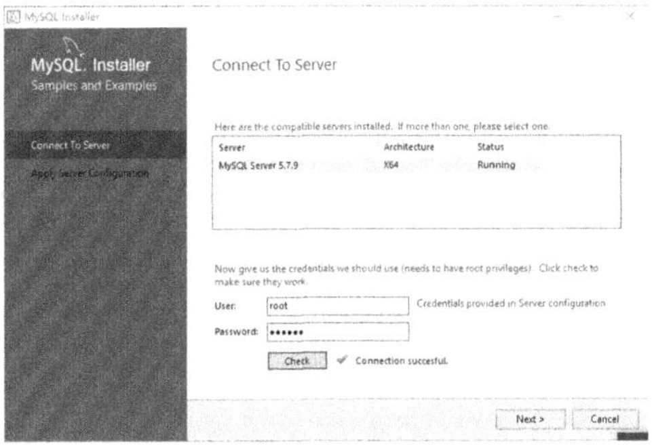

图 2-49　连接服务器界面

（10）单击“Next”按钮，进入图 2-50 所示的应用服务器配置界面，单击“Execute”按钮，完成服务器配置，显示如图 2-51 所示的配置状态界面，单击“Finish”按钮，显示配置结束界面（见图 2-52），再次单击“Finish”按钮，完成服务器配置。

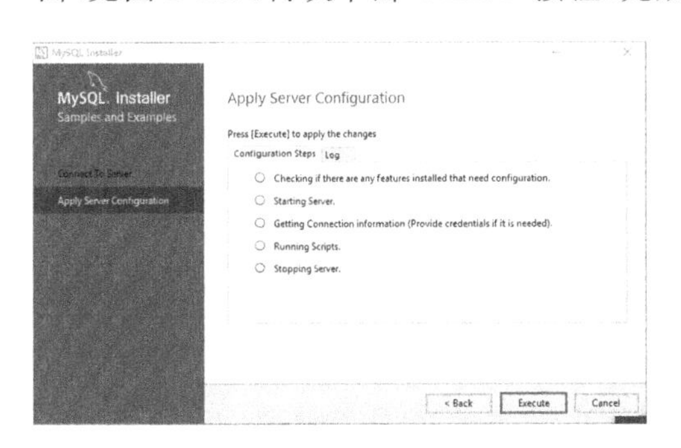

图 2-50　应用服务器配置界面 2

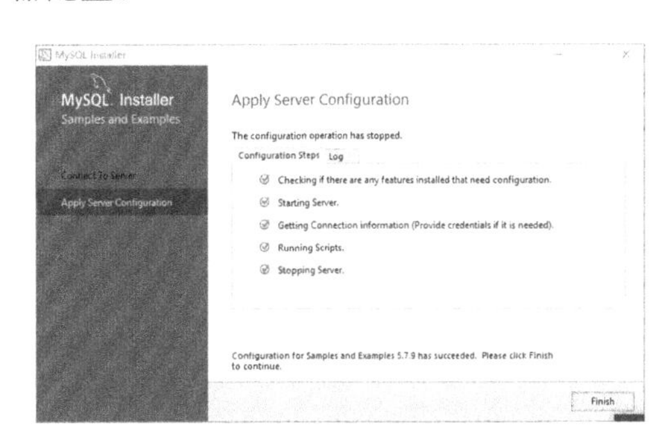

图 2-51　配置状态界面

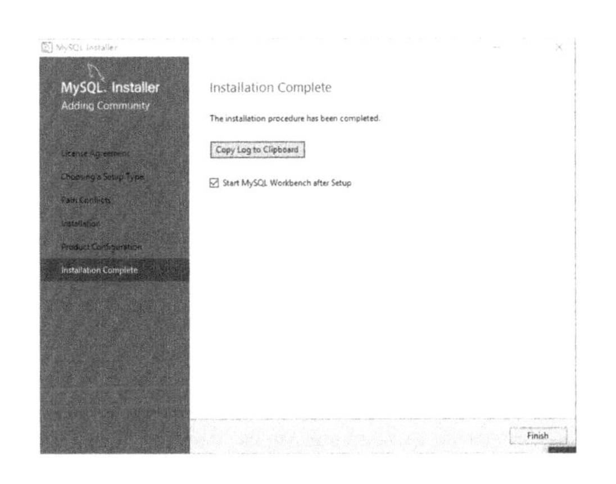

图 2-52　配置结束界面 2

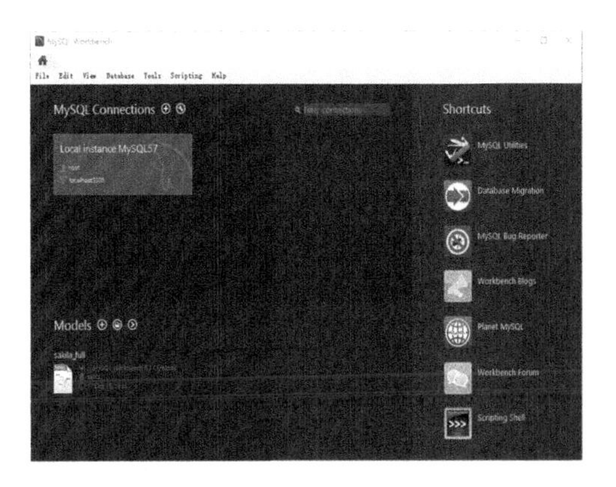

图 2-53　启动 MySQL Workbench

（11）配置结束时，如果勾选“Start MySQL Workbench after Setup”，系统自动启动 MySQL Workbench，如图 2-53 所示。MySQL Workbench 也可以在安装结束后通过开始

菜单启动。

MySQL Workbench 是 MySQL 提供的集成工具环境，用于管理 MySQL 数据库。

2.5 小结

本章重点介绍了 Java Web 环境搭建的常见方法和步骤，主要包括 JDK、Eclipse、Tomcat、MySQL 等软件的下载与安装的方法和步骤，并对 Tomcat 在 Eclipse 中的配置，以及在 Eclipse 中部署 Web 应用进行了介绍。读者经过本章的学习，应能独立完成 Java Web 开发环境的搭建，熟悉 Eclipse 下进行 Java Web 应用开发和部署的方法，为下一步的学习做好准备。

习 题 2

1. JAVA_HOME、PATH、CLASSPATH 的作用是什么？
2. Tomcat 在 Eclipse 中的配置方法是什么？
3. Eclipse 下如何部署 Web 应用？
4. Tomcat 的默认端口号是什么？

第3章　JSP语法基础

学习目标

- JSP页面概述；
- JSP脚本标识；
- JSP注释；
- JSP指令标识；
- JSP动作标签；
- JSP内置对象；
- JavaBean技术及其应用。

3.1　JSP页面概述

3.1.1　JSP简介

JSP的全称为Java Server Pages，是一种动态网页开发技术，它使用JSP标签在HTML网页中插入Java代码。标签通常以〈%开头，以%〉结束。

JSP是一种Java Servlet，主要用于实现Java Web应用程序的用户界面部分。网页开发者们通过结合HTML代码、XHTML代码、XML元素，以及嵌入JSP操作和命令来编写JSP。JSP通过网页表单获取用户输入数据、访问数据库及其他数据源，然后动态地创建网页。JSP标签有多种功能，比如访问数据库、记录用户选择信息、访问JavaBeans组件等，还可以在不同的网页中传递控制信息和共享信息。

JSP程序与CGI程序有着相似的功能，但与CGI程序相比，JSP程序有如下优势。

- 性能更加优越，因为JSP可以直接在HTML网页中动态嵌入元素，而不需要单独引用CGI文件。
- 服务器调用的是已经编译好的JSP文件，而不像CGI/Perl那样必须先载入解释器和目标脚本。
- JSP基于Java Servlet API，因此，JSP拥有各种强大的企业级Java API，包括JDBC、JNDI、EJB、JAXP等。
- JSP页面可以与处理业务逻辑的Servlet一起使用，这种模式被Java Servlet模板引擎所支持。

最后，JSP是Java EE不可或缺的一部分，是一个完整的企业级应用平台。这意味着

JSP可以用最简单的方式来实现最复杂的应用。

3.1.2 JSP页面组成

下面是一个JSP页面的源代码，其主要功能是生成并显示一个从0到9的字符串。

```
<!--JSP中的指令标识-->
<%@page language="java" contentType="text/html;charset=gb2312"%>
<!--HTML标记语言-->
<HTML>
<HEAD>
<TITLE> JSP页面</TITLE>
</HEAD>
<BODY>
<%--生成并显示一个从0到9的字符串>
<!--JSP声明-->
<%!String str="0";%>
<!--嵌入的Java代码-->
<%for (int i=1;i<10;i++){str=str+i;}%>
<P>
<!--JSP表达式-->
<%=str%>
<P>
</BODY>
</HTML>
```

JSP页面源代码由HTML标识、Java代码段和JSP自己的一部分语法所组成。Java代码通过〈%和%〉符号加入HTML代码中间。

3.1.3 JSP处理过程

网络服务器需要一个JSP引擎，也就是一个容器来处理JSP页面。容器负责截获对JSP页面的请求。例如，JSP容器的Apache Tomcat来支持JSP开发。

JSP容器与Web服务器协同合作，为JSP的正常运行提供必要的运行环境和其他服务，并且能够正确识别专属于JSP网页的特殊元素。

图3-1显示了JSP容器和JSP文件在Web应用中所处的位置。

客户第一次请求JSP页面时，Web服务器识别出这是一个对JSP网页的请求，并且将该请求传递给JSP引擎。JSP引擎会将JSP文件中的超文本标记语言(HTML)和代码片段(Java代码)全部转换为Java代码，转换过程非常直观：对于HTML文本只需要用简单的out. println方法包裹，对于Java脚本只需做保留或简单的处理。

预处理阶段把JSP文件解析为Java代码，编译阶段JSP引擎把Java代码编译成Servlet类文件。对于Tomcat，生成的Class文件默认存放在〈Tomcat〉/work目录下。

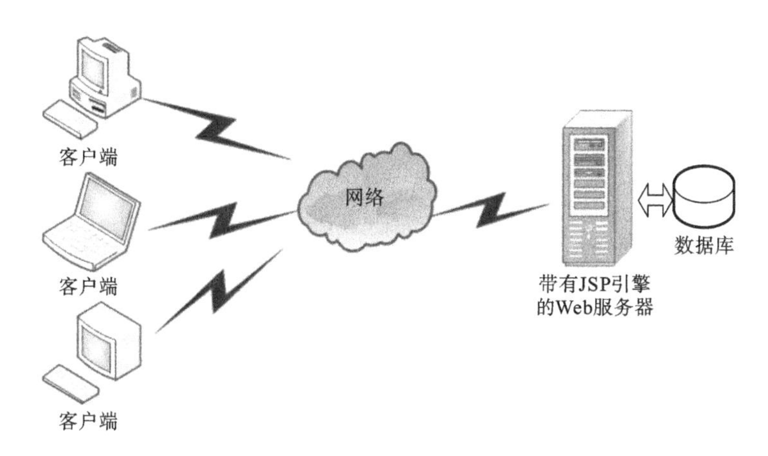

图 3-1　客户端-服务器运行模式

编译后的 Class 对象被加载到容器中，并根据用户的请求生成 HTML 格式的响应页面返回给客户端。

在执行 JSP 网页时，通常分为两个时期：转译时期和请求时期。转译时期的 JSP 页面被翻译成 Servlet 类，然后编译成 Class 文件；请求时期，Servlet 类被执行，生成 HTML 响应至客户端。JSP 处理过程如图 3-2 所示。

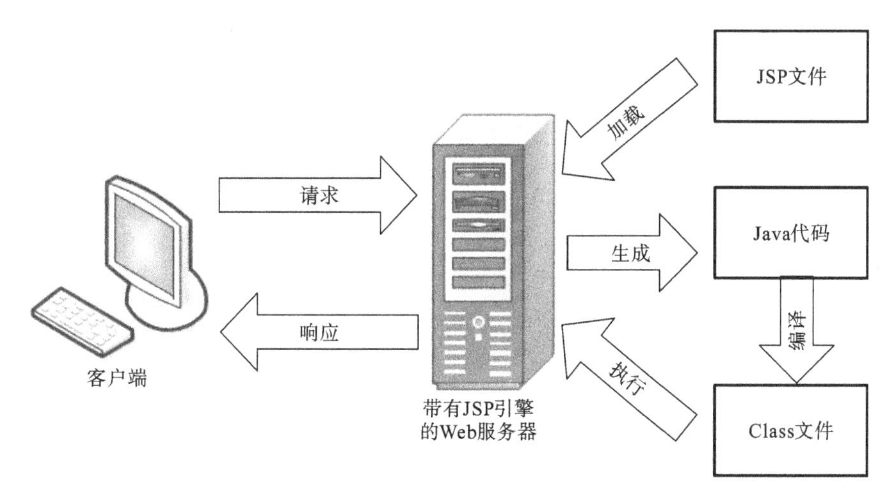

图 3-2　JSP 处理过程

JSP 的转译和请求都是在第一次访问时进行的，所以用户在第一次访问 JSP 页面时响应时间会比较长。在之后的请求中，这些工作已经完成，时间延长问题不存在了。在处理后续的访问时，JSP 和 Servlet 的执行速度是一样的。

一般情况下，JSP 引擎会检查 JSP 文件对应的 Servlet 是否已经存在，并且检查 JSP 文件的修改日期是否早于 Servlet。如果 JSP 文件的修改日期早于对应的 Servlet，那么容器就可以确定 JSP 文件没有被修改过并且 Servlet 有效。这使得整个流程与其他脚本语言（比如 PHP）相比要高效一些。JSP 页面执行过程如图 3-3 所示。

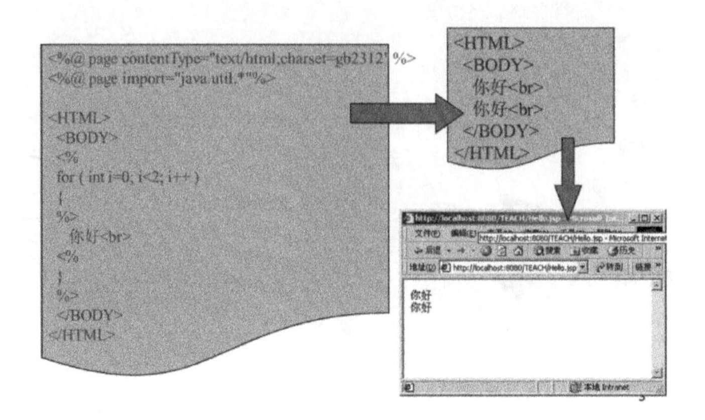

图 3-3 JSP 页面执行过程

3.2 JSP 脚本标识

3.2.1 JSP 声明

一条声明语句可以声明一个或多个变量、方法，供后面的 Java 代码使用。在 JSP 文件中，必须先声明这些变量和方法，然后才能使用它们。

JSP 声明的语法格式如下：

```
<%! declaration; [ declaration; ]+ ...%>
```

“〈%”与“!”之间不要有空格。声明的语法与在 Java 语言中声明变量和方法时是一样的。

下面都是正确的声明代码：

```
<%! int i=0;%>
<%! int a,b,c;%>
<%! Circle a=new Circle(2.0); %>
```

【例 3-1】 声明。

其代码如下：

```
<%!
public static final Stringinfo="www.dangdang.com";
//定义全局常量
%>
<%!
public int add(int x, int y) {                    //定义方法
return x+y;
}
%>
```

3.2.2 JSP表达式

一个JSP表达式中包含的脚本语言表达式先被转化成String，然后插入表达式出现的地方。

由于表达式的值会被转化成String，所以可以在一个文本行中使用表达式而不用去管它是否是HTML标签。

表达式元素中可以包含任何符合Java语言规范的表达式，但是不能使用分号来结束表达式。

JSP表达式的语法格式：

```
<%=表达式%>
```

“<%”与“=”之间不要有空格。

【例3-2】 表达式。

其代码如下：

```
<%
    String str="welcome";
    int x=20;
%>
<%--使用表达式输出变量--%>
<h3>str=<%=str%></h3>
<h3>x=<%=x%></h3>
<%--使用表达式输出常量--%>
<h3>name=<%="helloworld"%></h3>
```

程序运行后的结果如下：

```
str=welcome
x=20
name=helloworld
```

【例3-3】 输出当前系统日期时间。

其代码如下：

```
<%@page language="java" contentType="text/html; charset=UTF-8"
    pageEncoding="UTF-8"%>
<!DOCTYPE html>
<html>
<head>
<meta charset="utf-8">
<title>输出当前系统日期时间</title>
</head>
<body>
<p>
    现在时间是：<%=(new java.util.Date()).toLocaleString()%>
```

```
</p>
</body>
</html>
```

程序运行后的结果如下：

现在时间是：2020-1-20 15:05:06

3.2.3 JSP 脚本段

脚本程序可以包含任意量的 Java 语句、变量、方法或表达式，只要它们在脚本语言中是有效的。

脚本程序的语法格式：

```
<%代码片段%>
```

【例 3-4】 脚本程序。

其代码如下：

```
<%
    int x=10;
    String info="www.dangdang.com";              //定义局部变量
    out.println("<h2>x="+x+"</h2>");             //编写语句
    out.println("<h2>info="+info+"</h2>");  //编写语句
%>
```

【例 3-5】 输出字符串。

其代码如下：

```
<html>
<head><title> Hello World</title> </head>
<body>
Hello World! <br/>
<%
out.println("Hello World! ");
%>
</body>
</html>
```

程序运行后的结果如下：

```
Hello World!
Hello World!
```

3.3 JSP 注释

1. 显式注释

JSP 文件是由 HTML 标记和嵌入的 Java 程序片段组成的，所以在 HTML 中的注释同样可以在JSP文件中使用。注释格式如下：

```
<!--注释-->
```

也叫HTML注释，通过浏览器查看网页源代码时可以看见注释内容。

2. 隐式注释

```
<%--注释--%>
```

也叫JSP注释，注释内容不会被发送至浏览器，甚至不会被编译。

3. 脚本程序中的注释

脚本程序(Scriptlet)中所包含的是一段Java代码，所以在脚本程序中的注释和在Java中的注释是相同的。

(1) 单行注释的格式如下：

```
//注释内容
```

(2) 多行注释的格式如下：

```
/*
    注释内容 1
    注释内容 2
    …
* /
```

(3) 提示文档注释的格式如下：

```
/* *
    提示信息 1
    提示信息 2
    ……
* /
```

3.4 JSP指令标识

JSP指令用来设置与整个JSP页面相关的属性。

JSP指令语法格式如下：

```
<%@directive attribute="value" %>
```

JSP有三种指令标签，如表3-1所示。

表3-1 指令标签

指　　令	描　　述
〈%@ page … %〉	定义页面的依赖属性，比如脚本语言、error页面、缓存需求等
〈%@ include … %〉	包含其他文件
〈%@ taglib … %〉	引入标签库的定义，可以是自定义标签

下面分别介绍三种指令格式。

3.4.1 Page 指令

Page 指令为容器提供当前页面的使用说明。一个 JSP 页面可以包含多个 page 指令。Page 指令的语法格式如下：

```
<%@page attribute1="value1" attribute2="value2"...%>
```

与 Page 指令相关的属性如表 3-2 所示。

表 3-2　Page 指令的属性

属　性	描　述
buffer	指定 out 对象使用缓冲区的大小
autoFlush	控制 out 对象的缓存区
contentType	指定当前 JSP 页面的 MIME 类型和字符编码
errorPage	指定当 JSP 页面发生异常时需要转向的错误处理页面
isErrorPage	指定当前页面是否可以作为另一个 JSP 页面的错误处理页面
extends	指定 Servlet 从哪一个类继承
import	导入要使用的 Java 类
info	定义 JSP 页面的描述信息
isThreadSafe	指定对 JSP 页面的访问是否为线程安全
language	定义 JSP 页面所用的脚本语言，默认是 Java
session	指定 JSP 页面是否使用 session
isELIgnored	指定是否执行 EL 表达式
isScriptingEnabled	确定脚本元素能否被使用

【例 3-6】 errorPage 和 isErrorPage 属性。

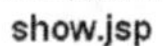

图 3-4　操作示意图

当前应用下包含 show.jsp 和 error.jsp 两个页面文件。show.jsp 页面为出现异常的页面，error.jsp 页面为异常处理页面。

要想完成异常页面的操作，则一定要满足以下两个条件：指定异常出现时的跳转页面，通过 errorPage 属性指定；异常处理页面必须有明确的标识，通过 isErrorPage 属性指定。操作示意图如图 3-4 所示。

在 show.jsp 页面中完成计算操作，代码如下：

```
<%@page language="java" contentType="text/html";charset=
    "UTF-8" pageEncoding="UTF-8"%>
<%@page errorPage="error.jsp"%>
```

```
<%--一旦出现错误,就跳转到 error.jsp 中--%>
<%
int result=10 / 0 ;                    //这里的操作将发生异常
%>
<h1> 欢迎光临本页面</h1>
```

上面的代码中将出现计算错误,将发生异常,进入 errorPage 属性所指定的页面显示错误信息。

在 error.jsp 页面中,将 isErrorPage 属性设置为 true,代码如下:

```
<%@page language="java" contentType="text/html";charset=
    "UTF-8" pageEncoding="UTF-8"%>
<%@page isErrorPage="true"%>
<%--表示此页面可以处理错误--%>
<h1>程序出现了错误!</h1>
```

运行程序,访问 show.jsp 页面后,出现"程序出现了错误!"的提示信息。

3.4.2　include 指令

JSP 可以通过 include 指令来包含其他文件。被包含的文件可以是 JSP 文件、HTML 文件或文本文件。包含的文件就好像是该 JSP 文件的一部分,会被同时编译执行。

include 指令的语法格式如下:

```
<%@include file="文件的绝对路径或相对路径"%>
```

file 属性:该属性用于指定被包含的文件,该属性不支持任何表达式,也不支持传递参数。

下面是错误的用法:

```
<%String f="top.html";%>
<%@include file="<% =f %>"%>
<%@include file="top.jsp? name=zyf"%>
```

如果 file 属性值以"/"开头,则将在当前应用程序的根目录下查找文件;如果以文件名或文件夹名开头,则将在当前页面所在的目录下查找文件。

使用 include 指令是以静态方式包含文件,也就是说,被包含的文件将原封不动地插入 JSP 文件中,因此,在所包含的文件中不能使用〈html〉〈/html〉、〈body〉〈/body〉标记,否则会因为与原有的 JSP 文件有相同标记而产生错误。另外,因为原文件和被包含文件可以相互访问彼此定义的变量和方法,所以要避免变量和方法在命名上产生冲突。

【例 3-7】 include 包含指令。

当前应用下包含 info.htm、info.jsp、info.inc 和 include_demo01.jsp 四个页面文件。

info.htm 页面的源代码如下:

```
<h2>
<font color="red">
```

```
info.htm<font>
</h2>
```

info.jsp 页面的源代码如下：

```
<h2><font color="green">
<%="info.jsp"%><font>
</h2>
```

info.inc 页面的源代码如下：

```
<h2><font color="blue">
info.inc<font>
</h2>
```

include_demo01.jsp 页面的源代码如下：

```
<%@page language="java" contentType="text/html";charset=
    "UTF-8" pageEncoding="UTF-8"%>
<html>
<head><title>include_demo01.jsp</title></head>
<body>
    <h1>静态包含操作</h1>
    <%@include file="info.htm"%>
    <%@include file="info.jsp"%>
    <%@include file="info.inc"%>
</body>
</html>
```

静态包含的处理流程如图 3-5 所示。

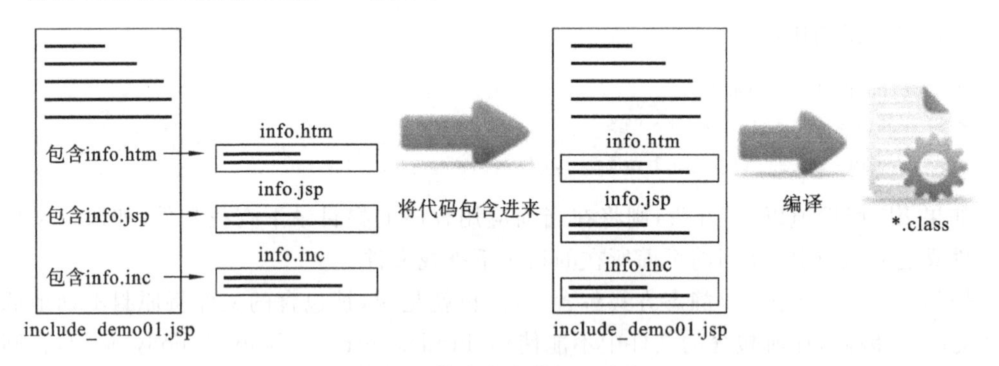

图 3-5 静态包含的处理流程

3.4.3 taglib 指令

JSP API 允许用户自定义标签，一个自定义标签库就是自定义标签的集合。

taglib 指令引入一个自定义标签集合的定义，包括库路径、自定义标签。

taglib 指令的语法格式如下：

```
<%@taglib uri="uri" prefix="prefixOfTag"%>
```

3.5　JSP 动作标签

JSP 动作利用 XML 语法格式的标签来控制服务器的行为，完成各种通用的 JSP 页面功能，也可以实现一些处理复杂业务逻辑的专用功能。如利用 JSP 动作可以动态地插入文件、重用 JavaBean 组件、把用户重定向到另外的页面、为 Java 插件生成 HTML 代码。

JSP 动作与 JSP 指令的不同之处是：JSP 指令被执行时，首先进入翻译阶段，程序会查找页面中的 JSP 指令标识，再将它们转换成 Servlet。因为这些指令会被标识为先执行，再设置整个 JSP 页面，所以，JSP 指令是在页面转换时期被编译执行的，且编译一次。而 JSP 动作是在客户端请求时按照在页面中出现的顺序被执行的，它们只有被执行的时候才会去实现自己所具有的功能，且基本上是客户每请求一次，动作标识就会执行一次。

动作标签只有一种语法格式，它严格遵守 XML 标准，如下：

```
<jsp:action_name attribute="value"/>
```

动作元素基本上都是预定义的函数，JSP 规范定义了一系列的标准动作，它用 JSP 作为前缀，可用的标准动作元素如表 3-3 所示。

表 3-3　JSP 动作标签

语　法	描　述
jsp:include	用于在当前页面中包含静态或动态资源
jsp:forward	将当前请求转发到可以处理这个请求的文件上
jsp:param	设置和传递参数
jsp:useBean	寻找和初始化一个 JavaBean 组件
jsp:setProperty	设置 JavaBean 组件的值
jsp:getProperty	获取 JavaBean 组件的值，将 JavaBean 组件的值插入 output 中
jsp:plugin	用于在生成的 HTML 页面中包含 Applet 和 JavaBean 对象

3.5.1　包含标签〈jsp:include〉

〈jsp:include〉动作元素用来包含静态的文件和动态的文件。该动作把指定文件插入正在生成的页面。这种在 JSP 页面执行时引入的方式称为动态引入，这样，主页面程序与被包含文件是彼此独立的，互不影响。被包含文件可以是一个动态文件（JSP 文件），也可以是一个静态文件（如文本文件）。语法格式如下：

```
<jsp:include page="被包含文件的路径" flush="true|false"/>
```

page 属性指定了被包含文件的路径，其值可以是一个代表相对路径的表达式。当路径以“/”开头时，将在当前应用程序的根目录下查找文件；当以文件名或文件夹名开头时，将在当前页面的目录下查找文件。书写此动作标记时，“jsp”、“:”以及“include”三者之间不要有空格，否则会出错。

flush属性是布尔属性，定义在包含资源前是否刷新缓存区。

include动作对包含的动态文件和静态文件的处理方式是不同的。如果包含的是一个静态文件，被包含文件的内容将直接嵌入JSP文件中存放<jsp:include>动作的位置，而且，当静态文件改变时，必须将JSP文件重新保存(重新转译)，然后才能访问变化了的文件。

如果包含的是一个动态文件，则由Web服务器负责执行，再把执行后的结果传回包含它的JSP页面中。若动态文件被修改，重新运行JSP文件时就会同步发生变化。

前面已经介绍过include指令，它是在JSP文件被转换成Servlet的时候引入文件，而这里的<jsp:include>动作不同，插入文件的时间是在页面被请求的时候。

<jsp:include>动作与include指令的区别：include指令是通过file属性来指定被包含的页面；<jsp:include>动作是通过page属性来指定被包含的页面。

使用include指令包含文件时，被包含文件的内容会原封不动地插入包含页中使用该指令的位置；<jsp:include>动作包含文件时，只有当该标记被执行时，程序才会将请求转发到(注意是转发，而不是请求重定向)被包含的页面。

include指令的包含过程为静态包含，因为在使用include指令包含文件时，服务器最终执行的是将两个文件合成后由JSP编译器编译成一个Class文件；<jsp:include>动作的包含过程为动态包含，通常用来包含那些经常需要改动的文件，因为服务器执行的是两个文件，被包含文件的改动不会影响主文件，因此服务器不会对主文件重新编译，而只需重新编译被包含文件即可。

include指令包含文件时，因为JSP编译器是对主文件和被包含文件进行合成后再翻译，所以对被包含文件有约定。例如，被包含文件中不能使用<html></html>、<body></body>标记；被包含文件要避免变量和方法在命名上与主文件冲突的问题。

【例3-8】 包含文件。

其代码如下：

```
<%@page language="java" contentType="text/html;charset=UTF-8"
    pageEncoding="UTF-8"%>
<HTML>
<HEAD>
    <TITLE>New Documnet</TITLE>
</HEAD>
<BODY>
    你好 JSP
    <jsp:include page="index.jsp" />
</BODY>
</HTML>
```

3.5.2 转发标签<jsp:forward>

<jsp:forward>动作标识用来将请求转发到另外一个JSP、HTML或相关的资源文件中。当该标识被执行后，当前的页面将不再被执行，而是去执行该标识指定的目标页面。用户此时在地址栏中看到的仍然是当前网页的地址，而内容却已经是转向的目标页面了。

该标识使用的格式如下：

```
<jsp:forward page="文件路径 | 表示路径的表达式"/>
```

page 属性用于指定要跳转到的目标文件的相对路径，也可以通过执行一个表达式来获得。如果该值以“/”开头，则表示在当前应用的根目录下查找目标文件，否则就在当前路径下查找目标文件。请求被转向到的目标文件必须是内部的资源，即当前应用中的资源。如果想通过 forward 动作转发到外部的文件中，则将出现资源不存在的错误信息。

forward 动作执行后，当前页面将不再被执行，而是去执行指定的目标页面。

转向到的文件可以是 HTML 文件、JSP 文件、程序段，或者其他能够处理 request 对象的文件。

forward 动作实现的是请求的转发操作，而不是请求重定向。它们之间的一个区别就是：进行请求转发时，存储在 request 对象中的信息会被保留并被带到目标页面中；而请求重定向是重新生成一个 request 请求，然后将该请求重定向到指定的 URL，所以，事先储存在 request 对象中的信息都不存在了。

【例 3-9】 转发。

其代码如下：

```
<HTML>
<HEAD>
    <TITLE> in forward.jsp </TITLE>
</HEAD>
<BODY>
    <jsp:forward page="disp.htm"/>
    <br>
    Test<br>
</BODY>
</HTML>
```

3.5.3　参数标签〈jsp:param〉

当使用〈jsp:include〉动作标记引入 Servlet 或 JSP 页面时，可以通过使用〈jsp:param〉动作标记向这个程序传递参数信息。

其语法格式如下：

```
<jsp:include page="被包含文件的路径" flush="true|false">
    <jsp:param name="参数名称 1" value="参数值 1"/>
    <jsp:param name="参数名称 2" value="参数值 2"/>
……
</jsp:include>
```

〈jsp:param〉动作的 name 属性用于指定参数名，value 属性用于指定参数值。在〈jsp:include〉动作标记中，可以使用多个〈jsp:param〉传递参数。另外，〈jsp:forward〉和〈jsp:plugin〉动作标记中都可以使用〈jsp:param〉传递参数。

3.5.4 创建 Bean 标签〈jsp:useBean〉

〈jsp:useBean〉动作标记用于在 JSP 页面中创建 Bean 实例，并且通过设置相关属性，可以将该实例存储到指定的范围。如果指定的范围已经存在该 Bean 实例，那么将使用这个实例，而不会重新创建实例。使用〈jsp:useBean〉动作标记可以发挥 Java 组件复用的优势。

〈jsp:useBean〉动作的语法格式如下：

```
<jsp:useBean id="变量名" scope="page|request|session|application"
{
type="数据类型"
|class="package.className"
|class="package.className" type="数据类型"
|beanName="package.className" type="数据类型"
}
/>
```

〈jsp:useBean〉标签各个属性的含义如表 3-4 所示。

表 3-4 〈jsp:useBean〉标签属性

属　性	描　述
id	Bean 实例的名字
class	指定 Bean 的完整包名
type	指定将引用该对象变量的类型
beanName	通过 java.beans.Beans 的 instantiate()方法指定 Bean 的名字
scope	Bean 实例的取值范围

各参数说明如下。

(1) id 属性：在 JSP 中给这个 Bean 实例取的名字，即指定一个变量，只要在它的有效范围内，均可使用这个名称来调用它。该变量必须符合 Java 中变量的命名规则。

(2) scope 属性：设置所创建的 Bean 实例的有效范围，取值有 4 种，即 page、request、session、application。默认情况下取值为 page。

- 值为 page：表示在当前 JSP 页面及当前页面以 include 指令静态包含的页面中有效。
- 值为 request：表示在当前的客户请求范围内有效。在请求被转发至目标页面中，如果要使用原页面中创建的 Bean 实例，则通过 request 对象的 getAttribute("id 属性值")方法来获取。请求的生命周期是从客户端向服务器发出请求开始，到服务器响应这个请求给用户后结束。所以请求结束后，存储在其中的 Bean 实例也就失效了。
- 值为 session：表示对当前 HttpSession 内的所有页面都有效。当用户访问 Web 应用程序时，服务器为用户创建一个 session 对象，并通过 session 的 ID 值来区分不同的用户。针对某一个用户而言，对象可被多个页面共享。通过 session 对象的 getAttribute("id 属性值")方法获取存储在 session 中的 Bean 实例。
- 值为 application：表示所有用户共享这个 Bean 实例。有效范围从服务器启动开始，到服务器关闭结束。application 对象是在服务器启动时创建的，可以被多个用户共享。所以，访问 application 对象的所有用户共享存储于该对象中的 Bean 实例。使用 application 对象的 getAttribute("id 属性值")方法获取存在于 application 对象中的 Bean 实例。

scope 属性之所以很重要，是因为只有在不存在具有相同 id 和 scope 的对象时，〈jsp:useBean〉才会实例化新的对象；如果已有 id 和 scope 都相同的对象，则直接使用已有的对象，此时，〈jsp:useBean〉开始标记和结束标记之间的任何内容都将被忽略。

(3) type="数据类型"：设置由 id 属性指定的 Bean 实例的类型。该属性可指定要创建实例的类的本身、类的父类或者一个接口。

通过 type 属性设置 Bean 实例类型的格式如下：

```
<jsp:useBean id="stu" type="com.Bean.StudentInfo" scope="session"/>
```

如果在 session 范围内，名为 stu 的实例已经存在，则将该实例转换为 type 属性指定的 StudentInfo 类型(此时的类型转换必须是合法的)并赋值给 id 属性指定的变量；若指定的实例不存在，则会抛出“bean stu not found within scope”异常。

(4) class="package. className"：该属性指定了一个完整的类名。其中，package 表示类包的名字，className 表示类的 class 文件名称。

通过 class 属性指定的类不能是抽象的，它必须具有公共的、没有参数的构造方法。当没有设置 type 属性时，必须设置 class 属性。例如，通过 class 属性定位一个类的格式如下：

```
<jsp:useBean id="stu" class="com.Bean.StudentInfo" scope="session"/>
```

程序首先会在 session 范围中查找是否存在名为 stu 的 StudentInfo 类的实例，如果存在，就会通过 new 操作符实例化 StudentInfo 类来获取一个实例，并以 stu 为实例名称存储在 session 范围内。

(5) class="package. className" type="数据类型"：class 属性与 type 属性可以指定同一个类，这两个属性一起使用时的格式说明如下：

```
<jsp:useBean id="stu" class="com.Bean.StudentInfo" type=
    "com.Bean.StudentBase" scope="session"/>
```

(6) beanName="package. className" type="数据类型"：beanName 属性与 type 属性可以指定同一个类，这两个属性一起使用时的格式说明如下：

```
<jsp:useBean id="stu" beanName="com.Bean.StudentInfo" type=
    "com.Bean.StudentBase" />
```

假设 StudentBase 类为 StudentInfo 类的父类。执行到该标记时，首先程序会创建一个以 id 属性值为名称的变量 stu，类型为 type 属性的值，并初始化为 null；然后在 session 范围内查找名为 stu 的 Bean 实例。

如果实例存在，则将其转换为 type 属性指定的 StudentBase 类型(此时的类型转换必须是合法的)并赋值给变量 stu；如果实例不存在，则将通过 instantiate()方法从 StudentInfo 类中实例化一个类，并将其转换成 StudentBase 类型后赋值给变量 stu，最后将变量 stu 存储在 session 范围内。

【例 3-10】 scope 取值范围。

(1) 定义 JavaBean 类 Person，此类封装了个人信息，代码如下：

```
package Test;
public class Person{
    String name="dirk";
    public String getName(){
        return name;
    }
    public void setName(String name) {
        this.name=name;
    }
}
```

注意：javabean 必须指明所在的包。

(2) 创建页面 test.jsp，在此页面中实例化 Person 对象，获取 name 属性的值和设置 name 属性的值，代码如下：

```
<html>
<head> <title> </title> </head>
<body>
<jsp:useBean id="person" scope="page" class="Test.Person"/>
<%=person.getName()%>
<%person.setName("LL");%>
</body>
</html>
```

程序运行后的结果如下：

页面显示为：dirk

刷新后仍显示为：dirk

若将代码改为 scope="request"，则页面显示为：dirk，刷新后仍显示为：dirk。

若将代码改为 scope="session"，则页面显示为：dirk，刷新后显示为：LL，只要不关闭该窗口，就作用在 session 的整个生命周期。

若将代码改为 scope="application"，则页面显示为：dirk，刷新后显示为：LL，关闭该窗口后，重新访问页面仍显示为 LL，只要服务器没有重启，就一直有效，这就是 application 的作用范围。

3.5.5 设置属性值标签〈jsp:setProperty〉

〈jsp:setProperty〉用来设置已经实例化的 Bean 对象的属性。通常情况下与〈jsp:useBean〉标签一起使用，它将调用 Bean 中的 setXXX()方法，并将请求中的参数赋值给由〈jsp:useBean〉标签创建的 JavaBean 中对应的简单属性或索引属性。

可以在〈jsp:useBean〉标签的外面使用〈jsp:setProperty〉，此时，不管〈jsp:useBean〉是找到了一个现有的 Bean，还是新创建了一个 Bean 实例，〈jsp:setProperty〉都会执行。代码如下所示：

```
<jsp:useBean id="myName" ... />
……
<jsp:setProperty name="myName" property="someProperty" .../>
```

也可以将〈jsp:setProperty〉放入〈jsp:useBean〉标签的首尾标签之间，此时，〈jsp:setProperty〉只有在新建 Bean 实例时才会执行，如果是使用现有的实例，则不执行〈jsp:setProperty〉。代码如下所示：

```
<jsp:useBean id="myName" ... >
……
    <jsp:setProperty name="myName" property="someProperty" .../>
</jsp:useBean>
```

其语法格式如下：

```
<jsp:setProperty
name="Bean 实例名"
{
property="*"|
property="propertyName"|
property="propertyName"param="parameterName"|
property="propertyName"value="值"
}/>
```

〈jsp:setProperty〉标签中各属性的简要说明如表 3-5 所示。

表 3-5　〈jsp:setProperty〉标签属性

属　　性	描　　述
name	name 属性是必需的。它表示要设置属性的是哪个 Bean
property	property 属性是必需的。它表示要设置哪个属性。有一种特殊用法：如果 property 的值是"＊"，表示所有名字和 Bean 属性名字匹配的请求参数都将被传递给相应的属性 set 方法
param	param 是可选的。它指定用哪个请求参数作为 Bean 属性的值。如果当前请求没有参数，则什么事情也不做，系统不会把 null 传递给 Bean 属性的 set 方法。因此，可以让 Bean 自己提供默认属性值，只有当请求参数明确指定了新值时，才修改默认属性值
value	value 属性是可选的。该属性用来指定 Bean 属性的值。字符串数据会在目标类中通过标准的 valueOf()方法自动转换成数字、boolean、Boolean、byte、Byte、char、Character。例如，boolean 和 Boolean 类型的属性值(比如"true")通过 Boolean. valueOf 转换，int 和 Integer 类型的属性值(比如"42")通过 Integer. valueOf 转换。value 和 param 不能同时使用，但可以使用其中任意一个

第一种形式：

```
<jsp:setProperty name="JavaBean 实例名" property="*"/>
```

该形式是设置 bean 属性的快捷方式。要求 bean 属性的名称和类型要与 request 请求中参数的名称及类型一致，以便用 bean 中的属性来接收客户输入的数据，系统会根据名称来自动匹配。

如果 request 请求中存在值为空的参数，那么 bean 中对应的属性将不会被赋值为 null；如果 bean 中存在一个属性，但请求中没有与之对应的参数，那么该属性同样不会被赋值为 null。这两种情况下的 bean 属性都会保留原来的值或者默认的值。

此种使用方法的限定条件是：请求中参数的名称和类型必须与 bean 中属性的名称和类型完全一致。但通过表单传递的参数都是 String 类型，所以，JSP 会自动地将这些参数转换为 bean 中对应属性的类型。

第二种形式：

```
<jsp:setProperty name="JavaBean实例名" property="JavaBean属性名" />
```

当 property 属性取值为 bean 中的属性时，只会将 request 请求中与该 bean 属性同名的一个参数的值赋给这个 bean 属性。

如果请求中没有与 property 所指定的同名参数，则该 bean 属性会保留原来的值或默认的值，而不会被赋值为 null。与 property 属性值一样，当请求中参数的类型与 bean 中的属性类型不一致时，JSP 会自动进行转换。

第三种形式：

```
<jsp:setProperty name="JavaBean实例名" property="JavaBean属性名" value=
    "BeanValue"/>
```

value 用来指定 Bean 属性的值。value 属性指定的值可以是一个字符串数值或表示一个具体值的 JSP 表达式或 EL 表达式，该值将被赋给 property 属性指定的 bean 属性。字符串数据会在目标类中通过标准的 valueOf()方法自动转换成数字、boolean、Boolean、byte、Byte、char、Character。例如，boolean 和 Boolean 类型的属性值(比如"true")通过 Boolean. valueOf()转换，int 和 Integer 类型的属性值(比如"42")通过 Integer. valueOf()转换。

第四种形式：

```
<jsp:setProperty name="JavaBean实例名"
    property="propertyName" param="request对象中的参数名"/>
```

property 属性指定 Bean 中的某个属性，param 属性指定 request 请求中的参数。该种方法允许将请求中的参数赋值给 Bean 中与该参数不同名的属性。

如果 param 属性指定参数的值为空，那么由 property 属性指定的 Bean 属性会保留原来的值或默认的值，而不会被赋值为 null。因此，你可以让 Bean 自己提供默认属性值，只有当请求参数明确指定了新值时才修改默认属性值。

表 3-6 列出了 JSP 自动将 String 类型转换为其他类型时所调用的方法。

表 3-6　String 类型转换为其他类型的方法

其他类型	转换方法
boolean	java. lang. Boolean. valueOf(String). booleanValue()
Boolean	java. lang. Boolean. valueOf(String)

续表

其他类型	转换方法
byte	java.lang.Byte.valueOf(String).byteValue()
Byte	java.lang.Byte.valueOf(String)
double	java.lang.Double.valueOf(String).doubleValue()
Double	java.lang.Double.valueOf(String)
int	java.lang.Integer.valueOf(String).intValue()
Integer	java.lang.Integer.valueOf(String)
float	java.lang.Float.valueOf(String).floatValue()
Float	java.lang.Float.valueOf(String)
long	java.lang.Long.valueOf(String).longValue()
Long	java.lang.Long.valueOf(String)

3.5.6　获取属性值标签〈jsp:getProperty〉

〈jsp:getProperty〉动作提取指定Bean属性的值，并转换成字符串，然后输出。语法格式如下：

```
<jsp:useBean id="myName" ... />
……
<jsp:getProperty name="myName" property="someProperty" .../>
```

〈jsp:getProperty〉动作标签的属性如表3-7所示。

表3-7　〈jsp:getProperty〉标签属性

属　性	描　述
name	要检索的Bean属性名称，Bean必须已定义
property	表示要提取Bean属性的值

各参数说明如下。

(1) name属性：用来指定一个存在于JSP中某个范围内的Bean实例。

〈jsp:getProperty〉标记会按照page、request、session和application的顺序查找Bean实例，直到第一个实例被找到。如果任何范围内都不存在这个Bean实例，则会抛出异常。

(2) property属性：该属性用来指定要获取由name属性指定的Bean中的哪个属性的值。若它指定的值为stuName，那么Bean中必须存在getStuName()方法，否则会抛出异常。如果指定Bean中的属性是一个对象，那么该对象的toString()方法将被调用，并输出执行结果。

下面通过一个例子来讲解〈jsp:useBean〉、〈jsp:setProperty〉、〈jsp:getProperty〉属性的用法。

【例3-11】　用户注册程序。

在Eclipse中创建动态Web项目testBean，然后依次创建下面的文件。

（1）在 src 目录下创建 JavaBean 类 User，此类封装了用户信息，包括用户姓名和年龄，代码如下：

```
package com.test;

public class User {
    private String name;
    private String password;
    private int age;
    public String getName() {
        return name;
    }
    public void setName(String name) {
        this.name=name;
    }
    public String getPassword() {
        return password;
    }
    public void setPassword(String password) {
        this.password=password;
    }
    public int getAge() {
        return age;
    }
    public void setAge(int age) {
        this.age=age;
    }
}
```

（2）在 WebContent 目录下创建注册页面 register. html，代码如下：

```
<!DOCTYPE html>
<html>
<head>
<meta charset="UTF-8">
<title> Insert title here</title>
</head>
<body>
用户注册
<form action="register.jsp">
<table>
<tr> <td> 姓名:<input type="text" name="name"/> </td> </tr>
<tr> <td> 密码:<input type="password" name="password"/> </td> </tr>
<tr> <td> 年龄:<input type="text" name="age"/> </td> </tr>
<tr> <td> <input type="submit" value="注册"/> </td> </tr>
</table>
</form>
```

```
</body>
</html>
```

(3) 在 WebContent 目录下创建注册处理程序 register. jsp，代码如下：

```
<%@page language="java" contentType="text/html; charset=utf-8"
    pageEncoding="utf-8"%>
<jsp:useBean id="user" class="com.test.User" scope="request"/>
<jsp:setProperty name="user" property="*"/>
<!DOCTYPE html>
<html>
<head>
<meta charset="utf-8">
<title> Insert title here</title>
</head>
<body>
注册成功<br>
<hr>
使用 Bean 属性方法:<br>
姓名:<%=user.getName()%><br>
密码:<%=user.getPassword()%><br>
年龄:<%=user.getAge()%><br>
<hr>
使用 getProperty 动作:<br>
姓名:<jsp:getProperty name="user" property="name"/><br>
密码:<jsp:getProperty name="user" property="password"/><br>
年龄:<jsp:getProperty name="user" property="age"/><br>
</body>
</html>
```

将 Web 项目发布到 Tomcat 服务器。打开浏览器，在地址栏输入用户注册页面的 URL 地址 http://localhost:8080/testbean/register. html，如图 3-6 所示。程序运行后的结果如图 3-7 所示。

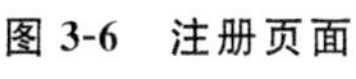
图 3-6　注册页面

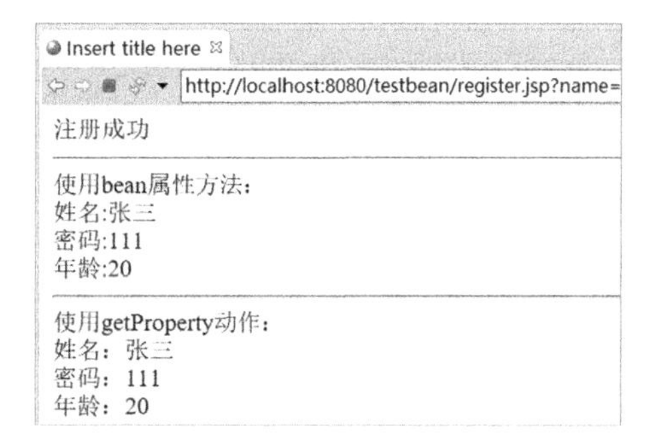

图 3-7　结果显示页面

如果将上面例子中的 register. html 页面的 name 参数改为 username，那么 User 类对象怎么获取属性的值呢?

需要在代码中指明 request 对象的 username 参数并赋值给 user 对象的 name 属性,代码如下:

```
<jsp:setProperty name="user" property="name" param="username"/>
<jsp:setProperty name="user" property="password"/>
<jsp:setProperty name="user" property="age"/>
```

3.5.7 插件标签〈jsp:plugin〉

〈jsp:plugin〉动作用来根据浏览器的类型插入通过 Java 插件运行 Java Applet 所必需的 OBJECT 或 EMBED 元素。

如果需要的插件不存在,则会下载插件,然后执行 Java 组件。Java 组件可以是一个 applet 或一个 JavaBean。

plugin 动作有多个对应 HTML 元素的属性用于格式化 Java 组件。param 元素可用于向 Applet 或 Bean 传递参数。

〈jsp:plugin〉动作的语法格式如下:

```
<jsp:plugin
type="bean|applet" code="ClassFileName"
codebase="classFileDirectoryName"
[name="instanceName"]
[archive="URIToArchive,..."]
[align="bottom|top|middle|left|right"]
[height="displayPixels"]
[width="displayPixels"]
[hspace="leftRightPixels"]
[vspace="topBottomPixels"]
[jreversion="JREVersionNumber|1.1"]
[nspluginurl="URLToPlugin"]
[iepluginurl="URLToPlugin"]>
[<jsp:params>
<jsp:param name="parameterName"
value="{parameterValue|<%=expression %>"/>
</jsp:params>]
[<jsp:fallback>text message for user</jsp:fallback>]
</jsp:plugin>
```

各属性说明如下。

type 属性:作用是定义插入对象的类型,对象类型有两个值,分别是 bean 或者 applet。(必须定义的属性)

code 属性:定义插入对象的类名,该类必须保存在 codebase 属性指定的目录内。(必须定义的属性)

codebase 属性:定义对象的保存目录。(必须定义的属性)

name 属性:定义 bean 或 applet 的名字。

archive 属性:定义 bean 或 applet 运行时需要的类包文件。

align 属性:定义 bean 或 applet 的显示方式。

height 属性:定义 bean 或 applet 的高度。

width 属性:定义 bean 或 applet 的长度。

hspace 属性:定义 bean 或 applet 的水平空间。

vspace 属性:定义 bean 或 applet 的垂直空间。

jreversion 属性:定义 bean 或 applet 运行时所需要的 JRE 版本,默认值是 1.1。

nspluginurl 属性:定义 Netscape Navigator 用户在没有定义 JRE 运行环境时下载 JRE 的地址。

iepluginurl 属性:定义 IE 用户在没有定义 JRE 运行环境时下载 JRE 的地址。

jsp:params 标识的作用是定义 bean 或 applet 的传入参数。

jsp:fallback 标识的作用是当对象不能正确显示时传给用户的信息。

以下是使用 plugin 动作元素的典型实例:

```
<jsp:plugin type="applet" codebase="dirname" code="MyApplet.class"
                           width="60" height="80">
    <jsp:param name="fontcolor" value="red" />
    <jsp:param name="background" value="black" />
    <jsp:fallback>
        Unable to initialize Java Plugin
    </jsp:fallback>
</jsp:plugin>
```

3.6 JSP内置对象

3.6.1 JSP内置对象概述

JSP 内置对象是 JSP 容器为每个页面提供的 Java 对象,开发者可以直接使用它们而不用显式声明。JSP 内置对象也被称为预定义变量。JSP 支持九大内置对象,这九个内置对象的描述如表 3-8 所示。

表 3-8 JSP 内置对象

对　　象	描　　述
request	HttpServletRequest 类的实例
response	HttpServletResponse 类的实例
out	PrintWriter 类的实例,用于把结果输出至网页上
session	HttpSession 类的实例
application	ServletContext 类的实例,与应用上下文有关

续表

对　　象	描　　述
config	ServletConfig 类的实例
pageContext	PageContext 类的实例，提供对 JSP 页面所有对象以及命名空间的访问
page	类似于 Java 类中的 this 关键字
exception	Exception 类的对象，代表发生错误的 JSP 页面中对应的异常对象

3.6.2　request 对象

request 对象是 javax.servlet.http.HttpServletRequest 类的实例。每当客户端请求一个 JSP 页面时，JSP 引擎就会制造一个新的 request 对象来代表这个请求。request 对象、response 对象和 session 对象之间的关系如图 3-8 所示。

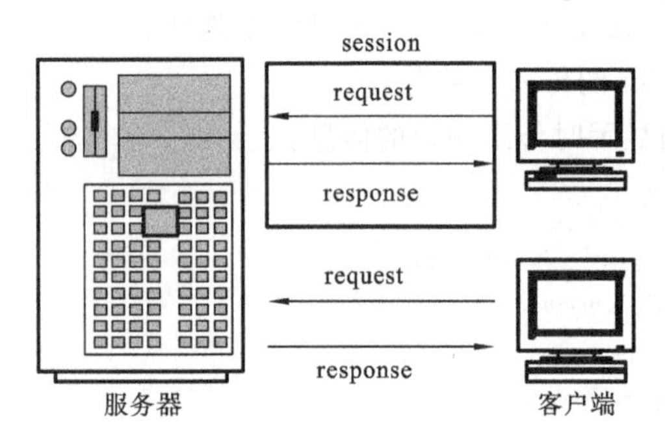

图 3-8　request 对象、response 对象和 session 对象之间的关系

request 对象提供了一系列方法来获取 HTTP 头信息、cookies、HTTP 方法等。

客户端可通过 HTML 表单或在网页地址后面提供参数的方法提交数据，然后通过 request对象的相关方法来获取这些数据。request 对象封装了客户端的请求信息，请求信息的内容包括请求的标题头(Header)信息(如浏览器的版本信息语言和编码方式等)、请求的方式(如 HTTP 的 GET 方法、POST 方法等)、请求的参数名称、请求的参数值和客户端的主机名称等。

表 3-9 列出了 request 对象常用的方法。

表 3-9　request 对象常用的方法

方　　法	说　　明
Object getAttribute(String name)	用于返回由 name 指定的属性值，如果指定的属性值不存在，则返回一个 null 值
Enumeration getAttributeNames()	用于返回 request 对象的所有属性的名称集合
String getCharacterEncoding()	用于返回一个 String，它包含请求正文中所使用的字符编码
int getContentLength()	用于返回请求正文的长度(字节数)，如果不确定，返回－1
String getContentType()	得到请求体的 MIME 类型
ServletInputStream getInputStream()	用于返回请求的输入流，用来显示请求中的数据
String getParameter(String name)	用于获取客户端传送给服务器端的参数，主要由 name 指定，通常是表单中的参数
Enumeration getParameterNames()	用于获取客户端传送的所有参数的名字集合

续表

方　　法	说　　明
String getParameterValues(String name)	用于获得指定参数的所有值，由 name 指定
String getProtocol()	用于返回客户端向服务器端传送数据所依据的协议名称
String getMethod()	用于获得客户端向服务器端传送数据的参数方法，主要有两个，分别是 get()和 post()
String getServerName()	用于获得服务器端的主机名字
int getServletPath()	用于获得 JSP 文件相对于根地址的地址
String getRemoteAddr()	用于获得客户端的网络地址
String getRemoteHost()	用于获取发送此请求的客户端主机名
String getRealPath(String path)	用于获取一虚拟路径的真实路径
cookie[] get Cookie()	用于获取所有的 Cookie 对象
void setAttribute(String key,Object obj)	设置属性的属性值
boolean isSecure()	返回布尔类型的值，用于确定这个请求是否使用了一个安全协议，如 HTTP
boolean isRequestedSessionIdPromCookie()	返回布尔类型的值，表示会话是否使用了一个 Cookie 来管理会话 ID
boolean isRequestedSessionIdFromURL()	返回布尔类型的值，表示会话是否使用了一个 URL 来管理会话 ID
boolean isRequestedSessionIdFromVoid()	检查请求的会话 ID 是否合法

1. 获取请求参数

用户借助表单向服务器提交数据，完成用户与网站之间的交互，大多数 Web 应用程序都是这样的。表单中包含文本框、列表、按钮等输入标记。当用户在表单中输入信息后，单击 Submit 按钮提交给服务器处理。

用户提交的表单数据存放在 request 对象里，通常在 JSP 代码中使用 getParameter()或者 getParameterValues()方法来获取表单传送过来的数据，前者用于获取单值，如文本框、按钮等；后者用于获取数组，如复选框或者多选列表项。使用格式如下：

```
String getParameter(String name);
String[] getParameterValues(String name);
```

以上两种方法的参数 name 与 HTML 标记的 name 属性对应，如果不存在，则返回 null。

另外要注意的是，利用 request 的方法获取表单数据时，默认情况下，字符编码为 ISO-8859-1，所以，当获取客户提交的汉字字符时，会出现乱码问题，必须进行特殊处理。

【例 3-12】 获取请求参数的值。

创建 index.jsp，页面用于完成用户的注册功能。代码如下：

```
<%@page contentType="text/html;charset=utf-8"%>
```

```
<html>
<head>
<title>
    request 对象获取请求参数
</title>
</head>
<body>
<h2> 用户注册 </h2>
<form name="form1" method="post" action="show.jsp">
用户名:<input name="username" type="text"/><br>
密    码:<input name="pwd" type="password"/><br><br>
<input type="submit" value="提交"/>
<input type="reset" value="重置"/>
</form>
</body>
</html>
```

创建 show.jsp 页面,通过 request 对象获取用户提交的表单数据并进行输出显示。代码如下:

```
<%@page contentType="text/html;charset=utf-8"%>
<html>
<head>
<title>
    request 对象获取请求参数
</title>
</head>
<body>
<h2> 获取到的注册信息如下:</h2>
<%
request.setCharacterEncoding("utf-8");
String username=request.getParameter("username");
String pwd=request.getParameter("pwd");
out.println("用户名为:"+username+"<br>");
out.println("密码为:"+pwd+"<br>");
%>
</body>
</html>
```

将 Web 项目发布到 Tomcat 服务器。打开浏览器,在地址栏输入用户注册页面的 URL 地址:http://localhost:8080/testreq/index.jsp,如图 3-9 所示。程序运行后的结果如图 3-10所示。

图 3-9　用户注册页面

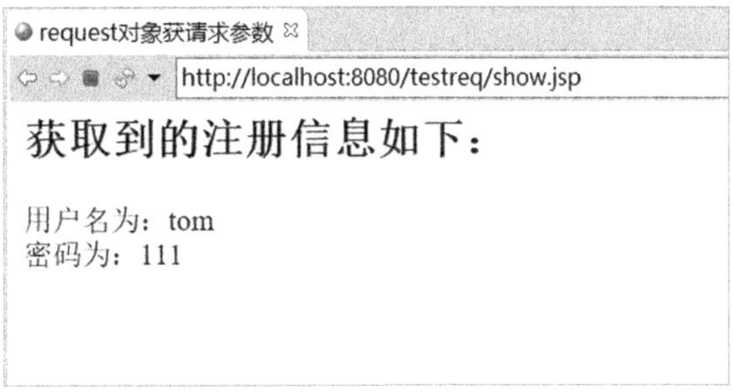

图 3-10　结果显示页面

2. 在作用域中管理属性

当进行请求转发时，往往需要把一些数据带到转发后的页面进行处理。这时，就可以使用 request 对象的 setAttribute()方法设置数据在 request 范围内存取。

设置转发数据的格式如下：

```
request.setAttribute("key",value);
```

参数 key 是键，为 String 类型。在转发后的页面就通过这个键来获取数据。参数 value 是键值，为 Object 类型，它代表需要保存在 request 范围内的数据。

获取转发数据的格式如下：

```
request.getAttribute("key");
```

参数 key 表示键名，如果指定的属性值不存在，则返回一个 null 值。

在页面使用 request 对象的 setAttribute("key",value)方法，可以把数据 value 设定在 request 范围内。请求转发后的页面使用 getAttribute("key")就可以取得数据 value。

这一对方法在不同的请求之间传递数据，而且从上一个请求到下一个请求必须是转发请求(使用〈jsp:forward〉动作来实现)，即保存的属性在 request 属性范围(request scope)内，而不能是重定向请求(使用 response. sendRedirect()或者超级链接来实现)。

【例 3-13】 管理属性。

通过 request 对象在作用域中管理属性。在 a. jsp 页面使用 request 对象的 setAttribute()方法设置数据，然后在请求转发到 b. jsp 页面后利用 getAttribute()取得设置的数据。

a. jsp 页面的代码如下：

```
<%@page contentType="text/html;charset=utf-8"%>
<html>
<head>
<title>
request 对象在作用域中管理属性
</title>
</head>
<body>
<%request.setAttribute("str","欢迎学习！");%>
```

```
<jsp:forward page="b.jsp"/>
</body>
</html>
```

b.jsp 页面的代码如下：

```
<!--b.jsp-->
<%@page contentType="text/html; charset=utf-8"%>
<html>
<head>
<title>
    request 对象在作用域中管理属性
</title>
</head>
<body>
<%out.println("页面转发后获取的属性值:"+request.getAttribute("str"));%>
</body>
</html>
```

3. 其他方法

request 对象还提供了其他方法，主要用来处理客户端浏览器提交的请求中的各个参数和选项。

【例 3-14】 获取客户信息。

应用 request 对象获取客户信息，代码如下：

```
<%@page contentType="text/html;charset=utf-8"%>
<html>
<head>
<title>
    request 对象获取客户信息
</title>
</head>
<body>
客户提交信息的方式:<%=request.getMethod()%><br/>
使用的协议:<%=request.getProtocol()%><br/>
获取提交数据的客户端 IP 地址:<%=request.getRemoteAddr()%><br/>
获取服务器端的名称:<%=request.getServerName()%><br/>
获取服务器端口号:<%=request.getServerPort()%><br/>
获取客户端的机器名称:<%=request.getRemoteHost()%><br/>
</body>
</html>
```

3.6.3 response 对象

response 对象是 javax.servlet.http.HttpServletResponse 类的实例，将封装了 JSP 产

生的响应客户端请求的有关信息，如回应的 Header、回应本体(HTML 的内容)以及服务器端的状态码等信息，提供给客户端。请求的信息可以是各种数据类型，甚至是文件。

response 对象的常用方法如表 3-10 所示。

表 3-10　response 对象的常用方法

方　法	说　明
void addCookie(Cookie cookie)	添加 Cookie 的方法
void addHeader(String name,String value)	添加 HTTP 文件指定的头信息
String encodeURL(String url)	将 URL 予以编码，回传包含 Session ID 的 URL
void flushBuffer()	强制把当前缓冲区的内容发送到客户端
int getBufferSize()	返回响应所使用的实际缓冲区大小，如果没有使用缓冲区，则该方法返回 0
void set BufferSize(int size)	为响应的主体设置首选的缓冲区大小
boolean isCommitted()	一个 boolean，表示响应是否已经提交；提交的响应已经写入状态码和报头
void reset()	清除缓冲区存在的任何数据，并清除状态码和报头
ServletOutputStream getOutputStream()	返回到客户端的输出流对象
void sendError(int xc[,String msg])	向客户端发送错误信息
void sendRedirect(java. lang. String location)	把响应发送到另一个位置进行处理
void setContentType(String type)	设置响应的 MIME 类型
void setHeader(String name,String value)	设置指定名字的 HTTP 文件头信息
void setContentLength(int len)	设置响应头的长度

1. 重定向页面

某些情况下，当响应客户时，需要将客户引导至另一个页面，例如，当客户输入正确的登录信息时，就需要被引导至登录成功的页面，否则会被引导至错误的显示页面。此时，可以使用 response 的 sendRedirect(URL)方法将客户请求重定向到一个不同的页面。

例如，将客户请求重定向到 login_ok. jsp 页面的代码如下：

```
response.sendRedirect("login_ok.jsp");
```

在 JSP 页面中，使用 response 对象中的 sendError()方法指明一个错误状态。该方法接收一个错误以及一条可选的错误消息，该消息将内容主体返回给客户。

```
response.sendError(500,"请求页面存在错误");
```

可以将客户请求重定向到一个在内容主体上包含出错消息的出错页面。

【例 3-15】　重定向页面。

通过 response 对象重定向网页，完成用户登录时验证功能。

创建 index. jsp，页面完成用户的注册功能。代码如下：

```
<%@page contentType="text/html;charset=utf-8"%>
<html>
<head>
<title>
    用户登录
</title>
</head>
<body>
<form name="form1" method="post" action="deal.jsp">
用户名:<input name="user" type="text" />  <br>
密    码:<input name="pwd" type="text" />  <br>
<input type="submit" value="提交"/>
<input type="reset" value="重置"/>
</form>
</body>
</html>
```

创建 deal.jsp,页面接收表单提交的数据,进行判断后重定向。代码如下:

```
<%@page contentType="text/html;charset=utf-8"%>
<html>
<head>
<title>
    处理结果
</title>
</head>
<body>
<%
request.setCharacterEncoding("utf-8");
String user=request.getParameter("user");
String pwd=request.getParameter("pwd");
if(user.equals("admin")&&pwd.equals("123"))
{
    response.sendRedirect("success.jsp");
}
else
{
    response.sendError(500,"请输入正确的用户名和密码!");
}
%>
</body>
</html>
```

创建 success.jsp,页面显示登录成功信息。代码如下:

```
<%@page contentType="text/html;charset=utf-8"%>
```

```
<html>
<head>
<title> </title>
</head>
<body>
成功登录!
</body>
</html>
```

转发与重定向有什么区别呢?

转发的格式如下:

```
RequestDispatcher requestDispatcher=
    request.getRequestDispatcher("/welcome.jsp");
requestDispatcher.forward(request,response);
```

重定向的格式如下:

```
response.sendRedirect("/welcome.jsp");
```

这样也会访问到 welcome.jsp 这个页面。

虽然转发和重定向二者最终实现的功能相同,但还是有很大不同,不同之处如下。

- 地址栏变化。转发不会改变地址栏中的 URL,而重定向则会改变。
- 跳转范围不同。转发只能访问到当前 Web 应用中的内容,而重定向则可以访问到任意 Web 应用中的内容。
- request 对象作用范围。转发后的页面中仍然可以使用原来的 request 对象,而重定向后,原来的 request 对象则失去作用。

所以,如果想要在多个页面使用相同的 request 对象,那么只能使用转发,而不能使用重定向。

2. 设置定时刷新及跳转的头信息

response 对象的 setHeader()方法用于设置指定名字的 HTTP 文件头的值,如果该值已经存在,则新值会覆盖旧值。最常用的一个头信息是 refresh,用于设置刷新或者跳转。

实现页面 1 秒钟刷新一次,设置语句如下:

```
response.setHeader("refresh","1");
```

实现页面定时跳转,如 2 秒钟后自动跳转到 URL 所指的页面,设置语句如下:

```
response.setHeader("refresh","2;URL=页面名称");
```

【例 3-16】 设置响应报头。

response.setHeader()设置响应报头,3 秒钟后跳转到 hello.html 页面,代码如下:

```
<%@page contentType="text/html" pageEncoding="GBK"%>
<html>
<head><title>response_demo02.jsp</title></head>
<body>
```

```
<h3>3秒钟后跳转到 hello.html 页面,如果没有跳转,请按<a href="hello.html">这里</a>!</h3>
<%
    response.setHeader("refresh","3;URL=hello.html") ;
%>
</body>
</html>
```

3. 设置响应类型

利用 page 指令设置发送到客户端文档响应报头的 MIME 类型和字符编码,如〈%@ page contentType="text/html;charset=utf-8"%〉,它表示当用户访问该页面时,JSP 引擎将按照 contentType 的属性值,即 text/html(网页)做出反应。

如果要动态改变这个属性值来响应客户,就需要使用 response 对象的 setContentType (String s)方法。语法格式如下:

```
response.setContentType("MIME");
```

MIME 可以为 text/html(网页)、text/plain(文本)、application/x-msexcel(Excel 文件)、application/msword(Word 文件)。

3.6.4 session 对象

session 对象是 javax. servlet. http. HttpSession 类的实例。session 对象用来跟踪在各个客户端请求间的会话。

客户与服务器之间的通信是通过 HTTP 协议完成的。HTTP 是一种无状态的协议,当客户向服务器发出请求,服务器接收请求并返回响应后,该连接就被关闭了。此时,服务器端不保留连接的有关信息,要想记住客户的连接信息,可以使用 JSP 提供的 session 对象。

当用户首次访问服务器上的一个 JSP 页面时,JSP 引擎便产生一个 session 对象,同时分配 session ID,JSP 引擎同时将这个 ID 号发送到客户端,存放在 Cookie 中,这样,session 对象和客户端之间就建立了一一对应的关系。

当用户再次访问该服务器的其他页面时,不再分配给用户新的 session 对象,直到用户关闭浏览器,或者在一定时间(系统默认在 30 分钟内,但可在编写程序时修改这个时间限定值或者显式地结束一个会话)内客户端不向服务器发出应答请求,服务器端就会取消该用户的 session 对象,与用户的会话对应关系消失。当用户重新打开浏览器,再次连接到该服务器时,服务器为该用户再创建一个新的 session 对象。

session 对象保存的是每个用户专用的私有信息,可以是与客户端有关的,也可以是一般信息,可以根据需要设定相应的内容,并且所保存的信息在当前 session 属性范围内是共享的。表 3-11 列出了 session 对象的常用方法。

表 3-11 session 对象的常用方法

方　　法	说　　明
Object getAttribute(String name)	获取指定名字的属性
Enumeration getAttributeName()	获取 session 中全部属性的名字,一个枚举

续表

方　　法	说　　明
long getCreationTime()	返回 session 的创建时间(单位:毫秒)
public String getId()	取得 session ID
long getLastAccessedTime()	返回此 session 中客户端最近一次请求的时间。由 1970-01-01 算起(单位:毫秒)。使用这个方法,可以判断某个用户在站点上一共停留了多长时间
int getMaxInactiveInterval()	返回两次请求间隔多长时间 session 被销毁(单位:秒)
void setMaxInactiveInterval(int interval)	设置两次请求间隔多长时间 session 被销毁(单位:秒)
void invalidate()	销毁 session 对象
boolean isNew()	判断是否是新的 session(新用户)
void removeAttribute(String name)	删除指定名字的属性
void setAttribute(String name,String value)	设定指定名字的属性值

使用 session 对象在不同的 JSP 文件(整个客户会话过程,即 session scope)中保存属性信息,比如用户名、验证信息等,最为典型的应用是实现网上商店购物车的信息存储。

1. 创建及获取客户会话属性

使用 setAttribute()方法设置指定名称的属性,并将其存储在 session 对象中,使用 getAttribute()方法获取与指定名字 name 相联系的属性。语法格式如下:

```
session.setAttribute(String name,String value);
session.getAttribute(String name);
```

session 对象保存数据的方式有点像 Map 的键值对(key-value)。参数 name 为属性名称,value 为属性值。

JSP 页面可以将任何已经保存的对象部分或者全部移除。可以使用 removeAttribute()方法将指定名称的对象移除,也就是说,可以从这个会话删除与指定名称绑定的对象。使用 invalidate()方法可以将会话中的全部内容删除。语法格式如下:

```
session.removeAttribute(String name);
```

参数 name 为 session 对象的属性名,代表要移除的对象名。

```
session.invalidate();
```

表示把保存的所有对象全部删除。

【例 3-17】 创建及获取客户会话属性。

当前应用下包含 setSession.jsp 和 getSession.jsp 两个页面文件。

在 setSession.jsp 页面中设置属性和值,其代码如下:

```
<%@page language="java" contentType="text/html; charset=UTF-8"
    pageEncoding="UTF-8"%>
<%
```

```
    session.setAttribute("name", "tom");
%>
<a href="getSession.jsp">跳转到获取 session 的页面</a>
```

在 getSession.jsp 页面中获取属性和值，其代码如下：

```
<%@page language="java" contentType="text/html; charset=UTF-8"
    pageEncoding="UTF-8"%>
<%
    String name=(String)session.getAttribute("name");
%>
session 中的 name: <%=name%>
```

运行程序，访问 setSession.jsp 页面后，出现的运行结果如下：

```
session 中的 name:tom
```

2. 其他方法

【例 3-18】 取得 Session ID。

其代码如下：

```
<%@page contentType="text/html" pageEncoding="GBK"%>
<html>
<head> <title> session_id.jsp</title> </head>
<body>
<%
    String id=session.getId() ;
%>
<h3> SESSION ID:<%=id%> </h3>
<h3> SESSION ID 长度:<%=id.length()%> </h3>
</body>
</html>
```

该例中，getId()取得 SessionId，length()返回 ID 的长度。

【例 3-19】 判断是否是新的用户。

其代码如下：

```
<%@page contentType="text/html" pageEncoding="GBK"%>
<html>
<head> <title> is_new.jsp</title> </head>
<body>
<%
    if(session.isNew()){            //用户是第一次访问
%>
        <h3>欢迎新用户光临!</h3>
<%
    }else{                          //用户再次访问本页面
%>
        <h3>您已经是老用户了!</h3>
```

```
<%
    }
%>
</body>
</html>
```

该例使用 isNew()方法判断是否是新用户，从而显示不同的文本信息。

3.6.5　application 对象

application 对象包装了 Servlet 的 ServletContext 类的对象，是 javax. servlet. ServletContext 类的实例。它的生命周期从服务器启动到关闭。在此期间，对象将一直存在。这样，在用户的前后连接或不同用户之间的连接中，可以对此对象的同一属性进行操作。在任何地方对此对象属性的操作，都会影响到其他用户的访问。

application 对象用于保存应用程序的公用数据，服务器启动并自动创建 application 对象后，只要没有关闭服务器，application 对象就一直存在，所有用户共享 application 对象。表 3-12 列出了 application 对象的常用方法。

表 3-12　application 对象的常用方法

方　　法	说　　明
void setAttribute(String key,Object obj)	将参数 Object 指定的对象 obj 添加到 application 对象中，并为添加的对象指定一个索引关键字
Object getAttribute(String arg)	获取 application 对象中含有关键字的对象
Enumeration getAttributeNames()	获取 application 对象的所有参数名字
int getMajorVersion()	获取服务器支持 Servlet 的主版本号
int getMinorVersion()	获取服务器支持 Servlet 的从版本号
void removeAttribute(java. lang. String name)	根据名字删除 application 对象的参数

【例 3-20】　application 对象保存及获取属性。

在 a. jsp 页面保存了键为“app”的对象，代码如下：

```
<%@page contentType="text/html;charset=gb2312"%>
<html>
    <head>
        <title> application 对象的使用</title>
    </head>
    <body>
    <%
        application.setAttribute("app","一个 Object 对象");
    %>
    </body>
</html>
```

在 b. jsp 页面获取键为“app”的对象，通过表达式输出对象的值，代码如下：

```
<%@page contentType="text/html;charset=gb2312"%>
```

```
<html>
    <head>
        <title> application 对象的使用</title>
    </head>
    <body>
    <%
        String str= (String)application.getAttribute("app");
    %>
    从 application 对象中取出属性值:<font color="red"><%=str%></font>
    </body>
</html>
```

3.6.6 out 对象

out 对象是 javax. servlet. jsp. JspWriter 类的实例,用来在 response 对象中写入内容。

最初的 JspWriter 类对象根据页面是否有缓存来进行不同的实例化操作。可以在 page 指令中使用 buffered='false'属性来轻松关闭缓存。

JspWriter 类包含了大部分 java. io. PrintWriter 类中的方法。不过,JspWriter 类新增了一些专门为处理缓存而设计的方法。还有就是 JspWriter 类会抛出 IOExceptions 异常,而 PrintWriter 不会抛出异常。表 3-13 列出了我们会用来输出 boolean、char、int、double、string、object 等类型数据的重要方法。

表 3-13　out 对象常用的方法

方　法	描　述
void out. print(dataType dt)	输出 Type 类型的值
out. println(dataType dt)	输出 Type 类型的值,然后换行
out. flush()	刷新输出流

在使用 print()或 println()方法向客户端输出时,由于客户端是浏览器,因此可以使用 HTML 中的一些标记控制输出格式。例如:

```
out.println("<font color=red> Hello </font> ");
```

【例 3-21】 使用 out 对象管理输出缓冲区。

代码如下:

```
<%@page contentType="text/html;charset=utf-8"%>
<html>
<head> <title> </title> </head>
<body>
缓冲大小:<%=out.getBufferSize()%> <br>
剩余缓存大小:<%=out.getRemaining()%> <br>
是否自动刷新:<%=out.isAutoFlush()%> <br>
</body>
</html>
```

3.6.7 其他内置对象

1. config 对象

config 对象是 javax. servlet. ServletConfig 类的实例，直接包装了 servlet 的 ServletConfig 类的对象，表示 Servlet 的配置信息。此对象允许开发者访问 Servlet 或者 JSP 引擎的初始化参数，比如文件路径等。

```
config.getServletName();
```

此方法返回包含在〈servlet-name〉元素中的 servlet 名字，〈servlet-name〉元素是在 WEB-INF\web. xml 文件中定义的。

当一个 Servlet 初始化时，容器把某些信息通过此对象传递给这个 Servlet，这些信息包括 Servlet 初始化时所要用到的参数（通过属性名和属性值构成）以及服务器的有关信息（通过传递一个 ServletContext 对象），config 对象的应用范围是本页。

开发者可以在 web. xml 文件中为应用程序环境中的 Servlet 程序和 JSP 页面提供初始化参数。表 3-14 列出了 config 对象的常用方法。

表 3-14　config 对象的常用方法

方　法	说　明
ServletContext getServletContext()	返回所执行的 Servlet 的环境对象
String getServletName()	返回所执行的 Servlet 的名字
String getInitParameter(String name)	返回指定名字的初始参数值
Enumeration getInitParameterNames()	返回该 JSP 中所有初始参数名存在一个枚举对象中

2. pageContext 对象

pageContext 对象是 javax. servlet. jsp. PageContext 类的实例，用来代表页面上下文对象，这个特殊的对象提供了 JSP 程序执行时所需要用到的所有属性和方法，如 session、application、config、out 等对象的属性，也就是说，该对象可以访问本页所有的 session，也可以取本页所在的 application 的某一属性值，它相当于页面中所有其他对象功能的集大成者，可以用它访问本页中所有的其他对象。

pageContext 对象的创建和初始化都是由容器来完成的，JSP 页面里可以直接使用 pageContext 对象的句柄，pageContext 对象的 getXxx()、setXxx() 和 findXxx() 方法可以根据不同的对象范围实现对这些对象的管理。表 3-15 列出了 pageContext 对象的常用方法。

表 3-15　pageContext 对象的常用方法

方　法	说　明
void forward(String relativeUrlPath)	把页面转发到另一个页面或者 Servlet 组件上
Exception getException()	返回当前页的 exception 对象
ServletRequest getRequest()	返回当前页的 request 对象
ServletResponse getResponse()	返回当前页的 response 对象

续表

方　　法	说　　明
ServletConfig getServletConfig()	返回当前页的 ServletConfig 对象
HttpSession getSession()	返回当前页的 session 对象
Object getPage()	返回当前页的 page 对象
ServletContext getServletContext()	返回当前页的 application 对象
public Object getAttribute(String name)	获取属性值
Object getAttribute(String name,int scope)	在指定的范围内获取属性值
void setAttribute(String name,Object attribute)	设置属性及属性值
void setAttribute(String name,Object obj,int scope)	在指定范围内设置属性及属性值
void removeAttribute(String name)	删除某属性
void removeAttribute(String name,int scope)	在指定范围内删除某属性
void invalidate()	返回 servletContext 对象,全部销毁

pageContext 对象的主要作用是提供一个单一界面,以管理各种公开对象(如 session、application、config、request、response 等),提供一个单一的 API 来管理对象和属性。

3. page 对象

page 对象就是页面实例的引用。它可以被看成是整个 JSP 页面的代表,是为了执行当前页面应答请求而设置的 Servlet 类的实体,即显示 JSP 页面自身,与类的 this 指针类似,使用它来调用 Servlet 类中所定义的方法,只有在本页面内才是合法的。它是 java. lang. Object 类的实例,对开发 JSP 比较有用。表 3-16 列出了 page 对象常用的方法。

表 3-16　page 对象常用的方法

方　　法	说　　明
class getClass()	返回当前 Object 的类
int hashCode()	返回 Object 的 hash 代码
String toString()	把 Object 对象转换成 String 类的对象
boolean equals(Object obj)	比较对象和指定的对象是否相等
void copy (Object obj)	把对象拷贝到指定的对象中
Object clone()	复制对象(克隆对象)

4. exception 对象

exception 对象包装了从先前页面中抛出的异常信息。它通常被用来产生对出错条件的适当响应。

exception 对象只有当前页面的 page 指令设置为 isErrorPage="true"的时候才可以使用。

同时，在其他页面也需要设置@page 指令 errorPage=""来指定一个专门处理异常的页面。

【例 3-22】 exception 对象。

当前应用下包含 try.jsp 和 catch.jsp 两个页面文件。

在 try.jsp 页面中设置 errorPage="catch.jsp"，表示有异常产生的话，就交给 catch.jsp 处理，代码中存在数组越界异常，其代码如下：

```
<%@page language="java" contentType="text/html; charset=UTF-8"
    pageEncoding="UTF-8" errorPage="catch.jsp"%>
<%
    int[] a=new int[10];
    a[20]=5;
%>
```

在 catch.jsp 页面中，isErrorPage="true"，表示当前页面可以使用 exception 对象，其代码如下：

```
<%@page language="java" contentType="text/html; charset=UTF-8"
    pageEncoding="UTF-8" isErrorPage="true"%>
<%=exception%>
```

当访问 try.jsp 页面时，跳转到 catch.jsp 页面显示异常信息。

3.7　JavaBean 技术及其应用

3.7.1　JavaBean 概述

JavaBean 是使用 Java 语言开发的一个可重用的组件，它可以被 Applet、Servlet、JSP 等 Java 应用程序调用，也可以可视化地被 Java 开发工具使用。

JavaBean 是一种软件组件模型，跟 ActiveX 控件一样，它们提供已知的功能，可以轻松重用并集成到应用程序中的 Java 类。任何可以用 Java 代码创造的对象都可以利用 JavaBean 进行封装。通过合理地组织具有不同功能的 JavaBean，可以快速地生成一个全新的应用程序，如果将这个应用程序比作一辆汽车，那么这些 JavaBean 就好比组成这辆汽车的不同零件。对软件开发人员来说，JavaBean 带来的最大优点是提高了代码的可重用性，并且对软件的可维护性和易维护性起到了积极作用。

在 JSP 的开发中可以使用 JavaBean 减少重复代码，使整个 JSP 代码的开发更简洁。JSP 搭配 JavaBean 来使用，有以下的优点：可将 HTML 和 Java 代码分离，这主要是为了日后维护的方便。如果把所有的程序代码（HTML 和 Java）写到 JSP 页面中，会使整个程序代码又多又复杂，造成日后维护上的困难。

可利用 JavaBean 的优点将日常用到的程序写成 JavaBean 组件，当在 JSP 中使用时，只要调用 JavaBean 组件来执行用户所要的功能，不用再重复写相同的程序，这样也可以节省开发所需的时间。

3.7.2 JavaBean 规范

JavaBean 能够将重复使用的代码进行打包，应用在可视化领域。JavaBean 能够完成 Java 的图形用户界面程序设计，实现窗体、按钮、文本框等可视化界面设计。

JavaBean 的种类按照功能可以划分为可视化和不可视化两类。可视化的 JavaBean 就是拥有图形用户界面(GUI)的，对最终用户是可见的。不可视化的 JavaBean 不要求继承，它更多地被使用在 JSP 中，通常情况下用来封装业务逻辑、数据分页逻辑、数据库操作和事物逻辑等，这样可以实现业务逻辑和前台程序的分离，提高了代码的可读性和易维护性，使系统更健壮和灵活。

不可视化的 JavaBean 又分为值 JavaBean 和工具 JavaBean。其中，值 JavaBean 严格遵循了 JavaBean 的书写规范，主要用来封装表单数据，作为信息的容器使用。为写成 JavaBean，类必须是具体的和公共的，并且具有无参数的构造器。JavaBean 通过提供符合一致性设计模式的公共方法 set 和 get 来设置和获取成员属性。众所周知，属性名称符合这种模式，其他 Java 类可以通过自省机制(反射机制)发现和操作这些 JavaBean 的属性。下面来创建一个值 JavaBean。

值 JavaBean 需遵循如下规范。

(1) 所有的类必须放在一个包中，使用 package 进行自定义。

(2) 所有的类必须声明为公有类，用 public 修饰，这样才能够被外部所访问。

(3) 一个 JavaBean 中至少存在一个无参构造方法，此为 JSP 中的标签所使用。JavaBean 定义构造的方式时，一定要使用 public 修饰，同时不能要参数，不定义构造方式时，Java 编译器可以构造无参数方式。

(4) 类中所有的属性都必须使用 private 进行修饰，表示私有属性。

(5) 使用 setXXX()方法以及 getXXX()方法得到 JavaBean 里的私有属性 XXX 数值。

【例 3-23】 值 JavaBean。

其代码如下：

```
package com;
public class User{
    private String name;
    private int age;
    public void setName(String name){
        this.name=name;
    }
    public void setAge(int age){
        this.age=age;
    }
    public String getName(){
        return this.name;
    }
    public int getAge(){
        return this.age;
```

```
        }
    }
```

工具JavaBean则通常用于封装业务逻辑，比如中文处理、数据库操作等。工具JavaBean实现了业务逻辑和页面显示的分离，提高了代码的可读性和可重用性。下面看一个工具JavaBean的例子。

【例3-24】 工具JavaBean。

其代码如下：

```
public class Tools
{
    public String changeHTML(String value)
    {
        value=value.replace("<","&lt;");
        value=value.replace("> ","&gt;");
        reture value;
    }
}
```

工具JavaBean的功能是将字符串中的“〈”和“〉”转换为对应的HTML字符“<”和“>”。

3.7.3　JavaBean实例

【例3-25】 JavaBean技术。

（1）Eclipse中新建Dynamic Web Project项目。输入项目名testemp，配置Java应用对话框，Context root选项用于指定Web项目的根目录，Content directory选项用于指定存放Web资源的目录。这里采用默认设置的目录，将testemp作为Web资源的根目录，将WebContent作为存放Web资源的目录。单击“Finish”按钮，完成Web项目的配置。

（2）src目录下创建JavaBean类Employee，该类封装了员工信息，包括员工编号、员工姓名、员工工作、员工工资属性，代码如下：

```
package com.system.valuebean;

public class Employee {
private int id;
    private String name;
    private String job;
    private double salary;
    public int getId() {
        return id;
    }
    public void setId(int id) {
        this.id=id;
    }
```

```
    public String getName() {
        return name;
    }
    public void setName(String name) {
        this.name=name;
    }
    public String getJob() {
        return job;
    }
    public void setJob(String job) {
        this.job=job;
    }
    public double getSalary() {
        return salary;
    }
    public void setSalary(double salary) {
        this.salary=salary;
    }
}
```

编写属性后,右击选择 Source-Generate Getters and Setters,这样就可以自动生成每个属性对应的 setXxx()和 getXxx()方法,如图 3-11 所示。

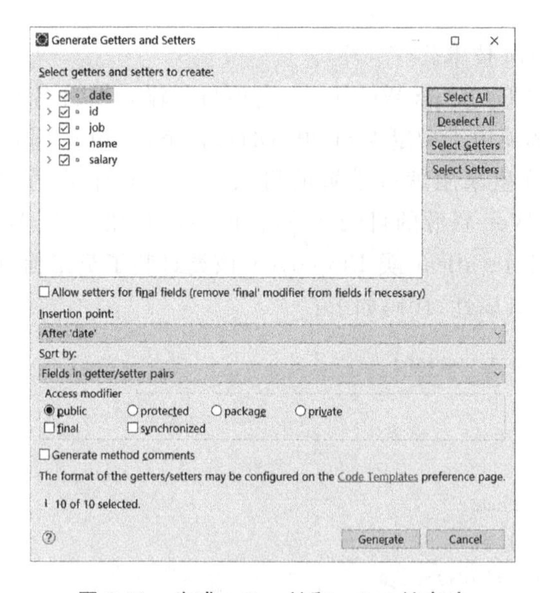

图 3-11　生成 getters()和 setters()方法

(3) 在 WebContent 目录下创建添加员工页面 index.jsp,代码如下:

```
<%@page language="java" contentType="text/html; charset=UTF-8"
    pageEncoding="UTF-8" isELIgnored="false"%>
<!DOCTYPE html>
```

```
<html>
<head>
<meta charset="UTF-8">
<title> Insert title here</title>
</head>
<body>
<form action="add.jsp">
    员工编号:<input type="text" name="id" value=""> <br/>
    员工姓名:<input type="text" name="name" value=""> <br/>
    员工工作:<input type="text" name="job" value=""> <br/>
    员工工资:<input type="text" name="salary" value=""> <br/>
<input type="submit" value="添加员工">
</form>
</body>
</html>
```

(4) 在 WebContent 目录下创建添加处理程序 add.jsp,代码如下:

```
<%@page contentType="text/html; charset=gb2312"%>
<%@page import="java.util.ArrayList"%>
<jsp:useBean id="emp" class="com.system.valuebean.Employee" scope="request">
    <jsp:setProperty name="emp" property="*"/>
</jsp:useBean>
<jsp:forward page="show.jsp"/>
```

(5) 在 WebContent 目录下创建显示员工信息页面 show.jsp,代码如下:

```
<%@page language="java" contentType="text/html; charset=UTF-8"
    pageEncoding="UTF-8"  isELIgnored="false"%>
<!DOCTYPE html>
<html>
<head>
<meta charset="UTF-8">
<title> Insert title here</title>
</head>
<jsp:useBean id="emp" class="com.system.valuebean.Employee" scope="request"/>
<body>
    员工编号:<%=emp.getId()%>
    <p>
    员工姓名:<%=emp.getName()%>
    <p>
    员工工作:<%=emp.getJob()%>
    <p>
    员工工资:<%=emp.getSalary()%>
    <p>
    <a href="index.jsp"> 添加员工</a>
```

```
    <hr width="100%">
</body>
</html>
```

（6）将项目发布到 Tomcat 服务器，在浏览器地址栏输入访问表单页面的地址 http://localhost:8080/testemp/index.jsp，在表单页面添加员工信息后提交给 add.jsp，创建 bean 实例，并转发到 show.jsp，将员工信息显示出来。表单页面如图 3-12 所示，结果页面如图 3-13所示。

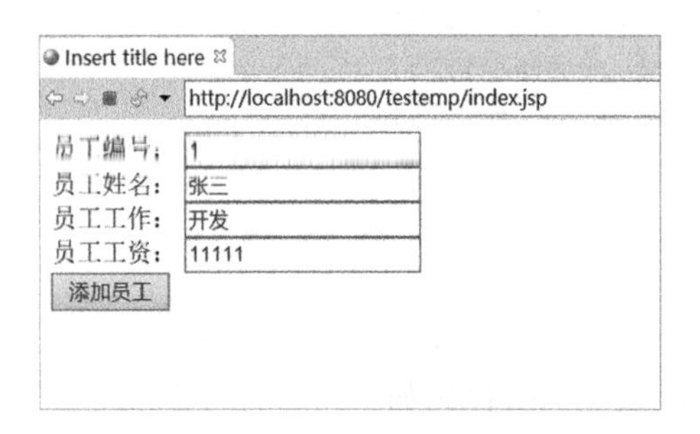

图 3-12　添加员工页面

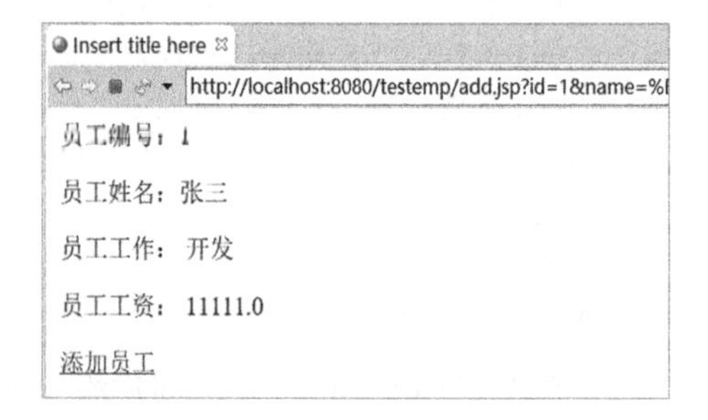

图 3-13　结果显示页面

3.8　小结

本章重点介绍了 JSP 基本语法和 JavaBean 技术，主要包括 JSP 页面组成、JSP 处理过程、JSP 脚本标识、JSP 注释、JSP 指令标识、JSP 动作标签、JSP 内置对象，并通过具体的实例介绍了 JSP 基本语法知识的运用。读者通过本章的学习，能够掌握 JSP 的基本语法知识和内置对象的运用，能将 JSP 技术和 JavaBean 技术结合起来完成系统的设计和实现，为下一步的学习做好准备。

习　题　3

1. JSP 有哪些动作，作用分别是什么？
2. JSP 中静态 include 和动态 include 的区别是什么？
3. JSP 有哪些内置对象，作用分别是什么？
4. Request 对象的主要方法有哪些？
5. JSP 页面在第一次运行时被 JSP 引擎转化为（　　）。

A. HTML 文件　　B. CGI 文件　　C. CSS 文件　　D. Servlet 文件

6. 对于"<%!"、"%>"之间声明的变量，以下说法正确的是（　　）。

A. 不是 JSP 页面的成员

B. 多个用户同时访问该页面时，任何一个用户对这些变量的操作，都会影响到其他用户

C. 多个用户同时访问该页面时，每个用户对这些变量的操作都互相独立，不会互相影响

D. 是 JSP 页面的局部变量

7. 用于获取 Bean 属性的动作是(　　)。

A. 〈jsp:useBean〉　　B. 〈jsp:getProperty〉

C. 〈jsp:setProperty〉　　D. 〈jsp:forward〉

8. 以下对象中不是 JSP 内置对象的是(　　)。

A. request　　B. session　　C. application　　D. bean

9. 阅读下面代码片段:

RequestDispatcher dispatcher=request.getRequestDispatcher("a.jsp");

dispatcher.forward(request,response);

关于该段代码的作用,下列叙述中(　　)是正确的。

A. 页面重定向到 a.jsp 页面　　B. 将请求转发到 a.jsp 页面

C. 从 a.jsp 定向到当前页面　　D. 从 a.jsp 转发到当前页面

10. 以下方法中,可以使 session 无效的方法是(　　)。

A. session.removeAttribute(String key)　　B. session.invalidate()

C. session.setAttribute(String key)　　D. session.getAttribute(String key)

11. 关于 JavaBeans 的说法中,错误的是(　　)。

A. JavaBeans 是基于 Java 语言的

B. JavaBeans 是 JSP 的内置对象之一

C. JavaBeans 是一种 Java 类

D. JavaBeans 是一个可重复使用的软件组件

12. 脚本程序是在 JSP 页面中使用__________标记起来的一段 Java 代码。

13. 在 JSP 中主要包含三种指令,分别是__________、__________、__________。

14. 三种指令的通用格式是____________________。

15. 用来从指定的 Bean 中读取指定的属性值的属性是__________。

16. 实现一个简单的留言簿,用户输入留言人、留言内容,提交后显示留言信息。

第 4 章　Java Web 的数据库操作

学习目标

- JDBC 概述；
- JDBC 的常用 API；
- 通过 JDBC 访问数据库的过程；
- JDBC 在 Java Web 开发中的应用。

4.1　JDBC 概述

JDBC 的全称为 Java dataBase connectivity(Java 数据库连接)，是 Java 语言中用来规范客户端程序如何来访问数据库的应用程序接口(API)，制定了统一的、面向对象的访问各类关系数据库的标准接口，为各个数据库厂商提供了标准接口的实现。通过 JDBC 技术，开发人员可以使用纯 Java 语言和标准的 SQL 语句编写完整的数据库应用程序，并且真正地实现软件的跨平台性。在 JDBC 技术问世之前，各数据库厂商执行各自的一套 API，使得开发人员访问数据库非常困难，特别是在更换数据库时，需要修改大量的代码，十分不方便。JDBC 的发布获得了巨大的成功，很快就成了 Java 访问数据库的标准，并且获得了几乎所有数据库厂商的支持。

JDBC 是一种底层 API，在访问数据库时需要在业务逻辑中直接嵌入 SQL 语句。由于 SQL 语句是面向关系的，依赖于关系模型，所以 JDBC 传承了简单直接的优点，特别是对于小型应用程序十分方便。需要注意的是，JDBC 不能直接访问数据库，必须依赖于数据库厂商提供的 JDBC 驱动程序，通常情况下使用 JDBC 完成以下操作。

(1) 同数据库建立连接。

(2) 向数据库发送 SQL 语句。

(3) 处理从数据库返回的结果。

JDBC 具有以下优点。

(1) JDBC 与 ODBC 十分相似，便于软件开发人员理解。

(2) JDBC 使软件开发人员从复杂的驱动程序编写工作中解脱出来，可以完全专注于业务逻辑的开发。

(3) JDBC 支持多种关系型数据库，大大增加了软件的可移植性。

(4) JDBC API 是面向对象的，软件开发人员可以将常用的方法进行二次封装，从而提高了代码的重用性。

4.2　JDBC 的常用 API

JDBC API 主要位于 JDK 的 java. sql 包中(之后扩展的内容位于 javax. sql 包中)，主要包括下面这些内容。

4.2.1　Driver 接口

对于每一个数据库驱动程序，都必须实现 Driver 接口，编写程序时，当需要连接数据库的时候，需要装载由数据库厂商提供的数据库驱动程序，装载的方式如下：

```
Class.forname("jdbc.driver_class_name");
```

同时要注意的是，在使用 Class. forname 时首先要引入 java. sql 包。

例如下面这段代码用于装载 SQL Server 数据库驱动程序：

```
import java.sql.* ;
Class.forname("com.microsoft.jdbc.sqlserver.SQLServerDriver");
```

4.2.2　DriverManager 接口

DriverManager 负责加载各种不同的驱动(driver)程序，并根据不同的请求向调用者返回相应的数据库连接(connection)。

DriverManager 类是 JDBC 的管理层，作用于用户和驱动程序之间。DriverManager 类跟踪可用的驱动程序，并在数据库和相应的驱动程序之间建立连接，同时处理诸如驱动程序登录时间控制及登录和跟踪信息的显示等事务。

装载驱动程序后，DriverManager 类即可调用 getConnection()方法来建立数据库连接。

当请求建立数据库连接时，DriverManager 类将试图定位一个适当的 Driver 类，并检查定位到的 Driver 类是否可以建立连接。如果可以，则建立连接并返回；如果不可以，则抛出 SQLException 异常。

```
Static Conneciton getConnection(String url,String user,String password)
```

其中 url 包含三个部分，即：

```
jdbc:<subprotocol> :<subname>
```

不同的部分代表不同的含义：

- 协议：jdbc 表示协议，它是 JDBC 唯一的一种协议。
- 子协议：主要用于识别数据库驱动程序，不同数据库的驱动程序的子协议是不同的。
- 子名：不同的专有驱动程序可以采用不同的实现。

例如下面的代码用于注册 Oracle 数据库驱动并连接 Oracle 数据库：

```
Class.forname("oracle.jdbc.driver.OracleDriver").newIntance();
String url="jdbc:oracle:thin:@ localhost:1521:orcl";
Sring user="test";
```

```
String password="test";
Connecion conn=DriverManager.getConnecion(url,user,password);
```

4.2.3 Connection 接口

数据库连接负责与数据库间进行通信，SQL 执行以及事务处理都是在某个特定的 Connection 环境中进行的。可以产生用以执行 SQL 的语句对象。

4.2.4 Statement 接口

Statement 接口用于执行 SQL 查询和更新(针对静态 SQL 语句和单次执行)，并返回执行结果。例如，insert、update 和 delete 语句是调用 executeUpdate(String sql)方法，而 select 语句则调用 executeQuery(String sql)方法，并返回一个永不为 null 的 ResultSet 实例。

由于在 Statement 接口中常使用字符串拼接的方式，中间有很多的单引号和双引号的混用，且该方式存在句法复杂、容易犯错等缺点，所以 Statement 在实际过程中使用的比较少。

4.2.5 PreparedStatement 接口

PreparedStatement 接口用于执行包含动态参数的 SQL 查询和更新(在服务器端编译，允许重复执行以提高效率)。

java.sql.PreparedStatement 接口继承于 Statement 接口，是 Statement 接口的扩展，用来执行动态的 SQL 语句，即包含参数的 SQL 语句。使用 PreparedStatement 接口时，SQL 语句不再采用字符串拼接的方式，而是采用占位符的方式，“?”起占位符的作用。这种方式除避免了 Statement 拼接字符串的烦琐之外，还能够提高性能。通过 PreparedStatement 实例执行的动态 SQL 语句，将被预编译并保存到 PreparedStatement 实例中，从而可以反复并且高效地执行该 SQL 语句。

需要注意的是，在通过 setXxx()方法为 SQL 语句中的参数赋值时，可以通过与输入参数的已定义 SQL 类型兼容的方法，也可以通过 setObject()方法设置各种类型的输入参数。

4.2.6 ResultSet 接口

ResultSet 接口用于封装数据查询结果集。该接口包含符合 SQL 语句的所有行，同时提供一套 getXxx()的方法，针对 Java 数据类型，通过这些方法可以获取每一行中的数据。

ResultSet 接口类似于一个数据表，通过该接口的实例可以获得检索结果集，以及对应数据表的相关信息，例如列名和类型等，ResultSet 实例通过执行查询数据库的语句生成。

ResultSet 实例具有指向其当前数据行的指针。最初，指针指向第一行记录的前方，通过 next()方法可以将指针移动到下一行，因为该方法在没有下一行访问结果集接口时将返回 false，所以可以通过 while 循环来迭代 ResultSet 结果集。

对于不同的 getXxx()方法，JDBC 驱动程序尝试将基础数据转换为与 getXxx()方法相应的 Java 类型，并返回适当的 Java 类型的值。

4.3 通过JDBC访问数据库的过程

在对数据库进行操作时，首先需要连接数据库，在JSP中连接数据库大致可分为加载JDBC驱动程序、建立数据库连接、执行SQL语句、获得查询结果和关闭连接等五步，下面进行详细介绍。

4.3.1 加载JDBC驱动程序

在连接数据库之前，首先加载要连接数据库的驱动到JVM(Java虚拟机)，加载JDBC驱动程序通过java.lang.Class类的静态方法forName(String className)实现，例如加载MySQL驱动程序的代码如下：

```
try {
    Class.forName("com.mysql.jdbc.Driver");
} catch (ClassNotFoundException e) {
    e.printStackTrace();
    }
```

成功加载后，会将加载的驱动类注册给DriverManager类，如果加载失败，将抛出ClassNotFoundException异常，即未找到指定的驱动类，所以需要在加载数据库驱动类时捕捉可能抛出的异常。

通常将负责加载驱动的代码放在static块中，这样做的好处是只有static块所在的类第一次被加载时才加载数据库驱动，避免重复加载驱动程序。

注意：在JDK中，不包含数据库的驱动程序，使用JDBC操作数据库需要实现下载数据库厂商提供的驱动包，并导入开发环境中。MySQL的JDBC驱动可到其官方网站下载，链接地址为https://downloads.mysql.com/archives/c-j/，选择“Platform Independent(Architecture Independent)，ZIP Archive”下载对应的ZIP文件，解压后将mysql-connector-java-版本号.jar的JAR包导入开发环境中，JDBC只有通过这个JAR包才能正确地连接到MySQL数据库。

4.3.2 建立数据库连接

通过DriverManager类的静态方法getConnection(String url、String user、String password)建立数据库连接。我们以创建MySQL数据库连接为例，代码如下：

```
String url="jdbc:mysql://127.0.0.1:3306/testDB?characterEncoding=UTF-8";
String user="root";
String password="123456";
Connection c=DriverManager.getConnection(url,user,password);
```

其中：127.0.0.1为本机IP地址，如果连接其他计算机上的数据库，则需填写相应的IP地址；3306为数据库的端口号(mysql专用端口号)；testDB为数据库名称；UTF-8为编码方式；root和123456分别为访问该数据库的账号和密码。

4.3.3 执行 SQL 语句

建立数据库连接后，可通过 Connection 实例创建 Statement 实例，然后执行 SQL 语句与数据库进行通信。Statement 实例分为 Statement、PreparedStatement 和 CallableStatement 三种类型。

通过 PreparedStatement 执行查询语句，代码如下：

```
PreparedStatement pstmt=connection
.prepareStatement("select * from t_book where id>? and(name=? or name=?)");
pstmt.setInt(1,1);
pstmt.setString(2, "Java");
pstmt.setObject(3, "SQL");
ResultSet rs=pstmt.executeQuery();
```

通过 PreparedStatement 执行插入语句，代码如下：

```
String sql="insert into tb_user(username,password) values(?,?)";
PreparedStatement ps=conn.prepareStatement(sql);
ps.setString(1,"test");
ps.setString(2,"123456");
ps.executeUpdate();
```

4.3.4 获得查询结果

通过 Statement 接口的 executeUpdate()或 executeQuery()方法可以执行 SQL 语句，同时将返回执行结果。如果执行的是 executeUpdate()方法，将返回一个 int 型数值，代表影响数据库记录的条数，即插入、修改和删除记录的条数。如果执行的是 executeQuery()方法，将返回一个 ResultSet 型的结果集，其中不仅包含所有满足查询条件的记录，还包含相应数据表的相关信息，例如列的名称和类型与列的数量等。

利用 While(ResultSet.next()){…}循环可以将集合 ResultSet 中的结果遍历出来。

例如，可以使用下面的代码遍历 4.3.3 节中得到的书籍信息。

```
while (rs.next()){
    int bookId=rs.getInt("id");
    String bookName=rs.getString("name");
    String author=rs.getString("author");
    System.out.println(bookId+","+bookName+","+author);
}
```

4.3.5 关闭连接

在建立 Connection、Statement 和 ResultSet 实例时，均需占用一定的数据库和 JDBC 资源，所以每次访问数据库结束后，应该及时销毁这些实例，通过各个实例的 close()方法释放它们占用的所有资源。关闭时建议按照以下顺序关闭连接。

```
resultSet.close();
statement.close();
connection.close();
```

4.4　JDBC 在 Java Web 开发中的应用

在 Java Web 开发中，JDBC 的应用十分广泛。通常情况下，Web 程序操作数据库都通过 JDBC 实现，即使目前数据库方面的开源框架层出不穷，但其底层实现也离不开 JDBC API。

4.4.1　开发模式

在 Java Web 开发中使用 JDBC，应遵循 MVC 的设计思想，从而使 Web 程序拥有一定的健壮性、可扩展性。每个 Java Web 程序员都应该深谙 MVC 的设计思想，下面对其进行简单介绍。

MVC(Model-View-Controller)是一种设计理念，该理念将软件分成三层结构，分别为模型层、视图层和控制层。

模型层泛指程序中的业务逻辑，用于处理真正的业务操作。

视图层是指程序与用户交互的界面，对用户呈现出视图，但不包括业务逻辑。

控制层是对用户的各种请求进行分发处理，将制定的请求分配给制定的业务逻辑进行处理。

JDBC 应用于 Java Web 开发中，处于 MVC 中的模型层位置。客户端通过 JSP 页面与程序进行交互，对于数据的增、删、改、查请求由 Servlet 对其进行分发处理，如 Servlet 接收到添加数据请求时，就会分发给增加数据的 JavaBean 对象，而真正的数据库操作是通过 JDBC 封装的 JavaBean 进行实现的。

4.4.2　分页查询

分页查询是 Java Web 开发中常用的技术。在数据量非常大的情况下，不适合将所有数据显示到一个页面中，这样，既不方便查看，又占用了程序及数据库的资源，此时就需要对数据进行分页查询。

通过 JDBC 实现分页查询的方法有很多种，而且不同的数据库机制也提供了不同的分页方式，下面介绍两种典型的分页方法。

(1) 通过 ResultSet 的光标实现分页。

ResultSet 是 JDBC API 中封装的查询结果集对象，通过该对象可以实现数据的分页显示。在 ResultSet 对象中，有一个“光标”的概念，光标通过上下移动定位查询结果集中的行，从而获取数据。所以通过 ResultSet 的移动“光标”，可以设置 ResultSet 对象中记录的起始位置和结束位置，以实现数据的分页显示。

通过 ResultSet 的光标实现分页，优点是在各种数据库上通用，缺点是占用大量资源，不适合数据量大的情况。

(2) 通过数据库机制进行分页。

很多数据库自身都提供了分页机制，如 SQL Server 中提供的 top 关键字，MySQL 数据库中提供的 limit 关键字，它们都可以设置数据返回的记录数。

通过各种数据库提供的分页机制实现分页查询，其优点是减少数据库资源的开销，提升程序的性能；缺点是只针对某一种数据库通用。

说明：由于通过 ResultSet 的光标实现数据分页存在性能方面的缺陷，所以，在实际开发中，很多情况下都是采用数据库提供的分页机制来实现分页查询功能。

4.4.3 JSP 通过 JDBC 驱动 MySQL

下面通过 Web 页面浏览数据库中图书记录的例子来展示如何使用 JSP 通过 JDBC 访问 MySQL 数据库。步骤如下。

(1) 在 MySQL 数据库中建立数据库 testDB，并创建表 tb_book，插入三条记录。SQL 语句如下：

```
CREATE DATABASE testDB;
use testDB;
CREATE TABLE 'tb_book' (
     'id' int(11) NOT NULL AUTO_INCREMENT,
     'name' varchar(255) CHARACTER SET utf8 COLLATE utf8_general_ci NULL
        DEFAULT NULL,
     'price' decimal(10, 2) NULL DEFAULT NULL,
     'count' int(11) NULL DEFAULT NULL,
     'author' varchar(255) CHARACTER SET utf8 COLLATE utf8_general_ci NULL
        DEFAULT NULL,
     PRIMARY KEY ('id') USING BTREE
) ENGINE= InnoDB AUTO_INCREMENT= 4 CHARACTER SET=utf8 COLLATE=
     utf8_general_ci ROW_FORMAT= Dynamic;
-- ----------------------------
-- Records of tb_book
-- ----------------------------
INSERT INTO 'tb_book' VALUES (1, '人月神话', 69.00, 3, '布鲁斯');
INSERT INTO 'tb_book' VALUES (2, '软件项目管理', 58.00, 33, '韩万林');
INSERT INTO 'tb_book' VALUES (3, '股市进阶之道', 45.00, 1, '李杰');
```

(2) 在 Eclipse 中创建名为 firstweb 的 Dynamic Web Project 项目，如图 4-1 所示。将 JDBC 的 JAR 包复制到项目子文件夹 WebContent/WEB-INF/lib 下。

(3) 新建 JSP 文件 BookBrowse. jsp，并输入以下代码：

```
<%@page language="java" contentType="text/html; charset=UTF-8" import=
    "java.sql.*"%>
<!DOCTYPE html>
<html>
<head>
<meta charset="UTF-8">
<title>浏览图书信息</title>
</head>
```

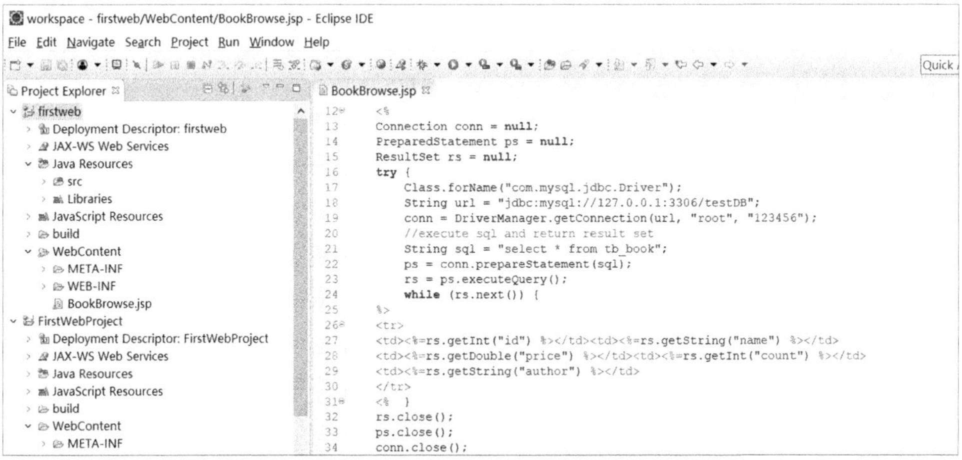

图 4-1　创建名为 firstweb 的 Dynamic Web Project 项目

```
<body>
    <table width="450px" border="1" cellspacing="0" cellpadding="0">
    <tr><th scope="col">编号</th><th scope="col">书名</th>
    <th scope="col">单价</th><th scope="col">数量</th><th scope="col">作者
    </th></tr>
    <%
    Connection conn=null;
    PreparedStatement ps=null;
    ResultSet rs=null;
    try {
        Class.forName("com.mysql.jdbc.Driver");
        String url="jdbc:mysql://127.0.0.1:3306/testDB";
        conn=DriverManager.getConnection(url, "root", "123456");
        //execute sql and return result set
        String sql="select * from tb_book";
        ps=conn.prepareStatement(sql);
        rs=ps.executeQuery();
        while (rs.next()) {
    %>
    <tr>
    <td><%=rs.getInt("id")%></td><td><%=rs.getString("name")%></td>
    <td><%=rs.getDouble("price")%></td><td><%=rs.getInt("count")%></td>
    <td><%=rs.getString("author")%></td>
    </tr>
    <% }
    rs.close();
    ps.close();
    conn.close();
    } catch (Exception e) {
    // TODO Auto-generated catch block
    e.printStackTrace();
```

```
    }
    %>
    </table>
</body>
</html>
```

(4) 在 Eclipse 中运行 jsp 文件,效果如图 4-2 所示。

http://localhost:8080/firstweb/BookBrowse.jsp

浏览图书信息

编号	书名	单价	数量	作者
1	人月神话	69.00	3	布鲁斯
2	软件项目管理	58.00	33	韩万林
3	股市进阶之道	45.00	1	李杰

图 4-2　运行效果

4.5　小结

本章重点介绍了 JDBC 的常用 API、通过 JDBC 访问数据库的过程,并通过一个具体的案例展示了 JDBC 在 Java Web 开发中的具体应用。通过本章的学习,读者能够运用 JDBC 完成对常见数据库的连接,并进行增、删、改、查等常见的数据库操作,实现基本的数据库编程。

习　题　4

1. 什么是 JDBC? 它的优点是什么?
2. Statement、PreparedStatement 有什么区别?
3. JDBC 访问数据库的常见步骤是什么?
4. JDBC 实现分页查询通常有哪些方式?
5. 简述 executeQuery 和 executeUpdate 的区别?
6. 在 JDBC 中,下列(　　)接口不能被 Connection 创建。

A. Statement　　B. PreparedStatement

C. CallableStatement　　D. RowsetStatement

7. Statement 类提供的方法中,用来执行更新操作的是(　　)。

A. executeQuery()　　B. executeUpdate()

C. execute()　　D. query()

8. 加载要连接数据库的 Driver 类使用的方法是______。
9. 在数据库中建立学生表,字段为学号、姓名、性别、年龄、成绩。编写程序向学生表中添加记录。

第5章　Servlet技术

学习目标

- Servlet概述；
- Servlet的常用类和接口；
- Servlet的创建与配置；
- Servlet的中文问题；
- Servlet过滤器。

5.1　Servlet概述

Servlet(Server applet)，全称为Java Servlet。它是用Java语言编写的服务器端程序。其主要功能在于交互式地浏览和修改数据，生成动态的Web内容。狭义的Servlet是指用Java语言实现的一个接口，广义的Servlet是指任何实现了这个Servlet接口的类。一般情况下，人们将Servlet理解为后者。

5.1.1　Servlet技术简介

当浏览器发送访问请求时，服务器接收请求，并对浏览器的请求作出相应的处理，这就是我们熟悉的B/S模型(浏览器/服务器模型)，而Servlet就是对请求作出处理的组件，运行于支持Java的应用服务器中。从原理上讲，Servlet可以响应任何类型的请求，但绝大多数情况下Servlet只用来扩展基于HTTP协议的Web服务器。

使用Servlet可以收集来自网页表单的用户输入，呈现来自数据库或者其他源的记录，还可以动态创建网页。

Servlet是在服务器上运行的小程序。这个词是在Java applet的环境中创建的。Java applet是一个当作单独文件跟网页一起发送的小程序，它通常在客户端运行，得到的结果为用户进行运算或者根据用户互作用定位图形等提供服务。

服务器上需要一些程序，通常是根据用户输入访问数据库的程序。这些是使用公共网关接口(common gateway interface，CGI)应用程序完成的。然而，在服务器上运行Java，这种程序可使用Java编程语言实现。在通信量大的服务器上，Java Servlet的优点在于其执行速度更快于CGI程序的执行速度。各个用户请求被激活单个程序中的一个线程，而无须创建单独的进程，这意味着服务器端处理请求的系统开销将明显下降。

最早支持Servlet技术的是JavaSoft的Java Web Server。此后，其他基于Java的Web Server开始支持标准的Servlet API。Servlet的主要功能在于交互式地浏览和修改数据，生成动态的Web内容。这个过程包括以下几方面。

(1) 客户端发送请求至服务器。

(2) 服务器将请求信息发送至 Servlet。

(3) Servlet 生成响应内容并将其传送给服务器。响应内容动态生成,这通常取决于客户端的请求。

(4) 服务器将响应返回给客户端。

Servlet 看起来像是通常的 Java 程序。Servlet 导入特定的属于 Java Servlet API 的包。

一个 Servlet 就是 Java 编程语言中的一个类,它被用来扩展服务器的性能,在服务器上驻留着可以通过"请求-响应"编程模型来访问的应用程序。虽然 Servlet 可以对任何类型的请求产生响应,但通常只用来扩展 Web 服务器的应用程序。

在 Servlet 刚刚出现的阶段,Servlet 的作用十分复杂,既承担着处理数据的作用,又承担着展示页面的作用。随着时间的推移,出现了 MVC 思想,也就是模型-界面-控制器思想,这极大地简化了开发,也明确了 Servlet 的作用。

5.1.2 Servlet 任务

Servlet 主要执行以下几项任务。

● 读取客户端(浏览器)发送的显式的数据。可以包括网页上的 HTML 表单,或者是来自 applet 或自定义的 HTTP 客户端程序的表单。

● 读取客户端(浏览器)发送的隐式的 HTTP 请求数据。包括 cookies、媒体类型和浏览器能理解的压缩格式等。

● 处理数据并生成结果。这个过程可能需要访问数据库、执行 RMI 远程方法调用或 CORBA 服务调用,调用 Web 服务,或者直接通过计算得出对应的响应。

● 发送显式的数据(即文档)到客户端(浏览器)。该文档的格式可以多种多样,包括文本文件(HTML 或 XML)、二进制文件(GIF 图像)、Excel 表格等。

● 发送隐式的 HTTP 响应到客户端(浏览器)。包括告诉浏览器或其他客户端被返回的文档类型(如 HTML),设置 cookies 和缓存参数,以及执行其他类似的任务。

Servlet 采用多线程来处理多个请求的同时访问。Servlet 容器通过线程池来管理维护服务请求。所谓线程池,相当于数据库连接池,实际上是等待执行代码的一组线程,称为工作者线程。Servlet 容器通过一个调度线程来管理工作者线程。

● 当容器收到一个 Servlet 的访问请求时,调度者线程就从线程池中选出一个工作者线程,将用户请求传递给该工作者线程,然后由该工作者线程处理 Servlet 的 service()方法。

● 当这个工作者线程执行的时候,容器收到一个新的请求,调度者线程再次从线程池中选出一个新的工作者线程。

● 当容器同时收到对同一个 Servlet 的多个请求时,那么 Servlet 的 service()方法将在多线程中并发执行。

Servlet 容器默认采用单实例多线程的方式来处理请求。这样减少了产生 Servlet 实例的开销,增加了对请求的响应时间。对于 Tomcat 容器来讲,可以通过 server.xml 的〈Connector〉设置线程池中的线程数目。

5.1.3　Servlet 技术特点

通常情况下，使用 Java Servlet 与使用 CGI(common gateway interface，公共网关接口)实现的程序，也可以达到异曲同工的效果。但是相比于 CGI，Servlet 有以下几点优势。

- 性能明显更好。
- Servlet 在 Web 服务器的地址空间内执行。这样它就没有必要再创建一个单独的进程来处理每个客户端的请求。
- Servlet 是独立于平台的，因为它们是用 Java 编写的。
- 服务器上的 Java 安全管理器执行了一系列限制，以保护服务器计算机上的资源。因此，Servlet 是可信的。
- Java 类库的全部功能对 Servlet 来说都是可用的。它可以通过 sockets 和 RMI 机制，与 applets、数据库或其他软件进行交互。

5.1.4　Servlet 与 Applet 的比较

Servlet 与 Applet 的相似之处如下。

- 它们不是独立的应用程序，没有 main()方法。
- 它们不是由用户或程序员调用，而是由另外一个应用程序(容器)调用。
- 它们都有一个生存周期，包含 init()和 destroy()方法。

Servlet 与 Applet 不同之处如下。

- Applet 具有很好的图形界面(AWT)，与浏览器一起在客户端运行。
- Servlet 没有图形界面，运行在服务器端。

5.1.5　Servlet 与 CGI 的比较

开始的时候，公共网关接口(common gateway interface，CGI)脚本是生成动态内容的主要技术。虽然使用非常广泛，但 CGI 脚本技术有很多缺陷，包括平台相关性和缺乏可扩展性。为了避免这些局限性，Java Servlet 技术应该而生，它能够以一种可移植的方法来提供动态的、面向用户的内容处理用户请求。

与传统的 CGI 和许多其他类似 CGI 的技术相比，Java Servlet 具有更高的效率，更容易使用，功能更强大，具有更好的可移植性，更节省投资。在未来的技术发展中，Servlet 有可能彻底取代 CGI。

在传统的 CGI 中，每个请求都要启动一个新的进程，如果 CGI 程序本身的执行时间较短，启动进程所需要的开销很可能反而超过实际执行时间。当用户浏览器发出一个 HTTP/CGI 请求，或者调用一个 CGI 程序的时候，服务器端就要新启用一个进程，调用的 CGI 程序越多，就要消耗系统越多的处理时间，只剩下越来越少的系统资源，对用户来说，只能是漫长地等待服务器端的返回页面了。

而 Servlet 充分发挥了服务器端的资源高效利用的作用。每次调用 Servlet 时并不是新启用一个进程，而是在一个 Web 服务器的进程中共享和分离线程，线程最大的好处在于可以共享一个数据源，使系统资源被有效利用。故 Servlet 不是线程安全的，而是单实例多线程的。

1. 方便

Servlet 提供了大量的实用工具，例如自动地解析和解码 HTML 表单数据、读取和设置 HTTP 头、处理 Cookie、跟踪会话状态等。

2. 功能强大

在 Servlet 中，许多使用传统 CGI 程序很难完成的任务都可以轻松完成。例如，Servlet 能够直接和 Web 服务器交互，而普通的 CGI 程序不能。Servlet 还能够在各个程序之间共享数据，使得数据库连接池之类的功能很容易实现，以利用多线程的优点，在系统缓存中事先建立好若干与数据库的连接，若想与数据库打交道，随时跟系统获得一个连接即可。

3. 可移植性好

Servlet 使用 Java 编写，Servlet API 具有完善的标准。因此，为 IPlanet Enterprise Server 编写的 Servlet 无需任何实质上的改动即可移植到 Apache、Microsoft IIS 或者 WebStar。几乎所有的主流服务器都直接或通过插件支持 Servlet。传统的 CGI 程序，不具备平台无关性特征，系统环境发生变化，CGI 程序就要瘫痪，而 Servlet 具备 Java 的平台无关性，在系统开发过程中保持了系统的可扩展性、高效性。

4. 节省投资

不仅有许多廉价甚至免费的 Web 服务器可供个人或小规模网站使用，而且对于现有的服务器，如果它不支持 Servlet 的话，要加上这部分功能也往往是免费的（或只需要极少的投资）。

5.1.6 Servlet 与 JSP 的区别

Sun 公司首先开发出了 Servlet，其功能比较强劲，体系设计也很先进，但是它输出的 HTML 语句还是采用了老的 CGI 方式，是一句一句地输出，所以，编写和修改 HTML 非常不方便。后来 Sun 公司推出了类似于 ASP 的嵌入型的 JSP，把 JSP 标签嵌入到 HTML 语句中，这样，就大大简化和方便了网页的设计和修改。

Java Server Pages（JSP）是一种实现普通静态 HTML 和动态 HTML 混合编码的技术，JSP 并没有增加任何本质上不能用 Servlet 实现的功能。但是，在 JSP 中编写静态 HTML 更加方便，不必再用 println 语句来输出每一行的 HTML 代码。更重要的是，借助内容和外观的分离，页面制作中不同性质的任务可以方便分开。比如，由页面设计者进行 HTML 设计，同时留出供 Servlet 程序员插入动态内容的空间。

Servlet 和 JSP 各自的特点如下。

- Servlet 在 Java 代码中可以通过 HttpServletResponse 对象动态输出 HTML 内容。
- JSP 是在静态 HTML 内容中嵌入 Java 代码，然后 Java 代码在被动态执行后生成 HTML 内容。
- Servlet 虽然能够很好地组织业务逻辑代码，但是在 Java 源文件中，因为它是通过字符串拼接的方式生成动态的 HTML 内容，这样就容易导致代码维护困难、可读性差。
- JSP 虽然规避了 Servlet 在生成 HTML 内容方面的劣势，但是在 HTML 中混入了大量、复杂的业务逻辑。

MVC 模式在 Web 开发中有很大的优势，它完美地规避了 JSP 与 Servlet 各自的缺点，让 Servlet 负责转发请求，并对请求进行处理，JSP 负责界面显示，JavaBean 负责业务功能、数据库设计以及数据存取操作实现等。

5.1.7　Servlet 生命周期

Servlet 的生命周期表示 Servlet 从产生到毁灭的整个过程，大致可以将 Servlet 的生命周期分为三个阶段，分别是初始化阶段、服务阶段和销毁阶段。图 5-1 是 Servlet 遵循的生命周期过程。

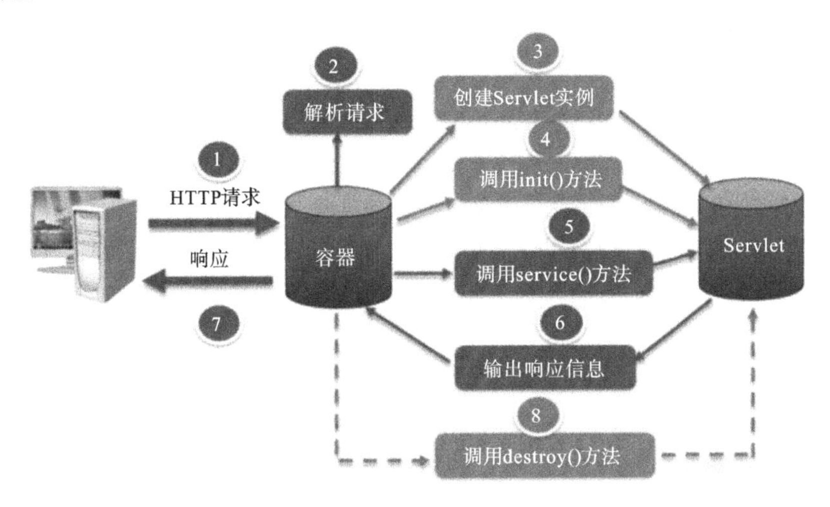

图 5-1　Servlet 的生命周期

1. 初始化阶段

当 Servlet 容器启动或向客户端发送一个请求时，Servlet 容器首先会解析请求，再查找内存中是否存在该 Servlet 实例，若存在，则直接读取该实例的响应请求；若不存在，就创建一个 Servlet 实例。

实例化后，Servlet 容器将调用 Servlet 的 init()方法实现 Servlet 的初始化工作。当 Servlet 第一次被请求时，Servlet 容器就会调用 init()方法来初始化一个 Servlet 对象，但是该方法在后续请求中不会再被 Servlet 容器调用，在整个 Servlet 生命周期中，init()方法只执行一次。调用 init()方法时，Servlet 容器会传入一个 ServletConfig 对象并对 Servlet 对象进行初始化。初始化阶段包括建立数据库连接、读取源文件信息等，如果初始化阶段失败，则 Servlet 将被直接卸载(注意，不是直接销毁，而是直接卸载)。

2. 运行阶段

初始化后，Servlet 处于能响应请求的就绪状态。

这是 Servlet 生命周期中最重要的阶段，在这个阶段中，Servlet 容器会为这个请求创建代表 HTTP 请求的 ServletRequest 对象和代表 HTTP 响应的 ServletResponse 对象，然后将它们作为参数传递给 Servlet 的 service()方法。

service()方法是 Servlet 的核心，service()方法可从 ServletRequest 对象中获得客户请求信息并处理该请求，通过 ServletResponse 对象生成响应结果。

在 Servlet 的整个生命周期内，对于 Servlet 的每一次访问请求，Servlet 容器都会调用一次 Servlet 的 service()方法，并且创建新的 ServletRequest 和 ServletResponse 对象，service()方法在 Servlet 的整个生命周期中会被调用多次，且每次都是创建一个线程。对于 service()方法，一般不需要重写，因为可在 HttpServlet 中实现，它会根据请求的方式转调 doGet()或者 doPost()方法，也就是说，service()方法是用来转向的，所以我们一般编写一个 Servlet，只需要重写 doGet()或者 doPost()就可以了。

3. 销毁阶段

当 Servlet 容器关闭时，Servlet 实例也随时销毁。其间，Servlet 容器会调用 Servlet 的 destory()方法去判断该 Servlet 是否被释放(或回收资源)。

当 Web 容器关闭或检测到一个 Servlet 要从容器中被删除时，会自动调用 destory()方法，释放实例所占用的资源。注意 destory()方法只能调用一次。通常情况下，Servlet 容器停止后，再重新启动都会引起销毁 Servlet 对象的动作，重新部署项目也会引起 Servlet 对象的销毁，同时会调用 destory()方法。

在销毁后，该实例将等待被垃圾收集器回收，如在被回收前再次使用此 Servlet，则会重新采用 init()方法初始化。

下面讨论生命周期的方法。

(1) init()方法。

init()方法被设计成只调用一次。它在第一次创建 Servlet 时被调用，在后续每次用户请求时不再调用。因此，它是用于一次性初始化，就像 Applet 的 init()方法一样。

Servlet 创建于用户第一次调用对应该 Servlet 的 URL 时，也可以指定 Servlet 在服务器第一次启动时被加载。

当用户调用一个 Servlet 时，就会创建一个 Servlet 实例，每一个用户请求都会产生一个新的线程，适当的时候移交给 doGet()或 doPost()方法。init()方法可简单地创建或加载一些数据，且这些数据会被用于 Servlet 的整个生命周期。

init()方法的定义如下：

```
public void init() throws ServletException {
    //初始化代码…
}
```

(2) service()方法。

service()方法是执行实际任务的主要方法。Servlet 容器(即 Web 服务器)调用 service()方法处理来自客户端(浏览器)的请求，并把格式化的响应写回给客户端。

每次服务器接收到一个 Servlet 请求时，服务器会产生一个新的线程并调用服务。service()方法检查 HTTP 请求类型(GET、POST、PUT、DELETE 等)，并在适当的时候调用 doGet()、doPost()、doPut()、doDelete()等方法。

service()方法的定义如下：

```
public void service(ServletRequest request,
                    ServletResponse response)
```

```
    throws ServletException, IOException{
}
```

不用对service()方法做任何动作，只需要根据来自客户端的请求类型来重写doGet()或doPost()即可。

(3) doGet()方法。

GET请求来自一个URL的正常请求，或者来自一个未指定METHOD的HTML表单，它由doGet()方法处理。方法的定义如下：

```
public void doGet(HttpServletRequest request,
                  HttpServletResponse response)
    throws ServletException, IOException {
    // Servlet代码
}
```

(4) doPost()方法。

POST请求来自METHOD为POST的HTML表单，它由doPost()方法处理。方法的定义如下：

```
public void doPost(HttpServletRequest request,
                   HttpServletResponse response)
    throws ServletException, IOException {
    // Servlet代码
}
```

(5) destroy()方法。

destroy()方法只会被调用一次，且在Servlet生命周期结束时被调用。destroy()方法可以让你的Servlet关闭数据库连接、停止后台线程、把Cookie列表或点击计数器写入磁盘，并执行其他类似的清理活动。

在调用destroy()方法之后，Servlet对象会被标记为垃圾回收。destroy()方法的定义如下：

```
public void destroy() {
    //终止化代码
}
```

5.2　Servlet的常用类和接口

Java Servlet是运行在带有支持Java Servlet规范的解释器的Web服务器上的Java类。

Servlet可以使用javax. servlet和javax. servlet. http包创建，它是Java企业版的标准组成部分，Java企业版是支持大型开发项目的Java类库的扩展版本。

Servlet API包含两个软件包，即12个接口和9个类。

javax. servlet包包含定义Servlet和Servlet容器之间契约的类和接口。其中接口有RequestDispatcher、Servlet、ServletConfig、ServletContext、ServletRequest、ServletResponse、SingleThreadModel。类有 GenericServlet、ServletInputStream、ServletOutputStream、ServletException、UnavailableException。

javax.servlet.http 包包含定义 HTTP Servlet 和 Servlet 容器之间的关系。其中接口有 HttpServletRequest、HttpServletResponse、HttpSession、HttpSessionBindingListener、HttpSessionContext。类有 Cookie、HttpServlet、HttpSessionBindingEvent、HttpUtils。

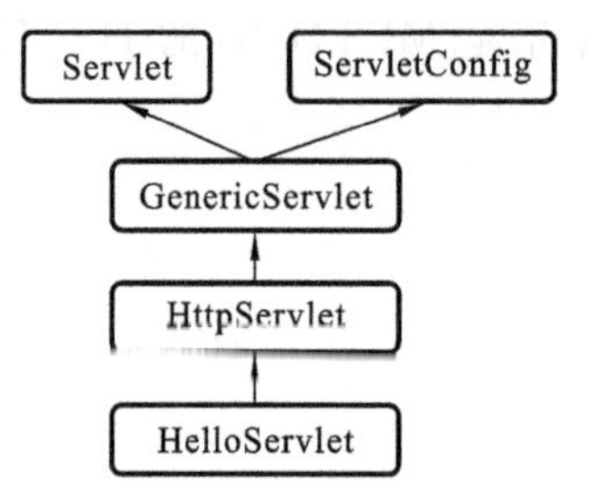

图 5-2 Servlet API 最常用的类和接口

最常用的类和接口如图 5-2 所示。

Servlet 接口提供一个 Servlet 对象应该具有哪些功能。

GenericServlet(抽象类)实现了 Servlet 接口,并且实现了其中大部分的方法,但是没有实现 service()方法,这个方法需要开发人员自己去实现。

HttpServlet(抽象类)继承了 GenericServlet,并且实现了 service()方法,在 service()方法中根据不同的请求方法调用不同的 doXxx()方法。因此在开发中,只需要编写一个类继承 HttpServlet,并覆盖 doGet()和 doPost()方法来分别处理 GET 请求和 POST 请求。

5.2.1 Servlet 接口

Sun 公司提供了一系列的接口和类用于 Servlet 技术的开发,其中最重要的接口是 javax.servlet.Servlet。在 Servlet 接口中定义了五个抽象方法,如表 5-1 所示。

表 5-1 Servlet 接口的抽象方法

方法声明	功能描述
void init(ServletConfig config)	容器在创建好 Servlet 对象后,就会调用此方法。该方法接收一个 ServletConfig 类型的参数,Servlet 容器通过该参数向 Servlet 传递初始化配置信息
ServletConfig getServletConfig()	用于获取 Servlet 对象的配置信息,返回 Servlet 的 ServletConfig 对象
String getServletInfo()	返回一个字符串,其中包含关于 Servlet 的信息,如作者、版本和版权等信息
void service(ServletRequest request, ServletResponse response)	负责响应用户的请求,当容器接收到客户端访问 Servlet 对象的请求时,就会调用此方法。容器会构造一个表示客户端请求信息的 ServletRequest 对象和一个用于响应客户端的 ServletResponse 对象作为参数传递给 service()方法。在 service()方法中,可以通过 ServletRequest 对象得到客户端的相关信息和请求信息,在对请求进行处理后,调用 ServletResponse 对象的方法设置响应信息
void destroy()	负责释放 Servlet 对象占用的资源。当服务器关闭或者 Servlet 对象被移除时,Servlet 对象会被销毁,容器会调用此方法

表5-1中列举了Servlet接口中的5个方法，其中init()、service()和destroy()方法可以表现Servlet的生命周期，它们会在某个特定的时刻被调用。

(1) init方法。

init方法的定义如下：

```
public void init(ServletConfig config) throws ServletException;
```

Servlet引擎会在Servlet实例化之后，置入服务之前精确调用的init()方法。在调用service()方法之前，init()方法必须成功退出。

如果init()方法抛出一个ServletException，则不能将这个Servlet置入服务中；如果init()方法在超时范围内没有完成，那么可以假定这个Servlet是不具备功能的，也不能置入服务中。

(2) service()方法。

service()方法的定义如下：

```
public void service(ServletRequest request, ServletResponse response)
throws ServletException, IOException;
```

Servlet引擎调用service()方法以允许Servlet响应请求。该方法在Servlet未成功初始化之前无法调用。在Servlet被初始化之前，Servlet引擎能够封锁未决定的请求。

在一个Servlet对象被卸载后，直到新的Servelt被初始化，Servlet引擎不能调用service()方法。

(3) destroy()方法。

destroy()方法的定义如下：

```
public void destroy();
```

当一个Servlet从服务中去除时，Servlet引擎可调用destroy()方法。当service()方法的所有线程未全部退出或者没有被引擎认为发生超时操作时，destroy()方法不能被调用。

(4) getServletConfig()方法。

getServletConfig()方法的定义如下：

```
public ServletConfig getServletConfig();
```

返回一个ServletConfig对象，开发人员应该通过init()方法存储ServletConfig对象，以便这个方法能返回这个对象。

(5) getServletInfo()方法。

getServletInfo()方法的定义如下：

```
public String getServletInfo();
```

允许Servlet向主机的Servlet运行者提供有关它本身的信息。返回的字符串应该是纯文本格式，而不应有任何标志(例如HTML、XML等)。

5.2.2　ServletConfig 接口

ServletConfig接口定义了一个对象，通过这个对象，Servlet引擎会配置一个Servlet，并且允许 Servlet 获得一个有关它的 ServletContext 接口的说明。每一个 ServletConfig 对象对应着一个唯一的 Servlet。

(1) getInitParameter()方法。

getInitParameter()方法的定义如下:

```
public String getInitParameter(String name);
```

getInitParameter()方法返回一个包含 Servlet 指定的初始化参数的 String。如果这个参数不存在,则返回空值。

(2) getInitParameterNames()方法。

getInitParameterNames()方法的定义如下:

```
public Enumeration getInitParameterNames();
```

getInitParameterNames()方法返回一个列表 String 对象,该对象包括 Servlet 的所有初始化参数名。如果 Servlet 没有初始化参数,则 getInitParameterNames()方法返回一个空的列表。

(3) getServletContext()方法。

getServletContext()方法的定义如下:

```
public ServletContext getServletContext();
```

getServletContext()返回 Servlet 的 ServletContext 对象。

5.2.3 HttpServlet 类

针对 Servlet 的接口,Sun 公司提供了两个默认的接口实现类即 GenericServlet 和 HttpServlet。其中,GenericServlet 是一个抽象类,该类为 Servlet 接口提供了部分实现,它并没有实现 HTTP 请求处理。

```
public class HttpServlet extends GenericServlet implements Serializable
```

HttpServlet 是 GenericServlet 的子类,它继承了 GenericServlet 的所有方法,并且为 HTTP 请求中的 GET 和 POST 等类型提供了具体的操作方法。通常情况下,编写的 Servlet 类都继承自 HttpServlet,在开发中使用的也是 HttpServlet 类。

HttpServlet 主要有两大功能,具体如下。

- 根据用户请求方式的不同,定义相应的 doXxx()方法处理用户请求。例如,与 GET 请求方式对应的 doGet()方法,与 POST 方式对应的 doPost()方法。
- 通过 service()方法将 HTTP 请求和响应分别强转为 HttpServletRequest 和 HttpServletResponse 类型的对象。

需要注意的是,由于 HttpServlet 类在重写的 service()方法中为每一种 HTTP 请求方式都定义了对应的 doXxx()方法,因此,当定义的类继承自 HttpServlet 后,只需要根据请求方式重写对应的 doXxx()方法即可,而不需要重写 service()方法。

HttpServlet 类的常用方法的功能描述如表 5-2 所示。

表 5-2　HttpServlet 类的常用方法的功能描述

方法声明	功能描述
protected void doGet(HttpServletRequest req,HttpServletResponse resp)	用于处理 GET 类型的 HTTP 请求的方法
protected void doPost(HttpServletRequest req,HttpServletResponse resp)	用于处理 POST 类型的 HTTP 请求的方法
public void service(ServletRequest req,ServletResponse res)	通过将请求和响应对象转换为 HTTP 类型，并将请求调度到受保护的服务方法
protected void service(HttpServletRequest req,HttpServletResponse res)	从 service()方法接收请求，并根据传入的 HTTP 请求类型将请求分派到 doXXX()方法

1. doGet()方法

其代码如下：

```
protected void doGet(HttpServletRequest request,
    HttpServletResponse response) throws ServletException,
    IOException;
```

被 HttpServlet 类的 service()方法调用，用来处理一个 HTTP GET 操作。这个操作允许客户端简单地从一个 HTTP 服务器"获得"资源。重载支持 GET 请求的 doGet()方法还将自动支持 HTTP HEAD 请求。

GET 操作应该是安全且没有负面影响的。该操作也应该可以安全地重复。

doGet()方法的默认执行结果是返回一个 HTTP BAD_REQUEST 错误。

2. doPost()方法

其代码如下：

```
protected void doPost(HttpServletRequest request,
    HttpServletResponse response) throws ServletException,
    IOException;
```

被 HttpServlet 类的 service()方法调用，用来处理一个 HTTP POST 操作。这个操作包含请求体的数据，Servlet 应该按照它行事。

doPost()方法的默认执行结果是返回一个 HTTP BAD_REQUEST 错误。当你要处理 POST 操作时，你必须在 HttpServlet 的子类中重载 doPost()方法。

3. service()方法

其代码如下：

```
protected void service(HttpServletRequest request,
    HttpServletResponse response) throws ServletException,
    IOException;
public void service(ServletRequest request, ServletResponse response)
    throws ServletException, IOException;
```

通常，不重载 service 方法，对于上述每一种 HTTP 请求，service 方法通过分派它们到相应的 Handler 线程(doXXX())方法来处理这些标准的 HTTP 请求。

5.3 Servlet 开发过程

5.3.1 Servlet 的创建

第一步,编写一个 Java 类,继承 HttpServlet 类。

第二步,重写 HttpServlet 类的 doGet()方法和 doPost()方法。

第三步,配置 web.xml 文件,或者使用注解对 Servlet 进行配置。

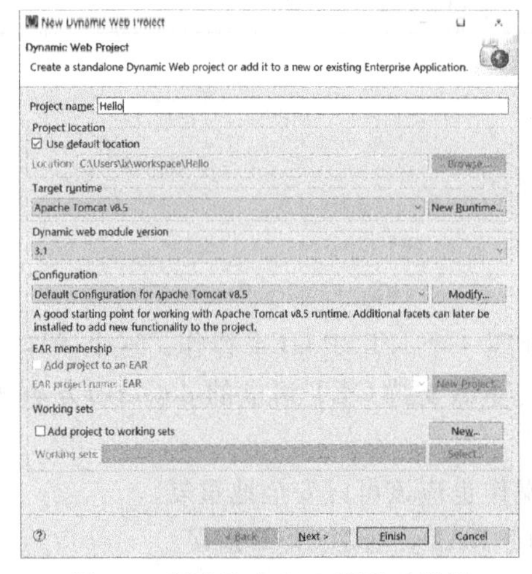

图 5-3　创建动态 Web 项目对话框

【例 5-1】 Hello World。

(1) 在 Eclipse 中新建 Dynamic Web Project 项目,选中 File→New→Other→Web→Dynamic Web Project,创建动态 Web 项目对话框,在"Project name"文本框中输入项目名"Hello",如图 5-3 所示。再配置 Java 应用对话框,如图 5-4 所示。"Context root"选项用于指定 Web 项目的根目录,"Content directory"选项用于指定存放 Web 资源的目录,如图 5-5 所示。这里采用默认设置的目录,将"Hello"作为 Web 资源的根目录,将"WebContent"作为存放 Web 资源的目录。单击"Finish"按钮,完成 Web 项目的配置。

(2) 右击项目 Java Resources 中的 src,创建一个包,命名为 com,如图 5-6 所示。Name 用于指定 Servlet 所在包的名称,如图 5-7 所示。

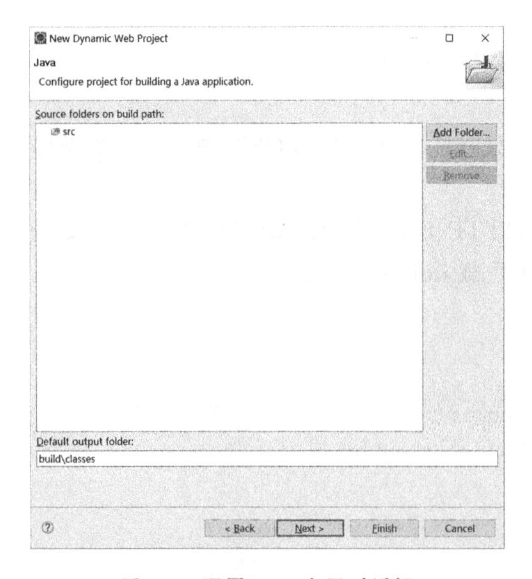

图 5-4　配置 Java 应用对话框

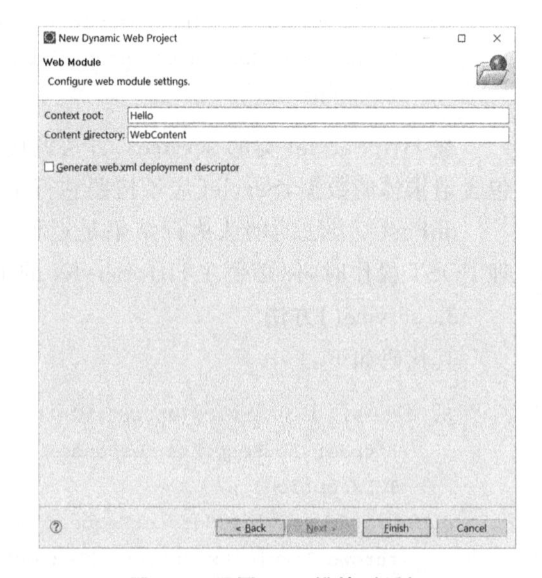

图 5-5　配置 Web 模块对话框

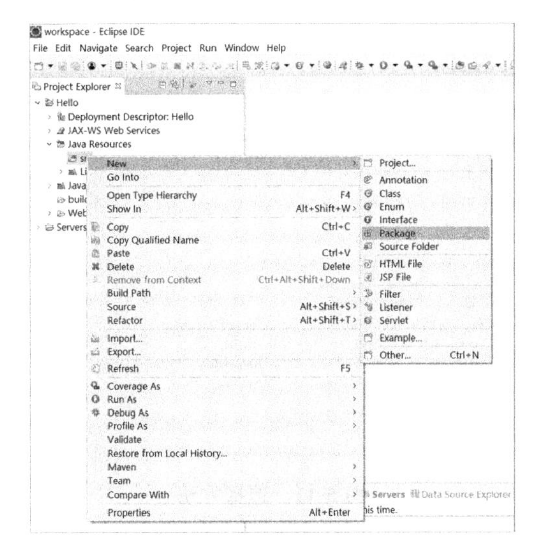

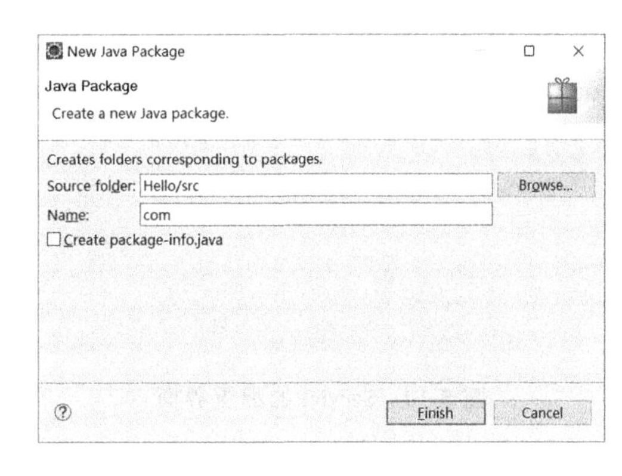

图5-6　新建包

图5-7　设置包名

(3) 在com包里创建一个Servlet类，如图5-8所示。命名为HelloServlet，如图5-9所示。Class name用于指定Servlet的名称，Superclass用于指定父类为HttpServlet。接着进入配置Servlet的界面，Name选项用于指定web. xml文件中〈servlet-name〉元素的内容，URL mapping文本框用于指定web. xml文件中〈url-pattern〉元素的内容，这两个选项的内容都是可以修改的，此处不做任何修改，采用默认设置的内容，如图5-10所示。最后，选择需要的创建方法，这里只选择Constructors form superclass、Inherited abstract methods、doGet()和doPost()方法填写，完成后单击"Next"按钮，单击"Finish"按钮，即可完成Servlet的创建，如图5-11所示。

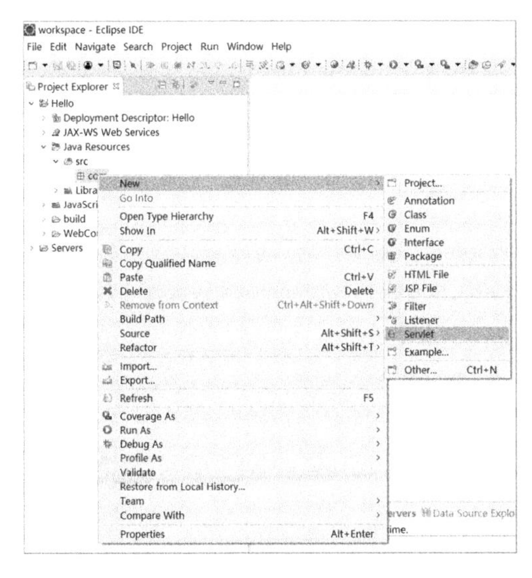

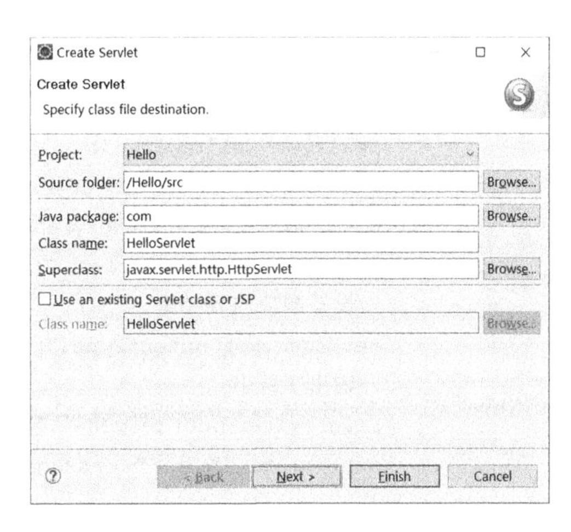

图5-8　新建Servlet

图5-9　设置Servlet类名

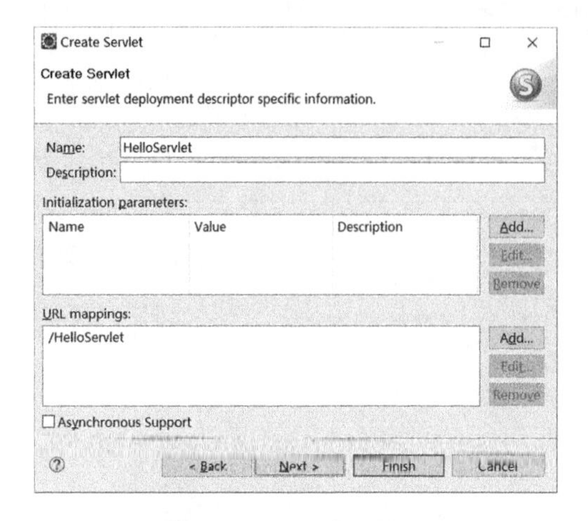

图 5-10　Servlet 的配置界面

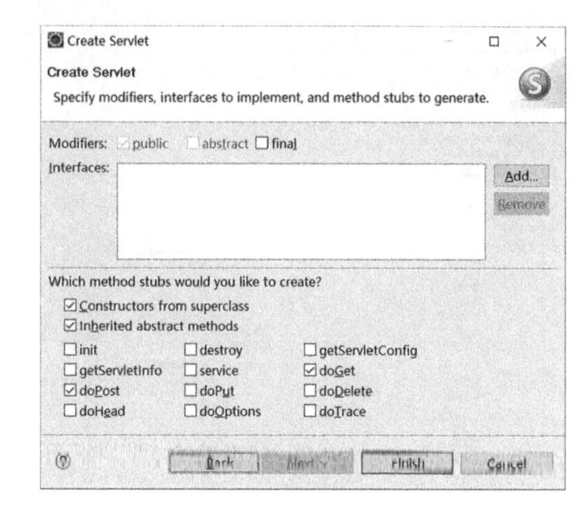

图 5-11　选择方法

(4) 编写 HelloServlet 源代码，完成输出字符串“Hello World”的功能，如下：

```
package com;
import java.io.IOException;
import java.io.PrintWriter;
import javax.servlet.ServletException;
import javax.servlet.annotation.WebServlet;
import javax.servlet.http.HttpServlet;
import javax.servlet.http.HttpServletRequest;
import javax.servlet.http.HttpServletResponse;

@WebServlet("/HelloServlet")
public class HelloServlet extends HttpServlet {
    private String message;
    public void init() throws ServletException
    {
        //初始化
        message="Hello World";
    }
    protected void doGet(HttpServletRequest request,HttpServletResponse response)
        throws ServletException, IOException {
        //设置响应内容类型
        response.setContentType("text/html");
        //输出字符串
        PrintWriter out=response.getWriter();
        out.println("<h1>"+message+"</h1> ");
    }
    protected void doPost(HttpServletRequest request,HttpServletResponse response)
        throws ServletException, IOException {
        doGet(request, response);
```

```
}}
```

选中项目右击→Build Path，在库文件中可以看到 servlet-api. jar 包，如果没有，则自行下载安装，如图 5-12 所示。

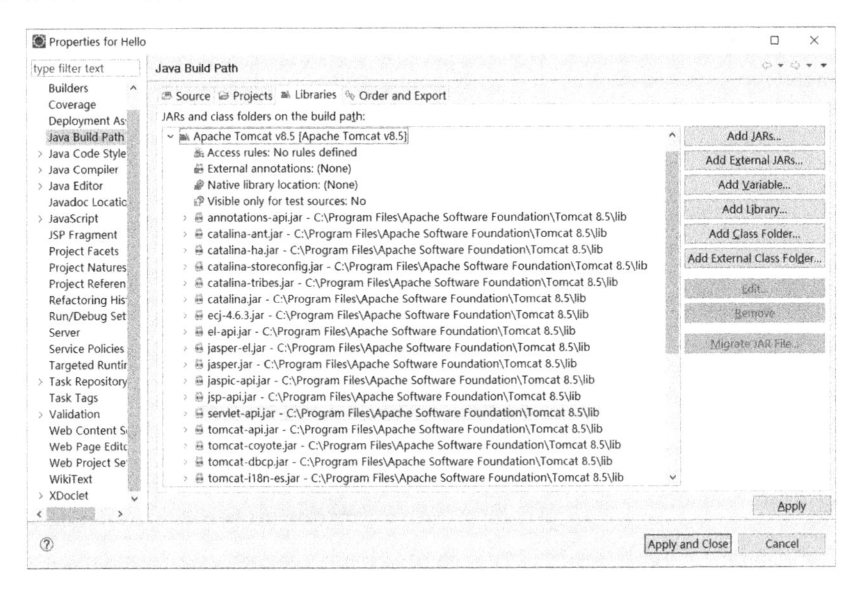

图 5-12　"Java Build Path"对话框

（5）Servlet 配置。

在源代码中有这样一行：

```
@WebServlet("/HelloServlet")
```

这一行已经完成注解式配置。也可以创建配置文件完成此项功能。

在 WEB-INF 目录中右击创建 web. xml 文件，如图 5-13 所示。

图 5-13　在 WEB-INF 目录中创建 web. xml 文件

出现创建 xml 文件向导，如图 5-14 所示。

单击"Next"按钮，进入下一步，输入 web. xml 文件名称，如图 5-15 所示。

单击"Next"按钮，进入下一步，选中创建 xml 文件的模板，如图 5-16 所示。

单击"Next"按钮，进入下一步，出现完成界面，如图 5-17 所示。

在 web. xml 文件中输入下面的内容：

```
<?xml version="1.0" encoding="UTF-8"?>
<web-app>
    <servlet>
        <servlet-name> HelloServlet</servlet-name>
        <servlet-class> HelloServlet</servlet-class>
```

```
    </servlet>
    <servlet-mapping>
        <servlet-name> HelloServlet</servlet-name>
        <url-pattern> /HelloServlet</url-pattern>
    </servlet-mapping>
</web-app>
```

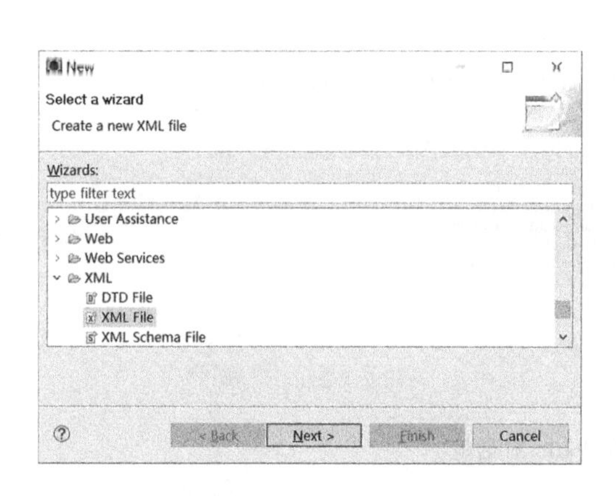

图 5-14　创建 xml 文件的对话框

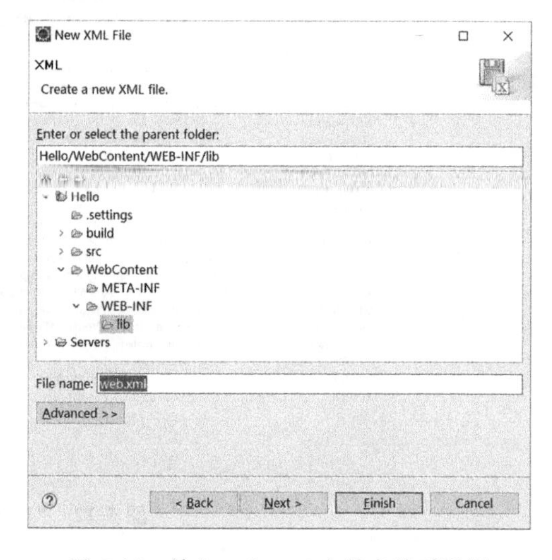

图 5-15　输入 web. xml 文件名的对话框

图 5-16　选中创建 xml 的模板

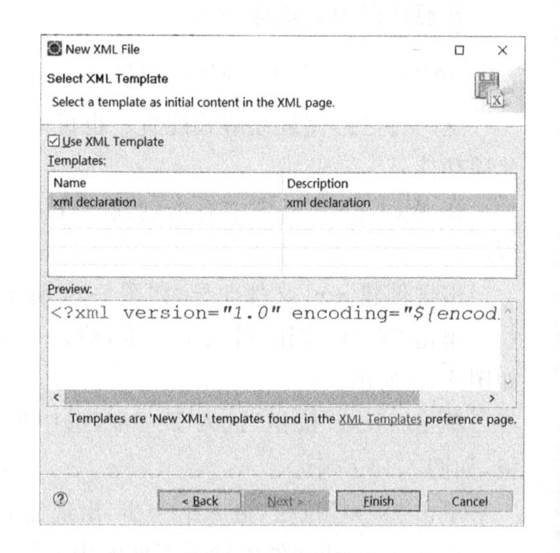

图 5-17　完成界面

(6) 接下来在 Eclipse 中配置 Tomcat 并启动，右击项目→Run As→Run on Server，将项目发布到 Tomcat 服务器。

在浏览器的地址栏中输入 http://localhost:8080/Hello/HelloServlet，结果如图 5-18 所示。

图 5-18　运行结果

5.3.2　Servlet 的配置

如果项目中编写了好几个 Servlet，但是前端发送请求的时候，究竟会把请求发送给哪个 Servlet 呢？在输入某个地址的时候，究竟由哪个 Servlet 进行响应呢？

这时 Servlet 的配置就显得尤为重要。Servlet 的配置指定了对前端的请求处理究竟是通过哪个 Servlet。

配置 Servlet 一共有两种方式，一种是使用 web.xml 文件配置，另外一种就是使用@注解配置。下面我们来详细介绍这两种配置方式。

1. 使用 web.xml 文件配置

web.xml 主要包括一些配置标签，如 Filter、Listener、Servlet 等，可以用来预设容器的配置，可以方便开发 web 项目。

```
<?xml version="1.0" encoding="UTF-8"?>
<web-app version="2.4"
    xmlns="http://java.sun.com/xml/ns/j2ee"
    xmlns:xsi="http://www.w3.org/2001/XMLSchema-instance"
    xsi:schemaLocation="http://java.sun.com/xml/ns/j2ee
        http://java.sun.com/xml/ns/j2ee/web-app_2_4.xsd">
</web-app>
```

这是整个配置文件的根标签，web.xml 的模式文件是由 Sun 公司定义的，必须标明 web.xml 使用的是哪个模式文件。

在〈webapp〉〈/webapp〉之间编写 servlet 的配置内容。

```
<display-name>Test</display-name>
```

〈display-name〉标注了该 web 项目的名字，提供 GUI 工具可能会用来标记这个特定的 Web 应用的一个名称。

```
<welcome-file-list>
    <welcome-file>index.html</welcome-file>
    <welcome-file>index.htm</welcome-file>
    <welcome-file>index.jsp</welcome-file>
    <welcome-file>default.html</welcome-file>
    <welcome-file>default.htm</welcome-file>
    <welcome-file>default.jsp</welcome-file>
</welcome-file-list>
```

〈welcome-file-list〉定义了首页文件，也就是用户直接输入域名时跳转的页面，如 http://localhost:8080/。

```
<!--servlet 的配置-->
<servlet>
    <!--servlet 的内部名称、自定义。尽量有意义-->
    <servlet-name> MyServlet</servlet-name>
    <!--servlet 的类全名:包名+简单类名-->
    <servlet-class> com.servlet.FirstServlet</servlet-class>
    <!--初始参数:这些参数会在加载 Web 应用的时候封装到 ServletConfig 对象中-->
    <init-param>
        <param-name> name</param-name>
        <param-value> whu</param-value>
    </init-param>
</servlet>
```

〈init-param〉用来定义初始化参数，可有多个 init-param。在 servlet 类中通过 ServletConfig 对象传入 init 函数，通过 getInitParamenter(String name)方法访问初始化参数。

```
<!--servlet 的映射配置-->
  <servlet-mapping>
  <!--servlet 的内部名称，一定要和上面的内部名称保持一致!!-->
  <servlet-name> MyServlet</servlet-name>
  <!--servlet 的映射路径(访问 servlet 的名称)-->
  <url-pattern> /first</url-pattern>
</servlet-mapping>
```

〈servlet-mapping〉元素规定了一个 servlet-name 和 url-pattern，如果请求的 url 可以匹配 url-pattern，则使用 servlet-name 指定的 servlet 处理该请求。

```
<!--让 servlet 对象自动加载-->
<load-on-startup> 1</load-on-startup>
```

〈load-on-startup〉指定当 Web 应用启动时，装载 servlet 的次序。当值为正数或零时，Servlet 容器先加载数值小的 servlet，再依次加载其他数值大的 servlet。当值为负或未定义时，Servlet 容器将在 Web 客户首次访问这个 servlet 时加载它。

2. 使用@注解配置

新版本的 servlet 支持使用@注解进行配置，这样极大地简便了开发。

注解配置如下：

```
@WebServlet(name="LoginServlet",urlPatterns={"/login"})
public class LoginServlet extends HttpServlet {
}
```

当访问/login 的时候，服务器同样会将处理交由 LoginServlet 进行处理。

以上都是精确路径匹配，也可以使用通配符星号模糊路径匹配。

在实际开发过程中，开发者有时会希望某个目录下的所有路径都可以访问同一个 Servlet，这时，可以在 Servlet 映射的路径中使用通配符 *。通配符的格式有以下两种。

- 格式为"*.扩展名"，例如 *.do 匹配以.do 结尾的所有 URL 地址。
- 格式为"/*"，例如/abc/* 匹配以/abc 开始的所有 URL 地址。

需要注意的是，这两种通配符的格式不能混合使用，例如，/abc/*.do 是不合法的映射路径。另外，当客户端访问一个 Servlet 时，如果请求的 URL 地址能够匹配多条虚拟路径，那么 Tomcat 将采取最具体的匹配原则查找与请求 URL 最接近的虚拟映射路径。例如，对于以下映射关系：

```
/abc/* 映射到 Servlet1
/* 映射到 Servlet2
/abc 映射到 Servlet3
* .do 映射到 Servlet4
```

当请求 URL 为/abc/a.html 时，/abc/* 和/* 都可以匹配这个 URL，Tomcat 会调用 Servlet1。

当请求 URL 为/abc 时，/*、/abc/* 和/abc 都可以匹配这个 URL，Tomcat 会调用 Servlet3。

当请求 URL 为/abc/a.do 时，/*、*.do 和/abc/* 都可以匹配这个 URL，Tomcat 会调用 Servlet1。

当请求 URL 为/a.do 时，/* 和 *.do 都可以匹配这个 URL，Tomcat 会调用 Servlet2。

当请求 URL 为/xxx/yyy/a.do 时，*.do 和/* 都可以匹配这个 URL，Tomcat 会调用 Servlet2。

5.4　Servlet 实例

【例 5-2】 网页点击计数器。

下面演示如何实现一个简单的网页点击计数器。创建 PageHitCounter.java 文件，代码如下：

```
import java.io.*;
import java.sql.Date;
import java.util.*;
import javax.servlet.*;
import javax.servlet.http.*;
public class PageHitCounter extends HttpServlet{
    private int hitCount;
    public void init()
    {
        //重置点击计数器
        hitCount=0;
    }
```

```
    public void doGet(HttpServletRequest request,
                      HttpServletResponse response)
        throws ServletException, IOException
    {
        //设置响应内容类型
        response.setContentType("text/html");
        //该方法在 Servlet 被点击时执行
        //增加 hitCount
        hitCount++;
        PrintWriter out=response.getWriter();
        String title="总点击量";
        String docType="<!doctype html>\n";
            out.println(docType+
            "<html>\n"+
             "<head><title>"+title+"</title></head>\n"+
             "<body bgcolor=\"#f0f0f0\">\n"+
             "<h1 align=\"center\">"+title+"</h1>\n"+
             "<h2 align=\"center\">"+hitCount+"</h2>\n"+
             "</body></html>");
    }
}
```

编译上面的 Servlet，并在 web.xml 文件中创建以下条目：

```
<servlet>
    <servlet-name>PageHitCounter</servlet-name>
    <servlet-class>PageHitCounter</servlet-class>
</servlet>
<servlet-mapping>
    <servlet-name>PageHitCounter</servlet-name>
    <url-pattern>/PageHitCounter</url-pattern>
</servlet-mapping>
```

```
LoginDemo
  Deployment Descriptor: LoginDemo
  JAX-WS Web Services
  Java Resources
    src
      com.demo
        LoginServlet.java
    Libraries
  JavaScript Resources
  build
  WebContent
    META-INF
    WEB-INF
      lib
      web.xml
    login.html
```

图 5-19　web 项目结构

现在通过访问网址 http://localhost:8080/PageHitCounter 来调用这个 Servlet。这将会在每次页面刷新时计数器的值增加 1。

【例 5-3】 使用 JSP＋Servlet 技术实现登录程序。

根据浏览器提交的账号、密码返回登录成功或者失败。如果账号是 admin，密码是 123，就返回登录成功，否则返回登录失败。在 Eclipse 中新建动态 web 项目，结构如图 5-19 所示。

步骤如下。

(1) 创建 login.html 文件。

在 WebContent 上右击 New→File，创建一个 login.

html文件；然后添加一个form元素action＝"login"，标题会提交到login路径，login路径在后续步骤会映射到LoginServlet，method＝"post" post方式提交到servlet时，请求参数不会在地址栏显示，达到隐藏请求参数的目的；接着准备账号和密码的input元素，这两个input元素的name属性分别叫做name和password。源代码如下：

```
<!DOCTYPE HTML>
<html>
<head>
<meta charset="UTF-8">
<title>用户登录</title>
</head>
<body>
    <!--把表单内容提交到工程下的LoginServlet-->
    <form action="login" method="post">
    用户名:<input type="text" name="name">
    <br><br>
    密   码:<input type="password" name="password">
    <br><br>
    <input type="submit" value="登录"/>
    </form>
</body>
</html>
```

（2）创建一个LoginServlet。

因为浏览器中的form的method是post，所以LoginServlet需要提供一个doPost()方法。在doPost()方法中，通过request.getParameter()根据name取出对应的账号和密码进行判断，如果正确，在网页上输出登录成功，否则输出登录失败。

```
package com.demo;
import java.io.IOException;
import javax.servlet.ServletException;
import javax.servlet.http.HttpServlet;
import javax.servlet.http.HttpServletRequest;
import javax.servlet.http.HttpServletResponse;
public class LoginServlet extends HttpServlet {
    protected void doPost(HttpServletRequest request,
        HttpServletResponse response)
        throws ServletException, IOException {
            response.setContentType("text/html;charset=utf-8");
        String name=request.getParameter("name");
        String password=request.getParameter("password");
        String html=null;
        if ("admin".equals(name) && "123".equals(password))
            html="<div style='color:green'> 登录成功</div>";
        else
```

```
        html="<div style='color:red'> 登录失败</div>";
    PrintWriter pw=response.getWriter();
    pw.println(html);
    }
}
```

（3）web. xml 配置文件。

将 LoginServlet 映射到路径 login，代码如下：

```
<?xml version="1.0" encoding="UTF-8"?>
<web-app>
    <servlet>
        <servlet-name> LoginServlet</servlet-name>
        <servlet-class> com.demo.LoginServlet</servlet-class>
    </servlet>
    <servlet-mapping>
        <servlet-name> LoginServlet</servlet-name>
        <url-pattern> /login</url-pattern>
    </servlet-mapping>
</web-app>
```

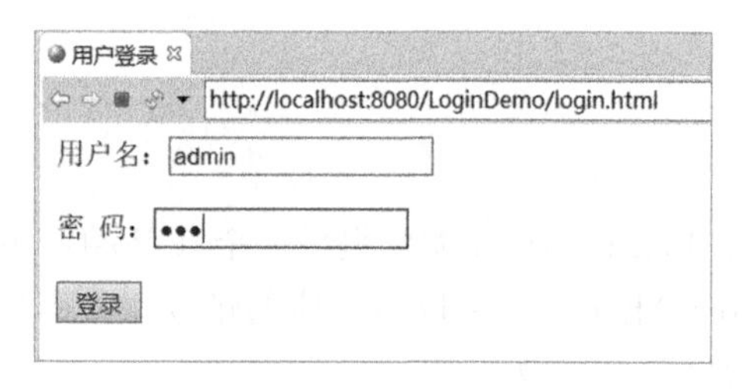

图 5-20　用户登录页面

运行项目程序，在地址栏访问页面 http://localhost：8080/LoginDemo/login. html。用户登录页面如图 5-20 所示。输入账号 admin，输入密码 123，提交后可以看到登录成功的页面，如图 5-21 所示；否则得到登录失败的页面，如图 5-22 所示。

接着我们来回顾一下这个项目的程序流程，如图 5-23 所示。

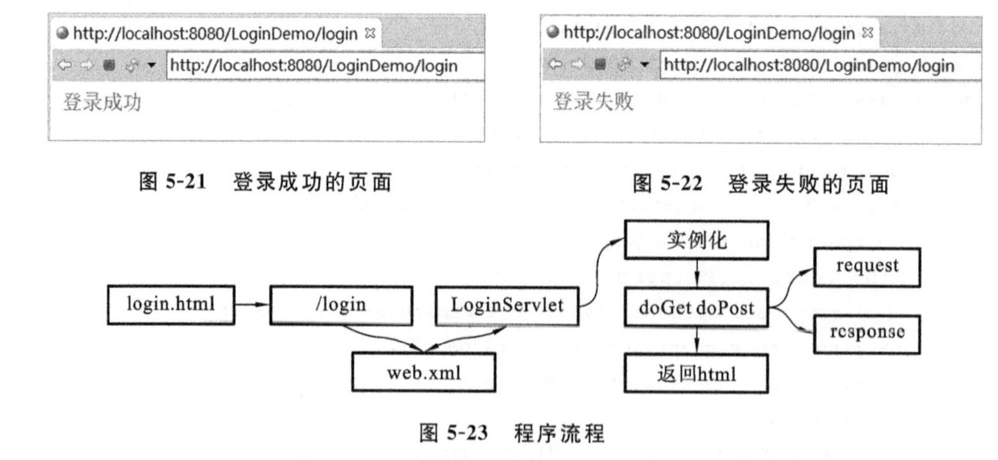

图 5-23　程序流程

首先客户端打开浏览器，访问 http://localhost：8080/LoginDemo/login. html，再打开一个静态的 html 页面，在这个页面中可以通过 form、以 post 的形式提交数据。form 把账号和密码提交到/login 这个路径，并且附带 method="post"。

Tomcat 接收到一个新的请求：http://localhost:8080/LoginDemo/login，其路径是/login，接着就到配置文件 web.xml 进行匹配，发现路线是/login，对应的 Servlet 类是 LoginServlet。接下来的工作会基于这个 LoginServlet 进行。

Tomcat 定位到了 LoginServlet 后，发现并没有 LoginServlet 的实例存在，于是就调用 LoginServlet 的公有的无参的构造方法 LoginServlet()实例化一个 LoginServlet 对象以备后续使用。Tomcat 从上一步拿到了 LoginServlet 的实例之后，根据页面 login.html 提交信息的时候带的 method="post"去调用对应的 doPost()方法。接着流程进入了 doPost()方法中。

```
protected void doPost(HttpServletRequest request,HttpServletResponse response){ }
```

在 doPost()方法中，通过参数 request，可以把页面上传递来的账号和密码信息取出来。

```
String name=request.getParameter("name");
String password=request.getParameter("password");
```

接着，根据账号和密码是否正确(判断是否是 admin 和 123)，创建不同的 html 字符串。然后把 html 字符串通过如下方式设置在了 response 对象上。

```
PrintWriter pw=response.getWriter();
pw.println(html);
```

到这里，Servlet 的工作就做完了。

在 Servlet 完成工作之后，tomcat 拿到被 Servlet 修改过的 response，根据这个 response 生成 html 字符串，然后再通过 HTTP 协议、这个 html 字符串回发给浏览器，浏览器再根据 HTTP 协议获取这个 html 字符串，并渲染在界面上。

这样在效果上，浏览器就可以看到 Servlet 中生成的字符串了。

5.5　Servlet 的中文问题

在例 5-3 中，如果删除 response.setContentType("text/html;charset=utf-8");这一行，则会出现如图 5-24 所示的乱码情况。

图 5-24　出现的乱码情况

从图 5-24 中可以看出，浏览器显示的内容是“????”，说明发生了乱码。实际上，此处产生乱码的原因是 response 对象的字符输出流在编码时采用的字符码表是 ISO-8859-1，该码表不兼容中文，会将“中国”编码为 63(在 ISO-8859-1 码表中查不到的字符就会显示 63)。当浏览器对接收到的数据进行解码时，会采用默认的码表 GB2312，将 63 解码为“?”，因此，浏览器将“登录成功”四个字符显示为“????”，具体分析如图 5-25 所示。

图 5-25　分析图

为了解决上述编码错误，HttpServletResponse 对象提供了两种解决乱码的方式，具体如下。

第一种方式的代码如下：

```
response.setCharacterEncoding("utf-8");
                                    //设置 HttpServletResponse 使用 utf-8 编码
response.setHeader("Content-Type","text/html;charset=utf-8");
                                    //通知浏览器使用 utf-8 解码
```

第二种方式的代码如下：

```
response.setContentType("text/html;charset=utf-8");  //包含第一种方式的两个功能
```

通常情况下，为了让代码更加简洁，一般会采用第二种方式。

在填写表单数据时，如果用户名和密码均输入中文，则会出现请求参数中的中文乱码。

在 HttpServletRequest 接口中提供了一个 setCharacterEncoding()方法，该方法用于设置 request 对象的解码方式。

```
request.setCharacterEncoding("utf-8");     //设置 request 对象的解码方式
```

这种解决乱码的方式只对 POST 方式有效，而对 GET 方式无效。如果将 form 表单的 method 属性的值改为 GET，重新访问表单页面并填写中文信息，则依然会出现乱码问题。为了解决 GET 方式提交表单时出现中文乱码的问题，可以先使用错误码表 ISO-8859-1 将用户名重新编码，然后使用码表 utf-8 进行解码。

```
name=new String(name.getBytes("iso-8859-1"),"utf-8");
```

5.6 Servlet 过滤器

5.6.1 过滤器的概念

当 Web 容器启动 Web 应用程序时，它会为部署描述符中声明的每一个过滤器创建一个实例。过滤器执行的顺序是按其在部署描述符中声明的顺序。

Filter 是 Servlet 的过滤器，是 Servlet 2.3 规范中新增加的一个功能，主要用于完成一些通用的操作，如编码的过滤、判断用户的登录状态等。在现实生活中，人们可以使用污水净化设备对水源进行过滤。同样，在程序中，人们也可以使用 Filter 对请求和响应信息进行过滤。

Filter被称为过滤器，其主要作用是对Servlet容器调用Servlet的过程进行拦截，从而在Servlet进行响应处理的前后实现一些特殊功能。Filter在Web应用中的拦截过程如图5-26所示。

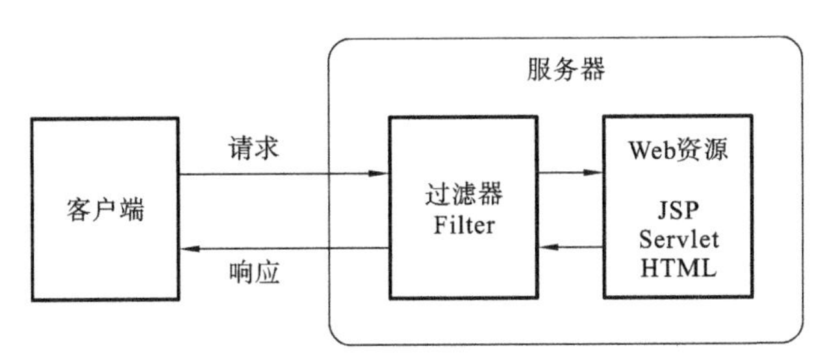

图5-26 Filter在Web应用中的拦截过程

当用户通过浏览器访问服务器中的目标资源时，首先会被Filter拦截，在Filter中进行预处理操作，然后再将请求转发给目标资源。当服务器接收到这个请求后会对其进行响应，在服务器处理响应的过程中，也需要将响应结果经过滤器处理后再发送给客户端。

在一个Web应用程序中可以注册多个Filter程序，每个Filter程序都可以针对某一个URL进行拦截。如果多个Filter程序都对同一个URL进行拦截，那么这些Filter就会组成一个Filter链(也称过滤器链)。

Filter链采用FilterChain对象表示，FilterChain对象中有一个doFilter()方法，该方法的作用是让Filter链上的当前过滤器放行，让请求进入下一个Filter。

Filter链的拦截过程如图5-27所示。

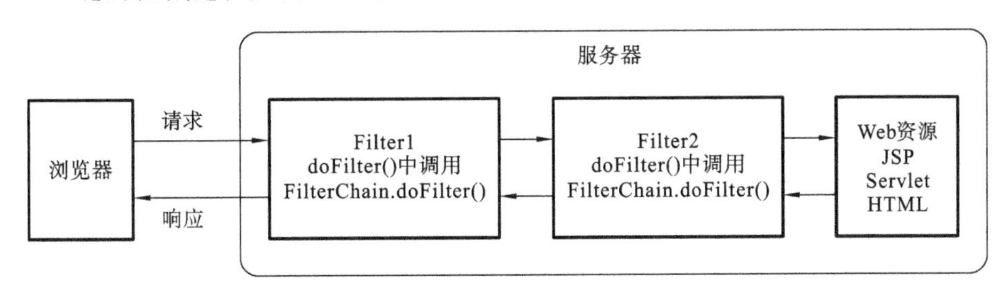

图5-27 Filter链的拦截过程

当浏览器访问Web服务器中的资源时，需要经过两个过滤器Filter1和Filter2。首先Filter1会对这个请求进行拦截，在Filter1中处理完请求后，通过调用Filter1中的doFilter()方法将请求传递给Filter2，Filter2处理完用户请求后同样调用doFilter()方法，最终将请求发送给目标资源。当Web服务器对这个请求做出响应时，也会被过滤器拦截，但这个拦截的顺序与之前的相反，最终将响应结果发送给客户端浏览器。

5.6.2 Servlet过滤器对象

1. javax.servlet.Filter 接口

过滤器是一个实现了javax.servlet.Filter接口的Java类。javax.servlet.Filter接口定

义了三个方法，如表 5-3 所示。

表 5-3 javax. servlet. Filter 接口中的方法及其说明

方　法	说　明
public void doFilter（ServletRequest, ServletResponse, FilterChain)	doFilter（）方法有多个参数。其中：参数 request 和 response为 Web 服务器或 Filter 链中的上一个 Filter 传递过来的请求和响应对象；参数 chain 代表当前 Filter 链的对象，只有当前 Filter 对象的内部需要调用 FilterChain 对象中的 doFilter()方法，才能把请求交付给 Filter 链中的下一个 Filter 或者目标程序处理
public void init(FilterConfig filterConfig)	init()方法用于初始化过滤器，开发人员可以在 init()方法中完成与构造方法类似的初始化功能，如果初始化代码中要用到 FilterConfig 对象，那么，这些初始化代码就只能在 Filter 的 init()方法中编写，而不能在构造方法中编写
public void destroy()	在 Web 服务器卸载 Filter 对象之前被调用，destroy()方法用于释放被 Filter 对象打开的资源，例如关闭数据库和 I/O流

表 5-3 中的三个方法都是可以表现 Filter 生命周期的方法。其中 init()方法在 Web 应用程序加载时被调用，destroy()方法在 Web 应用程序卸载(或关闭)时被调用，这两个方法都只会被调用一次，而 doFilter()方法会被调用多次(只要客户端有请求就会被调用)，Filter 的所有工作都集中在 doFilter()方法中。

2. FilterChain 接口

FilterChain 接口用于定义一个 Filter 链的对象应该对外提供的方法，这个接口只定义了一个 doFilter()方法。

```
public void doFilter(ServletRequest request,ServletResponse response)
    throws java.io.IOException.ServletException
```

FilterChain 接口的 doFilter()方法用于通知 Web 容器把请求交给 Filter 链中的下一个 Filter 去处理，如果当前调用此方法的 Filter 对象是 Filter 链中的最后一个 Filter，那么将把请求交给目标 Servlet 程序去处理。

3. FilterConfig 接口

FilterConfig 是 Servlet API 提供的一个用于获取 Filter 程序在 web. xml 文件中的配置信息的接口，该接口封装了 Filter 程序在 web. xml 中的所有注册信息，并且提供了一系列获取这些配置信息的方法，具体如表 5-4 所示。

表 5-4 FilterConfig 接口中的方法声明和功能描述

方法声明	功能描述
String getFilterName()	getFilterName()方法用于返回在 web. xml 文件中为 Filter 所设置的名称，也就是返回〈filter-name〉元素的设置值

续表

方法声明	功能描述
String getInitParameter(String name)	getInitParameter(String name)方法用于返回在 web.xml 文件中为 Filter 所设置的某个名称的初始化参数值，如果指定名称的初始化参数不存在，则返回 null
Enumeration getInitParameterNames()	getInitParameterNames()方法用于返回一个 Enumeration 集合对象，该集合对象包含在 web.xml 文件中为当前 Filter 设置的所有初始化参数的名称
ServletContext getServletContext()	getServletContext()方法用于返回 FilterConfig 对象中所包装的 ServletContext 对象的引用

Filter 的 init()方法中提供了一个 FilterConfig 对象。

如 web.xml 文件配置如下代码：

```
<filter>
    <filter-name> LoginFilter</filter-name>
    <filter-class> com.test.LogFilter</filter-class>
    <init-param>
        <param-name> count</param-name>
        <param-value> 1000</param-value>
    </init-param>
    </filter>
```

当 init()方法使用 FilterConfig 对象获取参数时，代码如下：

```
public void init(FilterConfig config) throws ServletException {
    //获取初始化参数
    String site=config.getInitParameter("count");
    //输出初始化参数
    System.out.println("参数:"+site);
}
```

5.6.3 Servlet 过滤器实例

【例 5-4】 通过过滤器实现网站点击计数器。

实现一个简单的基于过滤器生命周期的网站点击计数器需要采取的步骤如下。

- 在过滤器的 init()方法中初始化一个全局变量。
- 每次调用 doFilter()方法时都增加全局变量。
- 如果需要，可以使用一个数据库表来存储全局变量的值到过滤器的 destroy()中。在下次初始化过滤器时，该值可在 init()方法内被读取。

这里，我们假设 Web 容器将无法重新启动。如果是重新启动或 Servlet 被销毁，点击计数器可被重置。代码如下：

```
//导入必需的 java 库
```

```
import java.io.*;
import javax.servlet.*;
import javax.servlet.http.*;
import java.util.*;

public class SiteHitCounter implements Filter{
    private int hitCount;
    public void init(FilterConfig config)
        throws ServletException{
        //重置点击计数器
        hitCount=0;
  }
  public void doFilter(ServletRequest request,
           ServletResponse response,
           FilterChain chain)
           throws java.io.IOException,ServletException {
        //将计数器的值增 1
        hitCount++;
        //输出计数器
        System.out.println("网站访问统计:"+hitCount );
        //将请求传回到过滤器链
        chain.doFilter(request,response);
  }
}
```

在 web.xml 文件中创建以下条目:

```
<filter>
    <filter-name> SiteHitCounter</filter-name>
    <filter-class> SiteHitCounter</filter-class>
</filter>
<filter-mapping>
    <filter-name> SiteHitCounter</filter-name>
    <url-pattern> /*</url-pattern>
</filter-mapping>
```

过滤器的配置信息中,元素的作用包含以下几点。

- 〈filter〉根元素用于注册一个 Filter。
- 〈filter-name〉子元素用于设置 Filter 名称。
- 〈filter-class〉子元素用于设置 Filter 类的完整名称。
- 〈filter-mapping〉根元素用于设置一个过滤器所拦截的资源。
- 〈filter-name〉子元素必须与〈filter〉中的〈filter-name〉子元素相同。
- 〈url-pattern〉子元素用于匹配用户请求的 URL,例如/MyServlet,这个 URL 还可以使用通配符 * 表示,例如 *.do 适用于所有以.do 结尾的 Servlet 路径。

访问网站的任意页面,比如 http://localhost:8080/,将会在每次任意页面被点击时,将计数器的值增 1,它会在日志中显示以下消息。

网站访问统计:1
网站访问统计:2
网站访问统计:3

5.7　产品管理系统

5.7.1　系统功能分析

【例 5-5】 基于 MVC 模式的产品管理系统。

本例综合使用了 JSP+Servlet+JavaBean+JDBC 技术进行开发,展示了一个简单的产品管理系统程序。此程序将作为一个项目开发的基本模型,展示设计模式的应用。

产品管理系统中主要实现了两大功能模块:用户管理模块和产品管理模块。其功能模块图如图 5-28 所示。

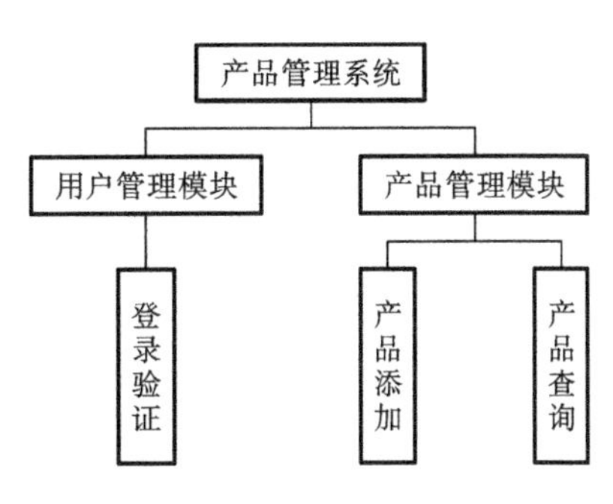

图 5-28　产品管理系统的功能模块图

5.7.2　系统架构设计

例 5-5 采用 MVC 模型来实现,模型层主要负责数据模型、功能模型、业务模型的封装;控制层主要由 Servlet 控制整个流程;视图层主要负责页面的展示。

在 Eclipse 下创建项目后,在项目下导入所需要的 JAR 包 mysql-connector-java-5.0.8-bin.jar,项目结构如图 5-29 所示。

图 5-29　项目结构

下面依次编写产品管理系统文件。

(1) 模型层。

在 ENTITY 包中创建了系统的数据模型,程序文件包括以下几个。

- User.java 封装用户信息。
- Product.java 封装产品信息。

在 DAO 包中创建了系统的功能模型,程序文件包括以下几个。

- BasicJDBC.java 为整个应用程序目标数据库提供一个统一的连接对象。
- UserDao.java 定义了验证用户信息操作的接口。
- UserDaoImpl.java 实现了 UserDao 接口的类。
- ProductDao.java 定义了添加商品操作、查询商品列表操作的接口。
- ProductDaoImpl.java 实现了 ProductDao 接口的类。
- EncodingFilter.java 完成了字符编码转换的过滤器。

(2) 视图层。

- login.jsp 提供用户的登录表单,可以输入用户名和密码。
- addproduct.jsp 添加产品信息表单页面,可以输入产品名称和单价。
- listproduct.jsp 显示数据库表中的所有产品列表。
- failure.jsp 用户登录或添加产品失败页,提示失败信息。

(3) 控制层。

- loginServlet.java:进行登录检查,根据表单提交过来的用户名和密码,调用 DAO 包进行数据库验证,若成功,则跳转到添加产品页面,否则跳转到 failure.jsp。
- productServlet.java:处理添加产品页面提交的产品信息,调用 DAO 包,将产品信息插入数据库表中;处理数据库中产品列表的查询,跳转到显示页面。

5.7.3 数据库设计

产品管理系统中包含两张数据库表:用户信息表 user,主要用于存储用户的姓名和密码,结构如表 5-5 所示;产品信息表 product,主要用于存储产品的名称和单价,结构如表 5-6 所示。

表 5-5 user 表结构

字 段 名	类 型	描 述
id	int	用户编号
name	varchar(20)	用户姓名
password	varchar(20)	用户密码

表 5-6 product 表结构

字 段 名	类 型	描 述
id	int	产品编号
pname	varchar(50)	产品名称
pprice	float	产品单价

安装 MySQL 数据库,使用可视化工具 Navicat Premium 新建连接、新建数据库 product、新建数据库表 user 和 product,设计字段,输入用户记录。

5.7.4 公共模块实现

(1) 编写连接数据库的工具类,放入 com.lx.util 包中。

创建 BasicJDBC.java,用于实现对数据库的连接操作。代码如下:

```
package com.lx.util;

import java.sql.Connection;
import java.sql.DriverManager;
import java.sql.PreparedStatement;
```

```
import java.sql.ResultSet;
import java.sql.SQLException;

public class BasicJDBC {
    private Connection con=null;          //连接对象
    public BasicJDBC(){
        try {
            //注册驱动
            Class.forName("com.mysql.jdbc.Driver");
        } catch (ClassNotFoundException e) {
            // TODO Auto-generated catch block
            e.printStackTrace();
            System.out.println("加载数据库驱动失败!");
        }
    }
    public Connection getCon()
    {
        //获取目标数据库的连接
        try {
            con=DriverManager.getConnection(
            "jdbc:mysql://localhost:3306/product",
            "root","root");
        } catch (SQLException e) {
            e.printStackTrace();
            System.out.println("获取数据库连接失败!");
        }
        return con;
    }
    //关闭对象
    public void closeAll(Connection con,PreparedStatement ps,ResultSet rs){
        if(rs!=null){
            try {
                rs.close();
            } catch (SQLException e) {
                e.printStackTrace();
            }
        }if(ps!=null){
            try {
                ps.close();
            } catch (SQLException e) {
                e.printStackTrace();
            }
        }
        if(con!=null){
```

```
            try {
                con.close();
            } catch (SQLException e) {
                e.printStackTrace();
            }
        }
    }
}
```

(2) 编写字符编码过滤器 EncodingFilter，放入 com. lx. filter 包下。代码如下：

```
package com.lx.filter;
import java.io.IOException;
import javax.servlet.Filter;
import javax.servlet.FilterChain;
import javax.servlet.FilterConfig;
import javax.servlet.ServletException;
import javax.servlet.ServletRequest;
import javax.servlet.ServletResponse;
public class EncodingFilter implements Filter {
    public EncodingFilter(){
        System.out.println("过滤器构造");
    }
    public void destroy() {
        // TODOAuto-generated method stub
        System.out.println("过滤器销毁");
    }
    public void doFilter(ServletRequest request, ServletResponse response,
            FilterChain chain) throws IOException, ServletException {

        request.setCharacterEncoding("utf-8");     //将编码改成 utf-8
        response.setContentType("text/html;charset=utf-8");
        chain.doFilter(request,response);
    }
    public void init(FilterConfig arg0) throws ServletException {
        // TODO Auto-generated method stub
        System.out.println("过滤器初始化");
    }
}
```

(3) 修改 web. xml 配置文件，代码如下：

```
<?xml version="1.0" encoding="UTF-8"?>
<web-app version="2.5"
    xmlns="http://java.sun.com/xml/ns/javaee"
    xmlns:xsi="http://www.w3.org/2001/XMLSchema-instance"
```

```
    xsi:schemaLocation="http://java.sun.com/xml/ns/javaee
    http://java.sun.com/xml/ns/javaee/web-app_2_5.xsd">
  <display-name></display-name>
  <servlet>
    <description>This is the description of my J2EE component</description>
    <display-name>This is the display name of my J2EE component</display-name>
    <servlet-name>loginServlet</servlet-name>
    <servlet-class>com.lx.servlet.loginServlet</servlet-class>
  </servlet>
  <servlet-mapping>
    <servlet-name>loginServlet</servlet-name>
    <url-pattern>/loginServlet</url-pattern>
  </servlet-mapping>
  <welcome-file-list>
    <welcome-file>login.jsp</welcome-file>
  </welcome-file-list>
  <filter>
    <filter-name>EncodingFilter</filter-name>
    <filter-class>com.lx.filter.EncodingFilter</filter-class>
  </filter>
  <filter-mapping>
    <filter-name>EncodingFilter</filter-name>
    <url-pattern>/*</url-pattern>
  </filter-mapping>
</web-app>
```

(4) 编写 JavaBean 实体类，放入 com. lx. entity 包中。

在 User. java 文件中完成用户信息的封装，代码如下：

```
package com.lx.entity;
public class User {
    private String userName;
    private String userPass;
    public String getUserName() {
        return userName;
    }
    public void setUserName(String userName) {
        this.userName=userName;
    }
    public String getUserPass() {
        return userPass;
    }
    public void setUserPass(String userPass) {
        this.userPass=userPass;
    }
```

```
}
```

在 Product. java 文件中完成产品信息的封装，代码如下：

```
package com.lx.entity;

public class Product {
    private int pid;
    private String pname;
    private float pprice;
    public int getPid() {
        return pid;
    }
    public void setPid(int pid) {
        this.pid=pid;
    }
    public String getPname() {
        return pname;
    }
    public void setPname(String pname) {
        this.pname=pname;
    }
    public float getPprice() {
        return pprice;
    }
    public void setPprice(float pprice) {
        this.pprice=pprice;
    }
    public Product(int pid, String pname, float pprice) {
        super();
        this.pid=pid;
        this.pname=pname;
        this.pprice=pprice;
    }
}
```

5.7.5 用户管理模块实现

用户访问登录页面，输入用户名和密码，提交给对应的 Servlet 程序处理，Servlet 调用 DAO 层完成数据库验证工作，得到返回结果“登录成功”或“登录失败”，过程如图 5-30 所示。

（1）编写 UserDao 接口，放入 com. lx. dao 包中，完成对用户对象的操作。

```
package com.lx.dao;
public interface UserDao {
```

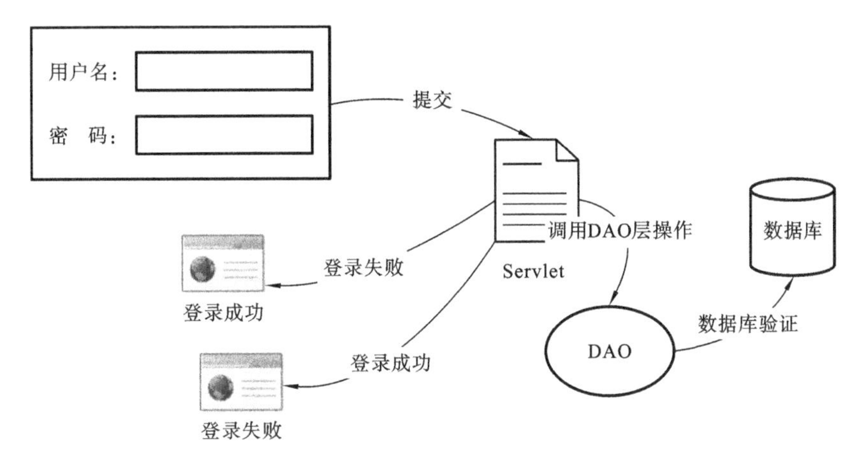

图 5-30 用户管理模块实现过程

```
    //验证登录
    public boolean valiLogin(String name,String pwd) throws Exception;
}
```

(2) 编写 UserDaoImpl 类实现 UserDao 接口，放入 com. lx. dao 包中。UserDaoImpl. java 用于实现对数据库的查询操作，完成登录名和密码的验证。

```
package com.lx.dao;

import java.sql.Connection;
import java.sql.PreparedStatement;
import java.sql.ResultSet;
import java.sql.SQLException;
import com.lx.util.BasicJDBC;
import com.lx.dao.UserDao;
//将所有要实现的功能全部封装到本类中
public class UserDaoImpl implements UserDao {

    /**
        *本方法实现验证登录
        *@param name 要验证的用户名
        *@param pw 要验证的密码
        *@return boolean true 表示成功,false 表示失败
        */
    private BasicJDBC db=null;
    private Connection con=null;
    public UserDaoImpl(){
        db=new BasicJDBC();
        con=db.getCon();
    }
    public boolean valiLogin(String name,String password) throws Exception
```

```
    {
        boolean flag=false;
        PreparedStatement ps=null;
        ResultSet rs=null;
        String sql="select * from user where name=? and password=?";
        try {
            ps=con.prepareStatement(sql);
            //填充好所有的?
            ps.setString(1, name);
            ps.setString(2, password);
            //值填充完毕后,要执行的 sql 命令就完整了,这时才能执行
            rs=ps.executeQuery();
            //判断结果集,并验证登录
            if(rs.next()) flag=true;
        } catch (SQLException e) {
            // TODO Auto-generated catch block
            e.printStackTrace();
        }finally{
            db.closeAll(con, ps, null);
        }
        return flag;
    }
}
```

(3) 编写登录首页 login.jsp 代码,登录成功跳转到商品添加页面 addproduct.jsp,登录失败则跳转到页面 failure.jsp。

login.jsp 页面的源代码如下:

```
<%@page language="java" import="java.util.* " pageEncoding="gb2312"%>
<%
String path=request.getContextPath();
String basePath=request.getScheme()+"://"+request.getServerName()+
    ":"+request.getServerPort()+path+"/";
%>
<!DOCTYPE HTML PUBLIC "-//W3C//DTD HTML 4.01 Transitional//EN">
<html>
  <head>
  </head>
  <body>
  <form action="loginServlet" method="post">
    <h2> 用户登录</h2>
    用户名:<input type="text" name="userName">
    <br> <br>
    密   码:<input type="password" name="userPass">
    <br> <br>
```

```
        <input type="submit" value="登录">
        <input type="reset" value="重置">
    </form>
    </body>
</html>
```

failure.jsp页面的源代码如下：

```
<%@page language="java" contentType="text/html; charset=utf-8"
    pageEncoding="utf-8"%>
<!DOCTYPE html>
<html>
<head>
<meta charset="utf-8">
<title> Insert title here</title>
</head>
<body>
操作失败!
</body>
</html>
```

(4) 编写控制层文件loginServlet.java，放入com.lx.servlet包中，代码如下：

```
package com.lx.servlet;

import java.io.IOException;
import java.io.PrintWriter;
import javax.servlet.ServletException;
import javax.servlet.http.HttpServlet;
import javax.servlet.http.HttpServletRequest;
import javax.servlet.http.HttpServletResponse;
import com.lx.dao.UserDao;
import com.lx.dao.UserDaoImpl;
import com.lx.entity.User;
public class loginServlet extends HttpServlet {
    public loginServlet() {
        super();
    }

    public void init() throws ServletException {
    }

    public void doGet(HttpServletRequest request, HttpServletResponse response)
            throws ServletException, IOException {
        this.doPost(request, response);
    }
```

```
    public void doPost(HttpServletRequest request, HttpServletResponse response)
            throws ServletException, IOException {
        String uname=request.getParameter("userName");
        String upass=request.getParameter("userPass");
        //封装用户对象
        User user=new User();
        user.setUserName(uname);
        user.setUserPass(upass);
        String username=(String)user.getUserName();
        String userpass=(String)user.getUserPass();

        //创建功能类对象来实现功能
        UserDao dao=new UserDaoImpl();
        boolean flag=false;

        try {
            flag=dao.valiLogin(username, userpass);
        } catch (Exception e) {
            e.printStackTrace();
            //然后跳转到错误页面
            request.getRequestDispatcher("/failure.jsp").forward(request,response);
            return;
        }
        if(flag==true)      //登录成功
        {
            request.getRequestDispatcher("/addproduct.jsp").forward(request,response);
        }
        else
        {
            //然后跳转到错误页面
            request.getRequestDispatcher("/failure.jsp").forward(request,response);
        }
    }

    public void destroy() {
        super.destroy();
    }
}
```

5.7.6 产品管理模块实现

(1) 编写 ProductDao 接口的代码，放入 com. lx. dao 包下，完成对用户对象的操作。

```
package com.lx.dao;
```

```
import java.util.List;
import com.lx.entity.Product;
public interface ProductDao {
public List<Product>  getList();
public int addProduct(Product p);
}
```

（2）编写 ProductDaoImpl 类实现 ProductDao 接口，放入 com. lx. dao 包下。ProductDaoImpl. java 用于实现将产品添加到数据库，以及查询数据库产品表的所有产品列表，代码如下：

```
package com.lx.dao;

import java.sql.Connection;
import java.sql.PreparedStatement;
import java.sql.ResultSet;
import java.sql.SQLException;
import java.util.ArrayList;
import java.util.List;

import com.lx.entity.Product;
import com.lx.entity.User;
import com.lx.util.BasicJDBC;

public class ProductDaoImpl implements ProductDao {

    private BasicJDBC db=null;
    private Connection con=null;
    public ProductDaoImpl(){
        db=new BasicJDBC();
        con=db.getCon();
    }
    @Override
    public int addProduct(Product p) {
        PreparedStatement ps=null;
        String sql="insert into product(pname,pprice) values(?,?)";
        int n=0;
        try {
            ps=con.prepareStatement(sql);
            ps.setString(1, p.getPname());
            ps.setFloat(2, p.getPprice());
            n=ps.executeUpdate();
            System.out.println(n);
        } catch (SQLException e) {
            e.printStackTrace();
```

```
        }finally{
            db.closeAll(con, ps, null);
        }
        return n;
    }

    @Override
    public List<Product> getList() {
        PreparedStatement ps=null;
        String sql="select * from product";
        ResultSet rs=null;
        List<Product> list=new ArrayList<Product> ();
        try {
            ps=con.prepareStatement(sql);
            rs=ps.executeQuery();
            while(rs.next()){
                //将数据库中的一行记录封装成一个产品对象
                Product p=new Product(rs.getInt(1), rs.getString(2), rs.getFloat(3));
                //将产品对象添加到 list 中
                list.add(p);
            }
        } catch (SQLException e) {
            e.printStackTrace();
        }finally{
            db.closeAll(con, ps, rs);
        }
        return list;
    }
}
```

(3) 编写商品添加页面 addproduct.jsp、商品列表显示页面 listproduct.jsp。addproduct.jsp 页面的源代码如下：

```
<%@page language="java" contentType="text/html; charset=utf-8"
    pageEncoding="utf-8"%>
<!DOCTYPE html>
<html>
<head>
<meta charset="utf-8">
<title> Insert title here</title>
</head>
<body>
<form action="productServlet? action=add" method="post">
    <h2> 添加产品</h2>
    名称:<input type="text" name="pname">
```

```
    <br> <br>
    单价:<input type="text" name="pprice">
    <br> <br>
    <input type="submit" value="添加">
    <input type="reset" value="重置">
    <br> <br>
    <a href="productServlet? action=list"> 查看产品</a>
</form>
</body>
</html>
```

listproduct.jsp 页面的源代码如下：

```
<%@page language="java" contentType="text/html; charset=utf-8"
    pageEncoding="utf-8"%>
<%@page import="java.util.ArrayList"%>
<%@page import="com.lx.entity.Product"%>
<%ArrayList productlist= (ArrayList)session.getAttribute("productlist");%>
<!DOCTYPE html>
<html>
<head>
<meta charset="utf-8">
<title> Insert title here</title>
</head>
<body>
<table border="1" width="450" rules="none" cellspacing="0" cellpadding="0">
    <tr height="50"> <td colspan="3" align="center"> 产品列表如下</td> </tr>
    <tr align="center" height="30" bgcolor="lightgrey">
        <td> 名称</td>
        <td> 单价</td>
    </tr>
    <%if(productlist==null||productlist.size()==0){%>
    <tr height="100"> <td colspan="3" align="center"> 没有产品可显示!</td> </tr>
        <%
        }
        else{
            for(int i=0;i<productlist.size();i++){
                Product product= (Product)productlist.get(i);
    %>
    <tr height="50" align="center">
        <td> <% =product.getPname()%> </td>
        <td> <% =product.getPprice()%> </td>
    </tr>
    <%
            }
```

```
        }
    %>
</body>
</html>
```

(4) 编写控制层文件 productServlet.java，放入 com.lx.servlet 包中，代码如下：

```
package com.lx.servlet;

import java.io.IOException;
import java.util.List;

import javax.servlet.ServletException;
import javax.servlet.annotation.WebServlet;
import javax.servlet.http.HttpServlet;
import javax.servlet.http.HttpServletRequest;
import javax.servlet.http.HttpServletResponse;
import javax.servlet.http.HttpSession;

import com.lx.dao.ProductDao;
import com.lx.dao.ProductDaoImpl;
import com.lx.entity.Product;

public class productServlet extends HttpServlet {
    private static final long serialVersionUID=1L;

    public productServlet() {
        super();
        // TODO Auto-generated constructor stub
    }

    protected void doGet(HttpServletRequest request,HttpServletResponse response)
        throws ServletException, IOException {
        doPost(request, response);
    }
    protected void doPost(HttpServletRequest request,HttpServletResponse response)
        throws ServletException, IOException {
        String action=request.getParameter("action");//获取 action 参数值
        if(action.equals("add"))
            add(request,response);
        if(action.equals("list"))
            list(request,response);
    }

    protected void add(HttpServletRequest request,HttpServletResponse response)
```

```
        throws ServletException, IOException {
        String pname=request.getParameter("pname");
        Float pprice=Float.parseFloat(request.getParameter("pprice"));

        Product product=new Product();
        product.setPname(pname);
        product.setPprice(pprice);

        //创建功能类对象来实现功能
        ProductDao pdao=new ProductDaoImpl();
        int n=0;

        try {
            n=pdao.addProduct(product);
        } catch (Exception e) {
            e.printStackTrace();
            //然后跳转到错误页面
            request.getRequestDispatcher("/failure.jsp").forward(
                request,response);
            return;
        }
        if(n==1)    //添加成功
        {
            request.getRequestDispatcher("/addproduct.jsp").forward(request,response);
        }
        else
        {
            //然后跳转到错误页面
            request.getRequestDispatcher("/failure.jsp").forward(request,response);
        }
    }
    protected void list(HttpServletRequestrequest,HttpServletResponse response)
        throws ServletException, IOException {
        ProductDao pdao=new ProductDaoImpl();
        List<Product> productlist=pdao.getList();
        HttpSession session=request.getSession();
        session.setAttribute("productlist",productlist);
        response.sendRedirect("listproduct.jsp");
    }
}
```

运行项目程序，在地址栏访问页面 http://localhost:8080/Product/login.jsp，表单页面如图 5-31 所示。输入账号和密码，点击“登录”按钮后提交给 Servlet 类，在数据库表中验证用户名和密码，如果数据库表中有该条用户记录，则表示登录成功，否则得到登录失败的结果页面，如图 5-32 所示。

图 5-31　用户登录页面

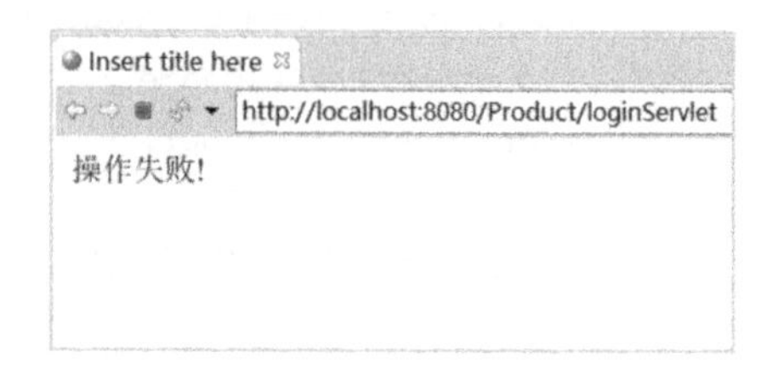

图 5-32　登录失败页面

在添加产品页面，提交产品信息到 Servlet 类，将产品信息添加到数据库表中，如图 5-33 所示。在显示页面中将数据库产品表中所有的产品信息列表显示出来，如图 5-34 所示。

图 5-33　添加产品页面

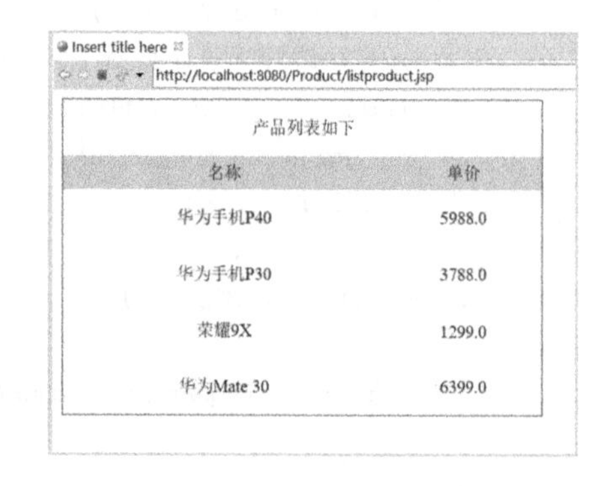

图 5-34　显示产品信息列表页面

5.8　小结

本章首先介绍了 Servlet 任务、技术特点、生命周期；接着介绍了 Servlet 的常用类和接口，Servlet 开发过程分为 Servlet 的创建和配置两步。针对常见的中文问题，给出了 Servlet 中的解决方法，Servlet 过滤器的概念和应用。最后综合使用了 JSP＋Servlet＋JavaBean＋JDBC 技术开发了一个简单的产品管理程序。读者通过本章的学习，应能独立完成 Servlet 和过滤器的开发和配置，熟悉掌握使用 MVC 模式进行 Java Web 应用开发和部署的方法，为下一步的学习做好准备。

习　题　5

1. Servlet 生命周期有哪几个阶段？
2. 简述 Servlet 的工作过程。
3. 在 JSP 客户端对 Servlet 的每次调用都会执行 Servlet 生命周期中的(　　)方法。

A. init()　　B. destory()　　C. service()　　D. doGet()

4. 下面是一个 Servlet 部署文件的片段：

```
<servlet>
    <servlet-name> Hello</servlet-name>
    <servlet-class> myservlet.example.FirstServlet</servlet-class>
</servlet>
<servlet-mapping>
    <servlet-name> Hello</servlet-name>
    <url-pattern> /helpHello</url-pattern>
</servlet-mapping>
```

Servlet 的类名是(　　)。

A. FirstServlet　　B. Hello　　C. helpHello　　D. /helpHello

5. 在编写 Servlet 时，需要继承______类，在 Servlet 中声明 doGet()和 doPost()需要______和______类型的两个参数。

6. 编写 Servlet 类，实现在页面上输出一段文本信息。

7. 实现一个过滤器，对此应用所有的请求进行拦截，如果是管理员用户，则让目标资源执行，否则不能请求目标资源。

8. 编写通信录应用程序。要求将用户表单页面提交的联系人编号、姓名、性别、电话、E-mail 信息添加到数据库中存储。

第6章　Spring基础

学习目标

- Spring 开源框架；
- Spring 体系结构；
- Spring 开发过程。

6.1　Spring概述

Spring是主流的Java Web开发框架之一。Spring是一个开源框架，它是于2003年兴起的一个轻量级的Java开发框架，由Rod Johnson在其著作《Expert One-On-One J2EE Design and Development》中阐述的部分理念和原型衍生而来。Spring是为了解决企业应用开发的复杂性而创建的。

6.1.1　Spring的发展历史

2002年10月，Rod Johnson撰写了一本名为《Expert One-On-One J2EE Design and Development》的书。这本书由Wrox公司出版，介绍了当时Java企业应用程序开发的情况，并指出了Java EE和EJB组件框架中存在的一些主要缺陷。在这本书中，他提出了一种基于普通Java类和依赖注入的更简单的解决方案。

在《Expert One-On-One J2EE Design and Development》发布后不久，开发者Juergen Hoeller和Yann Caroff说服Rod Johnson创建一个基于基础结构代码的开源项目。Rod Johnson、Juergen Hoeller和Yann Caroff于2003年2月开始合作开发该项目。Yann Caroff为新框架创造了"Spring"的名字。Yann Caroff在早期离开了团队，Rod Johnson在2012年离开了团队，Juergen Hoeller仍然是Spring开发团队的积极成员。

自2004年1.0版发布以来，Spring框架发展迅速。Spring 2.0于2006年10月发布，那时，Spring的下载量超过了100万次。Spring 2.0具有可扩展的XML配置功能，可用于简化XML配置，支持Java 5，还有额外的IoC容器扩展点，支持动态语言。

在Rod Johnson的领导下，Interface21公司于2007年11月更名为SpringSource。同时发布了Spring 2.5。Spring 2.5中的主要新功能支持Java 6/Java EE 5、注释配置、classpath中的组件自动检测，也兼容OSGI的bundle。

2007年，SpringSource公司在此期间收购了多家公司，如Hyperic、G2One等公司。2009年8月，SpringSource公司以4.2亿美元被VMWare公司收购。此前，SpringSource公司在几周内收购了云代工厂，这是一家云PaaS提供商。2015年，云代工厂转型成了非营利云代工厂。

2009 年 12 月，Spring 3.0 发布。Spring 3.0 有许多重要特性，如重组模块系统、支持 Spring 表达式语言、基于 Java 的 Bean 配置(JavaConfig)、支持嵌入式数据库(如 HSQL、H2 和 Derby)、模型验证/REST 支持和对 Java EE 的支持。

2011 年和 2012 年发布了许多 3.x 系列的小版本。

2013 年 12 月，Spring 4.0 发布。Spring 4.0 是 Spring 框架的一大进步，它包含对 Java 8 的全面支持、对更高的第三方库的依赖性(Groovy 1.8+、Ehcache 2.1+、Hibernate 3.6+等)、对 Java EE 7 的支持、对 Groovy DSL for Bean 的定义、对 WebSockets 的支持以及对泛型类型的支持，并作为注入 Bean 的限定符。

2014 年至 2017 年期间发布了许多 Spring 框架 4.xx 系列的版本。

Spring 5.0 GA 版本于 2017 年 9 月 28 日发布。Spring 5.0 开始支持 JDK 8 和 Java EE 7，同时兼容 JDK 9，全面支持 Servlet 3.1，还引入了一个全新的模块 Spring WebFlux 用于替代 spring-webmvc，对 Kotlin 也有了更好的支持。

Spring 在诞生之初就是为了简化替代日益重量级的企业级 Java 技术。它继续在其他领域不断发展，如移动开发、社交 API 集成、安全管理、NoSQL 数据库、云计算和大数据等都是它正在涉足和创新的领域，其前景更加广阔，甚至已经形成与传统的 Java EE 平台分庭抗礼之势。

Spring 拥有众多的子项目，它们构建起一个丰富的企业级应用解决方案的生态系统。在这个生态系统中，从配置到安全，从普通 Web 应用到大数据，用户总能从中找到一个适合自己的子项目。对应 Spring 的应用开发者来说，了解这些子项目，可以更好地使用 Spring。Spring 子项目如表 6-1 所示。

表 6-1　Spring 子项目

子　项　目	说　　明
Spring IO Platform	Spring IO 是可集成的、构建现代化应用的版本平台。Spring IO 是模块化的、企业级的分布式系统，包括一系列依赖，使得开发者仅能对自己所需的部分进行完全的部署控制
Spring Boot	Spring 应用快速开发工具，用来简化 Spring 应用开发过程
Spring XD	Spring XD(extreme date，极限数据)是 Pivotal 的大数据产品。它结合了 Spring Boot 和 Grails，以组成 Spring IO 平台的执行部分
Spring Cloud	Spring Cloud 为开发者提供了在分布式系统(如配置管理、服务发现、断路器、智能路由、微代理、控制总线、一次性 Token、全局锁、决策竞选、分布式会话和集群状态)操作的开发工具。使用 Spring Cloud，开发者可以快速实现上述这些模式
Spring Data	Spring Data 是为了简化构建基于 Spring 框架应用的数据访问实现，包括非关系型数据库、Map-Reduce 框架、云数据服务等；另外，也包含对关系数据库的访问支持
Spring Integration	Spring Integration 为企业数据集成提供了各种适配器，可以通过这些适配器来转换各种消息格式，并帮助 Spring 应用完成与企业应用系统的集成

续表

子 项 目	说 明
Spring Batch	Spring Batch是一个轻量级的完整批处理框架,皆在帮助应用开发者构建一个健壮的、高效的企业级批处理应用(这些应用的特点不需要与用户交互,重复的操作量大,对于大容量的批量数据处理而言,这些操作往往要求较高的可靠性)
Spring Security	Spring Security是一个能够为基于Spring的企业应用系统提供声明式的安全访问控制解决方案的安全框架。它提供了一组可以在Spring应用上下文配置的Bean,充分利用IoC和AOP的功能,可为应用系统提供声明式的安全访问控制功能
Spring Hateoas	Spring Hateoas是一个用于支持实现超文本驱动的REST Web服务的开发库,是Hateoas的实现。Hateoas(Hypermedia as the engine of application state)是REST架构风格中最复杂的约束,也是构建成熟REST服务的核心。它的重要性在于打破了客户端和服务器之间严格的契约,让客户端可以更加智能化和自适应
Spring Social	Spring Social是Spring框架的扩展,方便用来开发Web社交应用程序,可通过该项目来创建与各种社交网站的交互,如Facebook、LinkedIn、Twitter等
Spring AMQP	Spring AMQP是基于Spring框架的AMQP消息解决方案,提供模板化的发送和接收消息的抽象层,提供基于消息驱动的POJO。这个项目支持Java和.NET两个版本。SpringSource公司旗下的Rabbit MQ就是一个开源的基于AMQP的消息服务器
Spring for Android	Spring for Android为Android终端开发应用提供Spring的支持,它提供了一个在Android应用环境中工作、基于Java的REST客户端
Spring Mobile	Spring Mobile是基于Spring MVC构建的、为移动端的服务器应用开发提供支持
Spring Web Flow	Spring Web Flow(SWF)是一个建立在Spring MVC基础上的Web页面流引擎
Spring Web Service	Spring Web Service是基于Spring框架的Web服务框架,主要侧重基于文档驱动的Web服务,提供SOAP服务开发,允许通过多种方式创建Web服务
Spring LDAP	Spring LDAP是一个用户操作LDAP的Java框架,采取类似Spring JDBC的原理建立的,提供采用JdbcTemplate方式来操作数据库。这个框架提供一个Ldap-Template操作模板,可帮助开发人员简化looking up、closing contexts、encoding/decoding、filters等操作
Spring Session	Spring Session致力于提供一个公共基础设施会话,支持从任意环境中访问一个会话,在Web环境下支持独立于容器的集群会话,支持可插拔策略来确定Session ID,当用户使用WebSocket发送请求的时候,能够保持HttpSession处于活跃状态
Spring Shell	Spring Shell提供交互式的Shell,用户可以简单地基于Spring的编程模型来开发命令

从上可以看到 Spring 已经打造出了一个自己专属的 Spring 生态帝国(Spring 全家桶)。在这里,我们可以找到几乎所有 Web 开发所需要的一切解决方案,所以 Spring 是每个 Java 程序员都必须掌握的重点内容。

6.1.2 Spring 的特点

Spring 是分层的 Java SE/EE full-stack 轻量级开源框架,以 IoC(inverse of control,控制反转)和 AOP(aspect oriented programming,面向切面编程)为内核,使用基本的 JavaBean 完成以前只可能由 EJB 完成的工作,取代了 EJB 臃肿和低效的开发模式。而且,Spring 的用途不仅限于服务器端的开发。从简单性、可测试性和松耦合的角度而言,任何 Java 应用都可以从 Spring 中受益。Spring 框架也具有很强的凝聚力和吸引力,因其强大的功能以及卓越的性能而受到众多开发人员的喜爱。

从设计上看,Spring 框架给予了 Java 程序员更高的自由度,对业界的常见问题也提供了良好的解决方案,因此,在开源社区受到了广泛欢迎,并且被大部分公司作为 Java 项目开发的首选框架。

Spring 框架是 Spring 技术栈的核心,它实现了对 Bean 的依赖管理和 AOP 的方式,降低了代码的耦合度,极大提升了编程效率,是一种很好的一站式构建企业级应用的轻量级解决方案。

Spring 框架是模块化的,开发人员可以自由选择所需部分。Spring 框架支持声明式事务管理,通过 RMI 或 Web 服务远程访问用户的逻辑,并支持多种选择来持久化用户数据。它提供了全功能的 Spring MVC 及 Spring WebFlux 框架,也支持 AOP 集成到软件中。

Spring 具有简单、可测试和松耦合等特点,不仅可以应用于服务器端的开发,也可以应用于任何 Java 应用的开发中。Spring 框架的主要优点如下。

(1) 方便解耦,简化开发。

Spring 就是一个大工厂,可以将所有对象的创建和依赖关系的维护交给 Spring 管理。

通过 Spring 提供的 IoC 容器,可以将对象之间的依赖关系交由 Spring 进行控制,避免硬编码所造成的过度程序耦合。有了 Spring,用户不必再为单实例模式类、属性文件解析等这些很底层的需求编写代码,可以更专注于上层的应用。

(2) 方便集成各种优秀框架。

Spring 不排斥各种优秀的开源框架,其内部提供了对各种优秀框架(如 Struts2、Hibernate、MyBatis 等)的直接支持。

(3) 降低了 Java EE API 的使用难度。

Spring 对 Java EE 开发中非常难用的一些 API(JDBC、JavaMail、远程调用等)都提供了封装,使这些 API 应用的难度大大降低。

(4) 方便程序的测试。

Spring 支持 JUnit 4,可以通过注解方便地测试 Spring 程序。

(5) AOP 的支持。

Spring 提供面向切面编程,可以方便实现对程序进行权限拦截和运行监控等功能。许多不容易用传统 OOP 实现的功能可以通过 AOP 轻松应付。

(6) 声明式事务的支持。

只需要通过配置就可以完成对事务的管理,可以从单调烦闷的事务管理代码中解脱出来,通过声明式方式灵活地进行事务的管理,提高了开发效率和质量。

6.1.3 Spring的作用

Spring的作用主要包括以下几个方面。

(1) Spring能帮助我们根据配置文件创建及组装对象之间的依赖关系。

(2) Spring的面向切面编程能帮助我们无耦合地实现日志记录、性能统计、安全控制。

(3) Spring能非常简单地帮助我们管理数据库事务。

(4) Spring提供了与第三方数据访问框架(如Hibernate、JPA)的无缝集成,而且自己也提供了一套JDBC访问模板来方便数据库的访问。

(5) Spring提供了与第三方Web(如Struts1/2、JSF)框架的无缝集成,而且自己也提供了一套Spring MVC框架,以方便Web层的搭建。

(6) Spring能方便地与Java EE(如Java Mail、任务调度)整合,与更多技术整合(比如缓存框架)。

Spring的主要作用就是为代码"解耦",降低代码间的耦合度。根据功能的不同,可以将一个系统中的代码分为主业务逻辑与系统级业务逻辑两类。它们各自具有鲜明的特点:主业务代码间的逻辑联系紧密,有具体的专业业务应用场景,复用性相对较低;系统级业务相对功能独立,没有具体的专业业务应用场景,主要是为主业务提供系统级服务,如用户、权限管理、日志记录、安全管理、事务管理等,复用性强。

根据代码的特点,Spring将降低耦合度的方式分为两类:IoC与AOP。IoC使得主业务在相互调用过程中不用再自己维护关系了,即不用再自己创建要使用的对象了,而是由Spring容器统一管理,自动"注入"。而AOP使得系统级服务得到了最大的复用,且不用再由程序员手工将系统级服务"混杂"到主业务逻辑中,而是由Spring容器统一完成"注入"。

6.2 Spring体系结构

Spring框架采用分层架构,根据不同的功能划分成多个模块,这些模块大体可分为Data Access/Integration、Web、AOP、Aspects、Messaging、Instrumentation、Core Container和Test,如图6-1所示。

图6-1中包含Spring框架的所有模块,这些模块可以满足一切企业级应用开发的需求,在开发过程中可以根据需求有选择性地使用所需要的模块。下面分别对这些模块的作用进行简单介绍。

1. Core Container

Spring的Core Container(核心容器)是其他模块建立的基础,由Beans模块、Core模块、Context模块和Expression Language模块组成,具体介绍如下。

(1) Beans模块。

Beans模块提供BeanFactory,是工厂模式的经典实现,它消除了编程单例的需要,并且

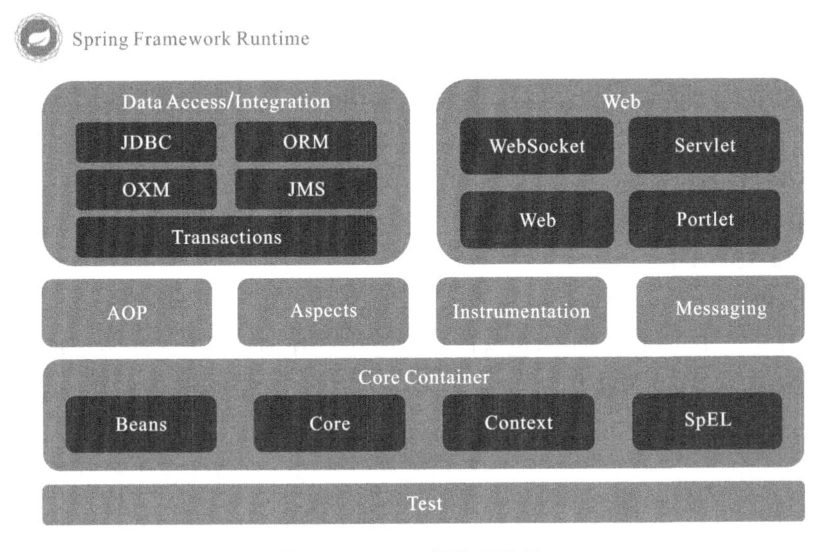

图 6-1　Spring 的体系结构

可以把配置和依赖从实际编程逻辑中解耦。Spring 将管理对象称为 Bean。

（2）Core 模块。

Core 模块提供了 Spring 框架的基本组成部分，包括 IoC 和 DI 功能。

（3）Context 模块。

Context 模块建立在 Core 模块和 Beans 模块的基础之上，它是访问定义和配置任何对象的媒介。它采用一种类似于 JNDI 注册的方式访问对象。Context 模块继承自 Bean 模块，并且添加了国际化（比如使用资源束）、事件传播、资源加载和透明地创建上下文（比如通过 Servlet 容器）等功能。Context 模块也支持 Java EE 的功能，比如 EJB、JMX 和远程调用等。ApplicationContext 接口是 Context 模块的焦点。spring-context-support 提供将第三方库集成到 Spring 上下文的支持，比如缓存（EhCache、Guava、JCache）、邮件（JavaMail）、调度（CommonJ、Quartz）、模板引擎（FreeMarker、JasperReports、Velocity）等。

（4）Expression Language 模块。

Expression Language 模块提供了强大的表达式语言，用于在运行时查询和操作对象。它是 JSP 2.1 规范中定义的统一表达式语言的扩展，支持 set 和 get 属性值、属性赋值、方法调用、访问数组集合及索引的内容、逻辑算术运算、命名变量、通过名字从 Spring IoC 容器检索对象，还支持列表的投影、选择以及聚合等。

2. 数据访问/集成

数据访问/集成（data access/integration）层包括 JDBC 模块、ORM 模块、OXM 模块、JMS 模块和 Transactions 模块，具体介绍如下。

（1）JDBC 模块。

JDBC 模块提供一个 JDBC 的抽象层，大幅减少了在开发过程中对数据库操作的编码。它消除了冗长的 JDBC 编码和对数据库供应商特定错误代码的解析。

(2) ORM 模块。

ORM 模块为流行的对象关系映射 API,包括 JPA、JDO、Hibernate 和 iBatis,提供了集成层。通过此模块,可以让这些 ORM 框架与 Spring 的其他功能整合,比如前面提及的事务管理。

(3) OXM 模块。

OXM 模块提供了一个支持对象/XML 映射的抽象层实现,如 JAXB、Castor、XML-Beans、JiBX 和 XStream。

(4) JMS 模块。

JMS 模块是指 Java 消息服务,包含的功能为生产和消费的信息。从 Spring 4.1 开始,集成了 spring-messaging 模块。

(5) Transactions 模块。

Transactions 模块为实现特殊接口类及所有的 POJO 支持编程式和声明式事务管理。

3. Web 层

Spring 的 Web 层包括 WebSocket、Servlet、Web 和 Web-Portlet 等模块,具体介绍如下。

(1) WebSocket 模块。

WebSocket 模块为 WebSocket-based 提供支持,而且在 Web 应用程序中提供客户端和服务器端之间通信的两种方式。

(2) Servlet 模块。

Servlet 模块包括 Spring 模型-视图-控制器(MVC),用于实现 Web 应用程序。

(3) Web 模块。

Web 模块提供面向 Web 的基本功能和面向 Web 的应用上下文,比如大部分(multipart)文件上传功能、使用 Servlet 监听器初始化 IoC 容器等。Web 模块还包括 HTTP 客户端以及 Spring 远程调用中与 Web 相关的部分。

(4) Portlet 模块。

Web-Portlet 模块提供用于 Portlet 环境的 MVC 实现,类似 Web-Servlet 模块的功能。

4. 其他模块

Spring 的其他模块还有 AOP、Aspects、Instrumentation、Messaging 与 Test 等模块,具体介绍如下。

(1) AOP 模块。

AOP 模块提供面向切面编程的实现,允许定义方法拦截器和切入点,将代码按照功能进行分离,以降低耦合性。

(2) Aspects 模块。

Aspects 模块提供与 AspectJ 的集成,是一个功能强大且成熟的面向切面编程(AOP)框架。

(3) Instrumentation 模块。

Instrumentation 模块提供类工具的支持和类加载器的实现,可以在特定的应用服务器中使用。

（4）Messaging 模块。

Messaging 模块为 STOMP 提供支持作为在应用程序中 WebSocket 子协议的使用。它也支持一个注解编程模型，它是为了路由和处理来自 WebSocket 客户端的 STOMP 信息。

（5）Test 模块。

Test 模块支持 Spring 组件，使用 JUnit 或 TestNG 框架进行测试。

6.3　Spring 开发环境的搭建

6.3.1　下载 Spring

从网址 https://repo.spring.io/release/org/springframework/spring/下载最新版本的 Spring 框架的二进制文件，例如下载 spring-5.2.5.RELEASE-dist.zip，如图 6-2 所示。

Index of release/org/springframework/spring/5.2.5.RELEASE

Name	Last modified	Size
../		
spring-5.2.5.RELEASE-dist.zip	24-Mar-2020 11:32	82.18 MB
spring-5.2.5.RELEASE-docs.zip	24-Mar-2020 11:32	39.75 MB
spring-5.2.5.RELEASE-schema.zip	24-Mar-2020 11:32	60.70 KB
spring-5.2.5.RELEASE.pom	24-Mar-2020 11:32	1.45 KB
spring-5.2.5.RELEASE.pom.asc	24-Mar-2020 11:55	475 bytes

Artifactory Online Server at repo.spring.io Port 443

图 6-2　下载最新版本的 Spring 框架的二进制文件

例如子目录 spring-5.2.5.RELEASE-dist.zip 解压后，它内置的目录结构如图 6-3 所示。

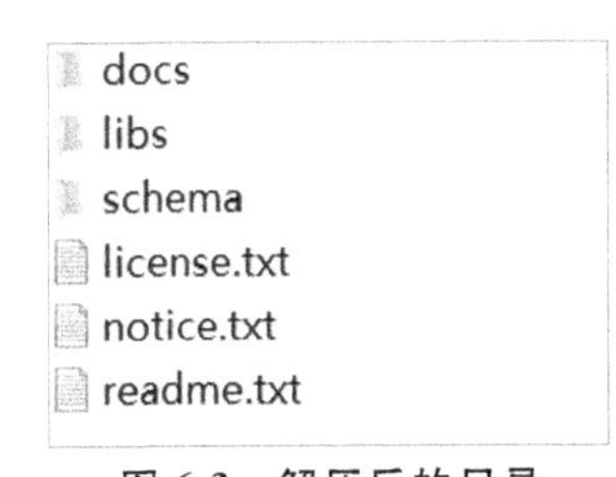

图 6-3　解压后的目录

docs 目录包含 Spring 的 API 文档和开发规范。

libs 目录包含开发需要的 JAR 包和源码包。

schema 目录包含开发所需要的 schema 文件，在这些文件中定义了 Spring 相关配置文件的约束。

libs 目录中发现包含所有的 Spring 库，如图 6-4 所示。

从网址 http://commons.apache.org/proper/commons-logging/download_logging.cgi 下载 commons-logging 包。该 JAR 包目前的最新版本为 commons-logging.1.2，下载完成后，解压即可找到。

6.3.2　Spring 框架配置

在 libs 目录中包含 Spring 框架提供的所有 JAR 文件。

Spring 框架分为以下几大模块。

Core 核心模块负责管理组件的 Bean 对象。

- Beans：spring-beans-5.2.5.RELEASE.jar。

spring-aop-5.2.5.RELEASE.jar
spring-aop-5.2.5.RELEASE-javadoc.jar
spring-aop-5.2.5.RELEASE-sources.jar
spring-aspects-5.2.5.RELEASE.jar
spring-aspects-5.2.5.RELEASE-javadoc.jar
spring-aspects-5.2.5.RELEASE-sources.jar
spring-beans-5.2.5.RELEASE.jar
spring-beans-5.2.5.RELEASE-javadoc.jar
spring-beans-5.2.5.RELEASE-sources.jar
spring-context-5.2.5.RELEASE.jar
spring-context-5.2.5.RELEASE-javadoc.jar
spring-context-5.2.5.RELEASE-sources.jar
spring-context-indexer-5.2.5.RELEASE.jar
spring-context-indexer-5.2.5.RELEASE-javadoc.jar
spring-context-indexer-5.2.5.RELEASE-sources.jar
spring-context-support-5.2.5.RELEASE.jar
spring-context-support-5.2.5.RELEASE-javadoc.jar
spring-context-support-5.2.5.RELEASE-sources.jar
spring-core-5.2.5.RELEASE.jar
spring-core-5.2.5.RELEASE-javadoc.jar
spring-core-5.2.5.RELEASE-sources.jar
spring-expression-5.2.5.RELEASE.jar
spring-expression-5.2.5.RELEASE-javadoc.jar
spring-expression-5.2.5.RELEASE-sources.jar
spring-instrument-5.2.5.RELEASE.jar
spring-instrument-5.2.5.RELEASE-javadoc.jar
spring-instrument-5.2.5.RELEASE-sources.jar
spring-jcl-5.2.5.RELEASE.jar
spring-jcl-5.2.5.RELEASE-javadoc.jar

图 6-4 libs 目录

- Core：spring-core-5. 2. 5. RELEASE. jar。
- Context：spring-context-5. 2. 5. RELEASE. jar。
- Expression：spring-expression-5. 2. 5. RELEASE. jar。
- Context support：spring-context-support-5. 2. 5. RELEASE. jar。

面向切面编程。

- Aop：spring-aop-5. 2. 5. RELEASE. jar。
- Aspects：spring-aspects-5. 2. 5. RELEASE. jar。

数据访问和集成。

- JDBC：spring-jdbc-5. 2. 5. RELEASE. jar。
- Transaction：spring-tx-5. 2. 5. RELEASE. jar。
- ORM：spring-orm-5. 2. 5. RELEASE. jar。
- OXM：spring-oxm-5. 2. 5. RELEASE. jar。
- Messaging：spring-messaging-5. 2. 5. RELEASE. jar。
- JMS：spring-jms-5. 2. 5. RELEASE. jar。

Web 模块。

- Web：spring-web-5. 2. 5. RELEASE. jar。
- Web Servlet：spring-webmvc-5. 2. 5. RELEASE. jar。
- Web portlet：spring-webmvc-portlet-5. 2. 5. RELEASE. jar。
- Web Socket：spring-websocket-5. 2. 5. RELEASE. jar。

Instrumentation（工具）：使用场景非常有限，主要提供了为 JVM 添加代理的功能。

- Instrumentation：spring-instrument-5. 2. 5. RELEASE. jar。

测试。

- Test：spring-test-5. 2. 5. RELEASE. jar。

Core 模块中的四个核心组件的用途如下。

spring-core-5. 2. 5. RELEASE. jar 包含 Spring 框架基本的核心工具类，Spring 其他组件都要用到这个包中的类，是其他组件的基本核心。

spring-beans-5. 2. 5. RELEASE. jar 是所有应用都要用到的，包含访问配置文件、创建和管理 Bean 以及执行与 IoC（inversion of control）或者 DI（dependency injection）操作相关的所有类。

spring-context-5. 2. 5. RELEASE. jar 提供在基础 IoC 功能上的扩展服务，此外还提供许多企业级服务的支持，如邮件服务、任务调度、JNDI 定位、EJB 集成、远程访问、缓存以及各种视图层框架的封装等。

spring-expression-5. 2. 5. RELEASE. jar 定义了 Spring 的表达式语言。

使用 Spring 框架时，只需将 Spring 的四个基础包以及处理日志信息的 commons-logging-1. 2. jar 包复制到项目的 lib 目录，并发布到类路径中即可。

6.4　Spring 开发过程

6.4.1　创建项目

在 Eclipse 中创建动态 Web 项目 spring1，将 Spring 框架所需的 JAR 包复制到项目的 lib 目录中，选中所有的 JAR 包，右击 build path，将 JAR 包添加到类路径下，添加后的项目如图 6-5 所示。

图 6-5　添加后的项目结构

6.4.2　创建接口

在项目的 src 目录下创建一个名为 com. system 的包，然后在该包中创建一个名为 UserDao 的接口，并在该接口中添加一个 sayHello()方法，代码如下：

```
package com.system;
public interface UserDao {
    public void sayHello();
}
```

6.4.3　创建接口实现类

在 com. system 包下创建 UserDao 的实现类 UserDaoImpl，编辑后的代码如下：

```
package com.system;
public class UserDaoImpl implements UserDao{
    public void sayHello() {
        System.out.println("Hello world! ");
    }
}
```

6.4.4 创建配置文件

在src目录下创建Spring的核心配置文件applicationContext.xml,代码如下:

```
<?xml version="1.0" encoding="UTF-8"?>
```

添加信息,编辑后的代码如下所示:

```
<?xml version="1.0" encoding="UTF-8"?>
<beans xmlns="http://www.springframework.org/schema/beans"
    xmlns:xsi="http://www.w3.org/2001/XMLSchema-instance"
    xsi:schemaLocation="http://www.springframework.org/schema/beans
    http://www.springframework.org/schema/beans/spring-beans.xsd">
    <!--将指定类配置给Spring,让Spring创建其对象的实例-->
    <bean id="userDao" class="com.system.UserDaoImpl"/>
</beans>
```

上述代码中,第2～5行代码是Spring的约束配置;第7行代码表示在Spring容器中创建一个id为userDao的Bean实例,其中id表示文件中的唯一标识符,class属性表示指定需要实例化Bean的类的限定名称(包名+类名)。

Spring的配置文件名称是可以自定义的,通常情况下,会将配置文件命名为applicationContext.xml(或bean.xml)。

6.4.5 编写测试类

在com.system包下创建测试类Test,编辑后的代码如下所示:

```
package com.system;
import org.springframework.context.ApplicationContext;
import org.springframework.context.support.ClassPathXmlApplicationContext;
public class Test {
    public static void main(String[] args) {
        ApplicationContext applicationContext=
            new ClassPathXmlApplicationContext("applicationContext.xml");
        UserDao userDao= (UserDao)applicationContext.getBean("userDao");
        userDao.sayHello();
    }
}
```

上述代码中首先定义了 Spring 配置文件的路径，然后创建了 Spring 容器，其次通过 Spring 容器获取了 userDao 实例，最后调用实例的 sayHello()方法。

6.4.6　运行项目

选择 Test 类，右击 Run As→Java Application，控制台的输出结果如图 6-6 所示。

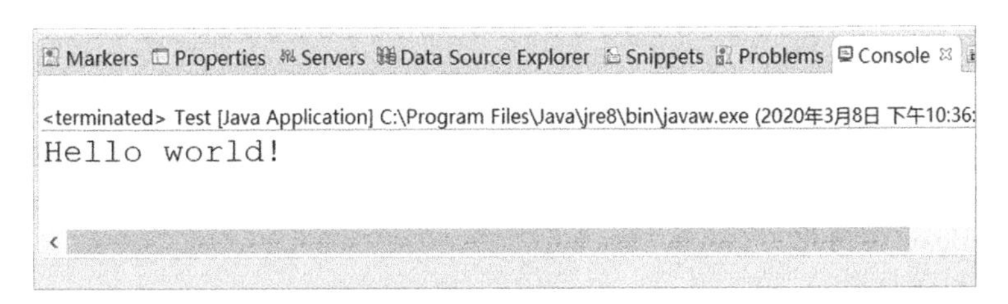

图 6-6　运行结果

从图 6-6 的输出结果中可以看出，程序已经成功输出了“Hello world!”语句。程序执行时，对象的创建并不是通过 new 运算符创建类的实例化完成的，而是由 Spring 容器管理实现的。这就是 Spring IoC 容器思想的工作机制。

6.5　小结

本章首先介绍了 Spring 的发展历史、特点和作用，分析了 Spring 体系结构；然后介绍了相关概念，主要包括 Spring 框架的各个模块和主要作用等内容；最后通过一个实例分析了 Spring 的开发步骤。通过本章的学习，读者能够了解 Spring 的基本原理，并对 Spring 开发有一个初步印象，为后面的学习打下基础。

习　题　6

1. 简述 Spring 框架采用的分层架构。
2. 简述 Spring 框架 Core 核心模块中各组件的作用。
3. 下面关于 Spring 的说法正确的是(　　)。

A. Spring 是一个重量级的框架

B. Spring 是一个轻量级的框架

C. Spring 是一个 IoC 和 AOP 容器

D. Spring 是一个入侵式的框架

第 7 章　Spring 关键技术

学习目标

- Spring IoC 和 DI；
- 依赖注入；
- Spring Bean 实例化；
- 面向切面编程；
- Spring JDBC；
- Spring 事务管理。

7.1　Spring IoC 和 DI

7.1.1　概述

Java 程序中的每个业务逻辑至少需要两个或两个以上的对象来协作完成。通常，每个对象在使用其合作对象时，自己均要使用像 new object()这样的语法来完成合作对象的申请工作。你会发现，对象间的耦合度高了。

例如，我们要在 class A 中使用 class B 的对象，则需要显式地使用 new 运算符实例化创建对象，代码如下：

```
public class A {
    B b=new B(arg1,arg2);
}
```

如果 class B 发生了变化，那么相应地也需要修改 class A 的代码。在一个项目中，各个类之间的依赖关系可能十分复杂，具有很高的“耦合度”。

IoC 是解决这个问题的一种方式，即把对象的创建交给一个外界的实体(也就是 Spring 的配置文件)。这样，在我们修改了 class B 后，只需要相应地修改配置文件，而不需要再管别的地方了。Spring 容器主要做这些相互依赖对象的创建、协调工作。对象只需要关心业务逻辑本身就可。从这方面来说，对象如何得到其协作对象的责任被反转了。

所以，在传统的方式下，我们通过 new 关键字主动创建一个对象。

但在 IoC 方式下，对象的生命周期由 Spring 来管理，直接从 Spring 那里去获取一个对象。IoC 是 inversion of control 的缩写，意思为控制反转，就像控制权本来在你自己手里，然后交给了 Spring。

IoC 是 Spring 的基础，对象的协作关系由对象自己负责。简单来说，就是创建对象由以前的程序员自己 new 构造方法来调用，变成由 Spring 创建对象。

Spring依赖注入(dependency inject,DI)来管理各层的组件。简单来说,就是拿到的对象的属性已经被注入好相关值了,直接使用即可。对象的协作关系由容器来建立。

实现控制反转的方式主要是DI(dependency injection,依赖注入),即在创建class A的对象a时把所需要class B的对象b注入a对应的属性中。

IoC是指在程序开发中,实例的创建不再由调用者管理,而是由Spring容器来创建。Spring容器会负责控制程序之间的关系,而不是由程序代码直接控制,因此,控制权由程序代码转移到了Spring容器中,控制权发生了反转,把强耦合的代码依赖从代码中移出去了,放到了统一的XML配置文件中,将程序对组件的主要控制权交给了IoC,由IoC统一加载和管理。这就是Spring的IoC思想。

IoC指导我们如何设计出松耦合、更优良的程序。传统应用程序都是由我们在类内部主动创建依赖对象,从而导致类与类之间的高耦合,难以测试。有了IoC容器后,把创建和查找依赖对象的控制权交给了容器,由容器进行注入组合对象,所以对象与对象之间是松散耦合,这样也方便测试,利于功能复用,更重要的是让程序的整个体系结构变得非常灵活。

依赖注入与控制反转的含义相同,只不过这两个称呼是从两个不同的角度来描述同一个概念。当某个Java实例需要另一个Java实例时,传统的方法是由调用者创建被调用者的实例(例如,使用new关键字获得被调用者的实例),而使用Spring框架后,被调用者的实例不再由调用者创建,而是由Spring容器创建,这称为控制反转。Spring容器在创建被调用者的实例时,会自动将调用者需要的对象实例注入给调用者,这样,调用者通过Spring容器获得被调用者的实例,这称为依赖注入。

7.1.2 Spring IoC容器

Spring框架的主要功能是通过其核心容器来实现的。容器可以创建对象,再将它们连接在一起,配置它们,并管理它们从创建到销毁的整个生命周期。

IoC是一个具有依赖注入功能的容器,它可以创建对象,并负责实例化、定位、配置应用程序中的对象及建立这些对象间的依赖。

Spring通过配置文件描述Bean及Bean之间的依赖关系,利用Java语言的反射功能实例化Bean并建立Bean之间的依赖关系。Spring的IoC容器在完成这些底层工作的基础上,还提供了Bean实例缓存、生命周期管理、Bean实例代理、事件发布、资源装载等高级服务。

Spring提供了两种IoC容器,分别为BeanFactory和ApplicationContext。BeanFactory是Spring框架的基础设施,面向Spring本身;ApplicationContext面向使用Spring框架的开发者,通常我们都直接使用ApplicationContext而非底层的BeanFactory。

1. BeanFactory

这是一个最简单的容器,它的主要功能是为依赖注入(DI)提供支持,这个容器接口在org.springframework.beans.factory.BeanFactory中被定义。简单来说,BeanFactory就是一个管理Bean的工厂,它主要负责初始化各种Bean,并调用它们的生命周期方法。BeanFactory和相关的接口,比如BeanFactoryAware、DisposableBean、InitializingBean,仍旧保留在Spring中,主要目的是向后兼容已经存在的和那些Spring整合在一起的第三方框架。

在 Spring 中,有大量对 BeanFactory 接口的实现。其中,最常被使用的是 XmlBeanFactory 类。BeanFactory 容器从一个 XML 文件中读取配置元数据,由这些元数据来生成一个被配置化的系统或者应用。

创建 BeanFactory 实例时,需要提供 Spring 所管理容器的详细配置信息,这些信息通常采用 XML 文件形式管理。其加载配置信息的代码具体如下所示:

```
BeanFactory beanFactory=new XmlBeanFactory(new FileSystemResource
    ("D://applicationContext.xml"));
```

在资源宝贵的移动设备或者基于 Applet 的应用当中,BeanFactory 会被优先选择。

2. ApplicationContext

在 BeanFactory 中,很多功能需要以编程的方式实现;而在 ApplicationContext 中,则可以通过配置的方式实现。

ApplicationContext 是 BeanFactory 的子接口,也被称为应用上下文,它提供了更多面向实际应用的功能。该接口的全路径为 org. springframework. context. ApplicationContext,它不仅提供了 BeanFactory 的所有功能,还提供了更完整的框架功能。

(1) 继承 MessageSource,因此支持国际化。

(2) 统一的资源文件访问方式。

(3) 提供在监听器中注册 Bean 的事件。

(4) 同时加载多个配置文件。

(5) 载入多个(有继承关系)上下文,使得每一个上下文都专注于一个特定的层次,比如应用的 Web 层。

ApplicationContext 接口有两个常用的实现类,具体如下。

(1) ClassPathXmlApplicationContext。

该类从类路径 ClassPath 中寻找指定的 XML 配置文件,找到并装载完成 ApplicationContext 的实例化工作,具体代码如下所示。

```
ApplicationContext applicationContext=
    new ClassPathXmlApplicationContext("applicationContext.xml");
```

(2) FileSystemXmlApplicationContext。

该类从指定的文件系统路径中寻找指定的 XML 配置文件,找到并装载完成 ApplicationContext 的实例化工作,具体如下所示。

```
String path="文件绝对路径";
ApplicationContext applicationContext=
    new FileSystemXmlApplicationContext(path);
```

从上面的代码可以看到,它与 ClassPathXmlApplicationContext 的区别是:读取配置文件时,FileSystemXmlApplicationContext 不再从类路径中读取配置文件,而是通过参数指定配置文件的位置,它可以获取类路径之外的资源,如"F:/workspaces/applicationContext. xml"。

使用 Spring 框架时,可以通过实例化中任何一个类创建 Spring 的 ApplicationContext 容器。

在第 6 章的例子中有如下代码：

```
ApplicationContext applicationContext=
    new ClassPathXmlApplicationContext("applicationContext.xml");
UserDao userDao=(UserDao)applicationContext.getBean("userDao");
```

首先通过实例化 ClassPathXmlApplicationContext 类得到 ApplicationContext 接口对象，创建 Spring 容器，接着通过该 Spring 容器的 getBean()方法获取 userDao 实例。

在 Java 项目中，通常会采用通过 ClassPathXmlApplicationContext 类实例化 ApplicationContext 容器的方式；而在 Web 项目中，ApplicationContext 容器的实例化工作会交由 Web 服务器完成。

BeanFactory 和 ApplicationContext 都是通过 XML 配置文件加载 Bean 的。二者的主要区别在于，如果 Bean 的某一个属性没有注入，则使用 BeanFactory 加载后，在第一次调用 getBean()方法时会抛出异常，而 ApplicationContext 则在初始化时自检，这样有利于检查所依赖的属性是否注入。

因此，在实际开发中，通常选择使用 ApplicationContext，而只有在系统资源较少时才考虑使用 BeanFactory。本书中使用的就是 ApplicationContext。

7.1.3　Spring Bean 的配置

作为 Spring 核心机制的依赖注入，改变了传统的编程习惯，对组件的实例化不再由应用程序完成，转而交由 Spring 容器完成，在需要时注入应用程序中，从而对组件之间的依赖关系进行了解耦。Spring 容器使用依赖注入(DI)来管理组成一个应用程序的组件。这些对象被称为 Spring Beans，Spring 配置文件中使用〈bean〉元素进行管理。

Spring 容器可以看成是一个大工厂，而 Spring 容器中的 Bean 就相当于该工厂中的产品。如果希望这个大工厂能够生产和管理 Bean，这时则要告诉容器需要哪些 Bean，以及需要以何种方式将这些 Bean 装配到一起。

Spring 配置文件支持两种不同的格式，分别是 XML 文件格式和 Properties 文件格式。

通常情况下，Spring 会以 XML 文件格式作为 Spring 的配置文件，这种配置方式通过 XML 文件注册并管理 Bean 之间的依赖关系。

XML 格式配置文件的根元素是〈beans〉，该元素包含了多个〈bean〉子元素，每一个〈bean〉子元素定义了一个 Bean，并描述了该 Bean 如何被装配到 Spring 容器中。

定义 Bean 的示例代码如下所示：

```
<?xml version="1.0" encoding="UTF-8"?>
<beans xmlns="http://www.springframework.org/schema/beans"
    xmlns:xsi="http://www.w3.org/2001/XMLSchema-instance"
    xmlns:p="http://www.springframework.org/schema/p"
    xsi:schemaLocation="http://www.springframework.org/schema/beans
    http://www.springframework.org/schema/beans/spring-beans.xsd">
    <!--使用 id 属性定义 book 1，其对应的实现类为 com.Book1-->
    <bean id="book1" class="com.Book1"/>
```

```
    <!--使用 name 属性定义 book 2,其对应的实现类为 com.Book2-->
    <bean name=" book 2" class="com.Book2"/>
</beans>
```

在上述代码中,分别使用 id 和 name 属性定义了两个 Bean,并使用 class 元素指定了 Bean 对应的实现类。

〈bean〉元素中包含很多属性,其常用属性如下所示。

id:Bean 的唯一标识符,Spring 容器对 Bean 的配置和管理都通过该属性完成。

name:Spring 同样可以通过此属性对容器中的 Bean 进行配置和管理,name 属性可以为 Bean 指定多个名称,每个名称之间用逗号或分号隔开。

class:指定了 Bean 的具体实现类,它必须是一个完整的类名,使用类的全限定名。

scope:用于设定 Bean 实例的作用域,其属性值有 singleton(单例)、prototype(原型)、request、session 和 global session。其默认值是 singleton。

constructor-arg:〈bean〉元素的子元素,可以使用此元素传入构造参数进行实例化。constructor-arg 元素的 index 属性用于指定构造参数的序号(从 0 开始),type 属性用于指定构造参数的类型。

property:〈bean〉元素的子元素,用于调用 Bean 实例中的 setter()方法完成属性赋值,从而完成依赖注入。property 元素的 name 属性用于指定 Bean 实例中的相应属性名。

ref:〈property〉和〈constructor-arg〉等元素的子元素,该元素中的 bean 属性用于指定对 Bean 工厂中某个 Bean 实例的引用。

value:〈property〉和〈constructor-arg〉等元素的子元素,用于直接指定一个常量值。

list:用于封装 List 或数组类型的依赖注入。

set:用于封装 Set 类型属性的依赖注入。

map:用于封装 Map 类型属性的依赖注入。

entry:〈map〉元素的子元素,用于设置一个键值对。其 key 属性用于指定字符串类型的键值,ref 或 value 子元素用于指定其值。

控制反转(IoC)是将对象的创建权交由 Spring 容器管理。依赖注入(DI)是在 Spring 创建对象的过程中,由容器动态地将某个依赖关系注入组件之中。

依赖注入并不是为了给软件系统提供更多的功能,而是为了提升组件重用的频率,并为系统搭建一个灵活的、可扩展的平台。

通过依赖注入机制,我们只需要通过简单的配置,而无需任何代码就可指定目标需要的资源来完成自身的业务逻辑,也不需要关心具体的资源来自何处,由谁实现。下面就来学习如何将属性注入类中。依赖注入的类型有 Bean 的属性注入、Bean 的构造函数注入和 Bean 的注解注入。

7.2 依赖注入

7.2.1 Bean 的属性注入

property 标签表示属性注入,属性注入是指 IoC 容器通过成员变量的 setter 方法来注入被依赖对象。配置文件中的 name 属性必须和成员变量属性名称一致，系统会把此属性作为 setXXX()的参数传入调用者。

1. setter 注入

【例 7-1】 Bean 的属性注入。

下面通过属性 setter 注入的案例演示 Spring 容器是如何实现依赖注入的。具体步骤如下。

(1) 创建 Web 应用项目及导入包。

在 Eclipse 中创建动态 Web 项目 spring1，将 Spring 框架所需的 JAR 包复制到项目的 lib 目录中，选中所有的 JAR 包，右击 build path，将 JAR 包添加到类路径下，添加后的项目如图 7-1 所示。

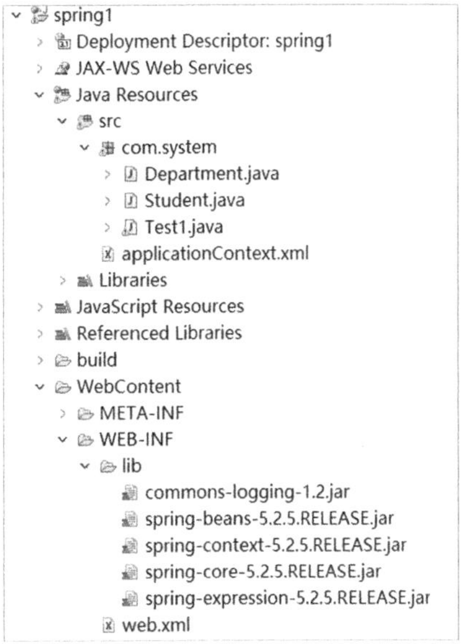

spring1
Deployment Descriptor: spring1
JAX-WS Web Services
Java Resources
src
com.system
Department.java
Student.java
Test1.java
applicationContext.xml
Libraries
JavaScript Resources
Referenced Libraries
build
WebContent
META-INF
WEB-INF
lib
commons-logging-1.2.jar
spring-beans-5.2.5.RELEASE.jar
spring-context-5.2.5.RELEASE.jar
spring-core-5.2.5.RELEASE.jar
spring-expression-5.2.5.RELEASE.jar
web.xml

图 7-1　spring1 项目结构

(2) 创建 Student 类。

在 Student 类中添加一个包含 name、sex、age 参数和对应的 getter、setter 方法，代码如下：

```
package com.system;
public class Student {
    private String name;
    private String sex;
    private int age;
    public String getName() {
        return name;
    }
    public void setName(String name) {
        this.name=name;
    }
    public String getSex() {
        return sex;
    }
    public void setSex(String sex) {
        this.sex=sex;
    }
    public int getAge() {
        return age;
    }
    public void setAge(int age) {
        this.age=age;
    }
    @Override
    public String toString() {
        return "Student [name=" +name +",
            sex=" +sex+", age=" +age +"]";
    }
}
```

（3）在 applicationContext. xml 中添加配置信息。

在 applicationContext. xml 配置文件中使用 property 将 Student 类对象 stu 的值注入，代码如下：

```
<?xml version="1.0" encoding="UTF-8"?>
<beans xmlns="http://www.springframework.org/schema/beans"
    xmlns:xsi="http://www.w3.org/2001/XMLSchema-instance"
    xsi:schemaLocation="http://www.springframework.org/schema/beans
    http://www.springframework.org/schema/beans/spring-beans.xsd">
    <bean id="stu" class="com.system.Student">
        <property name="name" value="张三"> </property>
        <property name="sex" value="男"> </property>
        <property name="age" value="19"> </property>
    </bean>
</beans>
```

（4）编写测试类 Test1。

在 Test1 中获取 Student 对象，并通过 toString()方法输出结果，代码如下：

```
package com.system;
import org.springframework.context.ApplicationContext;
import org.springframework.context.support.ClassPathXmlApplicationContext;
public class Test1 {
    public static void main(String[] args) {
        //初始化 Spring 容器，加载配置文件
        ApplicationContext applicationContext=
            new ClassPathXmlApplicationContext("applicationContext.xml");
        //通过容器获取 Student 实例
        Student stu= (Student) applicationContext.getBean("stu");
        //调用 stu 的 toString()方法
        System.out.println(stu.toString());
    }
}
```

（5）运行项目并查看结果。

选择 Test1 类，右击 Run As→Java Application，控制台的输出结果如图 7-2 所示。

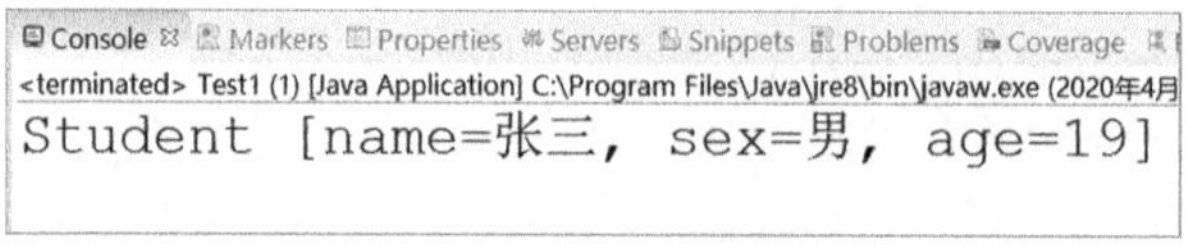
Console
Markers
Properties
Servers
Snippets
Problems
Coverage
<terminated> Test1 (1) [Java Application] C:\Program Files\Java\jre8\bin\javaw.exe (2020年4月
Student [name=张三, sex=男, age=19]

图 7-2　运行 Test1 类后控制台的输出结果

2. ref 属性

当需要关联 Bean 时，可以使用 ref 属性，值就是你所需要关联的 Bean 对象的 id。例如，在上面的项目中，创建 Student 的时候注入一个 Department 对象。

定义 Department 类，使用属性注入方式的前提是在类文件中必须有 setXXX()方法，代码如下：

```
package com.system;
public class Department {
    private String depname;
    public String getDepname() {
        return depname;
    }
    public void setDepname(String depname) {
        this.depname=depname;
    }
    @Override
    public String toString() {
        return "Department [depname=" +depname +"]";
    }
}
```

在 Student 类中增加系别属性 dep，修改后的代码如下：

```
package com.system;
public class Student {
    private String name;
    private String sex;
    private int age;
    private Department dep;
    public String getName() {
        return name;
    }
    public void setName(String name) {
        this.name=name;
    }
    public String getSex() {
        return sex;
    }
    public void setSex(String sex) {
        this.sex=sex;
    }
    public int getAge() {
        return age;
    }
    public void setAge(int age) {
        this.age=age;
    }
    public Department getDep() {
```

```
        return dep;
    }
    public void setDep(Department dep) {
        this.dep=dep;
    }
    @Override
    public String toString() {
        return "Student [name=" +name +", sex=" +sex
            +", age=" +age
            +", dep=" +dep +"]";
    }
}
```

在 applicationContext.xml 配置文件中添加一个〈bean〉元素，用于实例化 Department 类，并将 dep 实例注入 stu 中，这时使用 ref 属性，值就是 dep bean 对象的 id。修改后的代码如下：

```
<bean id="dep" class="com.system.Department">
    <property name="depname" value="计算机系"> </property>
</bean>
<bean id="stu" class="com.system.Student">
    <property name="name" value="张三"> </property>
    <property name="sex" value="男"> </property>
    <property name="age" value="19"> </property>
    <property name="dep" ref="dep"> </property>
</bean>
```

再次运行测试类 Test1，控制台的输出结果如图 7-3 所示。

```
<terminated> Test1 [Java Application] C:\Program Files\Java\jre8\bin\javaw.exe (2020年4月25日 下午6:24:33)
Student [name=张三, sex=男, age=19, dep=Department [depname=计算机系]]
```

图 7-3　运行测试类 Test1 后控制台的输出结果 1

3. 名称空间 p 注入属性

Spring 2.5 版本引入了名称空间 p，代码如下：

```
p:<属性名>="xxx"            //引入常量值
p:<属性名>-ref="xxx"        //引用其他 Bean 对象
```

使用前需先引入名称空间，代码如下：

```
<beans xmlns="http://www.springframework.org/schema/beans"
    xmlns:p="http://www.springframework.org/schema/p"
    xmlns:xsi=http://www.w3.org/2001/XMLSchema-instance
    xsi:schemaLocation="http://www.springframework.org/schema/beans
```

```
    http://www.springframework.org/schema/beans/spring-beans.xsd">
    <bean id="car" class="com.entity.Car" p:name="宝马" p:price="400000"/>
    <bean id="person" class="com.entity.Person" p:name=
        "童童" p:car-ref="car"/>
</beans>
```

4. SpEL 注入属性

Spring 3.0 提供了注入属性方式：

```
<bean id="car" class="com.entity.Car">
    <property name="name" value="#{'大众'}"> </property>
    <property name="price" value="#{'120000'}"> </property>
</bean>
```

7.2.2　Bean 的构造函数注入

使用设值注入时，在 Spring 配置文件中，需要使用〈bean〉元素的子元素〈property〉为每个属性注入值。而使用构造注入时，在配置文件中，主要使用〈constructor-arg〉标签定义构造方法的参数，可以使用其 value 属性(或子元素)设置该参数的值。

〈constructor-arg〉标签表示构造函数注入，在 Spring 4.x 版本后，〈constructor-arg〉标签是没有 name 属性的，ref 属性值的含义与属性注入一样，会把对象作为构造函数的参数注入调用者对象内，index 属性对应的值是构造函数参数的下标(index 属性可省略不写，效果一样)。

【例 7-2】 Bean 的构造函数注入。

(1) 创建 Web 应用项目及导入包。

在 Eclipse 中创建动态 Web 项目 spring2，将 Spring 框架所需的 JAR 包复制到项目的 lib 目录中，选中所有的 JAR 包，右击 build path，将 JAR 包添加到类路径下，添加后的项目如图 7-4 所示。

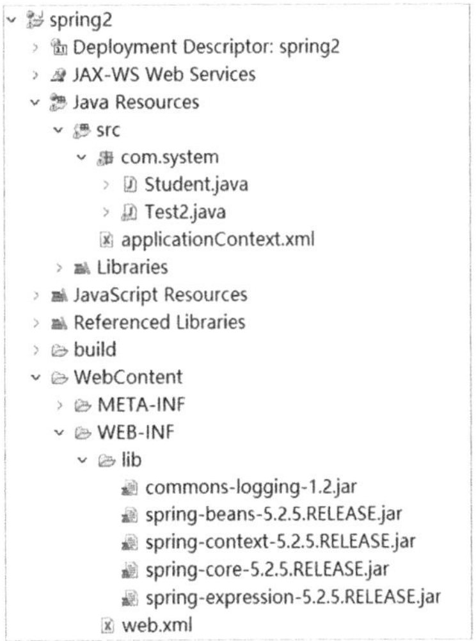

```
spring2
  Deployment Descriptor: spring2
  JAX-WS Web Services
  Java Resources
    src
      com.system
        Student.java
        Test2.java
      applicationContext.xml
    Libraries
  JavaScript Resources
  Referenced Libraries
  build
  WebContent
    META-INF
    WEB-INF
      lib
        commons-logging-1.2.jar
        spring-beans-5.2.5.RELEASE.jar
        spring-context-5.2.5.RELEASE.jar
        spring-core-5.2.5.RELEASE.jar
        spring-expression-5.2.5.RELEASE.jar
      web.xml
```

图 7-4　spring2 项目结构

(2) 创建 Student 类。

在 Student 类中添加一个包含 name、age 参数的有参构造函数，代码如下：

```
package com.system;
public class Student {
    private String name;
    private int age;
    public Student(String name,int age) {
        super();
        this.name=name;
        this.age=age;
    }
    public String toString() {
```

```
        return "Student [name=" +name +", age=" +age +"]";
    }
}
```

(3) 在 applicationContext. xml 中添加配置信息。

在 applicationContext. xml 配置文件中采用有参构造函数的方式将 Student 类注入，代码如下：

```
<?xml version="1.0" encoding="UTF-8"?>
<beans xmlns="http://www.springframework.org/schema/beans"
    xmlns:xsi="http://www.w3.org/2001/XMLSchema-instance"
    xsi:schemaLocation="http://www.springframework.org/schema/beans
    http://www.springframework.org/schema/beans/spring-beans.xsd">
    <bean id="stu" class="com.system.Student">
        <constructor-arg index="0" value="张三"> </constructor-arg>
        <constructor-arg index="1" value="19"> </constructor-arg>
    </bean>
</beans>
```

(4) 编写测试类 Test2。

在 Test2 中获取 Student 对象，并通过 toString()方法输出结果，代码如下：

```
package com.system;
import org.springframework.context.ApplicationContext;
import org.springframework.context.support.ClassPathXmlApplicationContext;
public class Test2 {
    public static void main(String[] args) {
        //初始化 Spring 容器,加载配置文件
        ApplicationContext applicationContext=
            new ClassPathXmlApplicationContext("applicationContext.xml");
        //通过容器获取 Student 实例
        Student stu=(Student) applicationContext.getBean("stu");
        //调用 stu 的 toString()方法
        System.out.println(stu.toString());
    }
}
```

(5) 运行项目并查看结果。

选择 Test2 类，右击 Run As→Java Application，控制台的输出结果如图 7-5 所示。

```
Console ⌧ JUnit Markers Properties Servers Snippets Problems
<terminated> Test2 [Java Application] C:\Program Files\Java\jre8\bin\javaw.exe (2020年
Student [name=张三, age=19]
```

图 7-5　运行 Test2 类后控制台的输出结果

7.2.3　Bean的注解注入

前面介绍的两种方法都要在Java代码里编写方法来实现依赖注入，这样非常麻烦，为了解决这个问题，注解注入应运而生，不需要再编写方法来实现，而是通过注解即可。

使用注解前，我们需要配置包扫描器，它会自动在classpath下扫描，侦测和实例化具有特定注解的组件。对于Bean的创建，Spring容器提供了以下四个注解的支持。

（1）@Component：基本注解，标识了一个受Spring管理的组件。可以使用此注解描述Spring中的Bean，但它是一个泛化的概念，仅表示一个组件（Bean），并且可以作用在任何层次。使用时只需将该注解标注在相应类上即可。

（2）@Repository：持久层实现类的注解。用于将数据访问层（DAO层）的类标识为Spring中的Bean，其功能与@Component的功能相同。

（3）@Service：服务层（业务层）实现类的注解，用于将业务层的类标识为Spring中的Bean，其功能与@Component的功能相同。

（4）@Controller：控制层实现类的注解，用于将控制层的类标识为Spring中的Bean，其功能与@Component的功能相同。

对于扫描到的组件，Spring有默认的命名策略，使用非限定类名，第一个字母小写，也可以在注解中通过value属性值标识组件的名称。当在组件类上使用了特定的注解后，还需要在Spring的配置文件中声明〈context:component-scan〉，代码如下：

```
<beans xmlns="http://www.springframework.org/schema/beans"
    xmlns:xsi="http://www.w3.org/2001/XMLSchema-instance"
    xmlns:context="http://www.springframework.org/schema/context"
    xsi:schemaLocation="http://www.springframework.org/schema/beans
    http://www.springframework.org/schema/beans/spring-beans.xsd
    http://www.springframework.org/schema/context
    http://www.springframework.org/schema/context/spring-context.xsd">
<!--配置包扫描器-->
    <context:component-scan base-package="com. entity">
    </context:component-scan>
</beans>
```

base-package属性是指一个需要扫描的基类包，Spring容器会扫描这个基类包里及其子包中的所有类。

当需要扫描多个包时，可以使用逗号分隔。

如果仅希望扫描特定的类，则可使用resource-pattern属性过滤特定的类。

【例7-3】　Bean的注解注入。

（1）创建Web应用项目及导入包。

在Eclipse中创建动态Web项目spring3，将Spring框架所需的JAR包复制到项目的lib目录中，除了前面的五个包外，还需加入包spring-aop-5.2.5.RELEASE.jar。选中所有的JAR包，右击build path，将JAR包添加到类路径下，添加后的项目如图7-6所示。

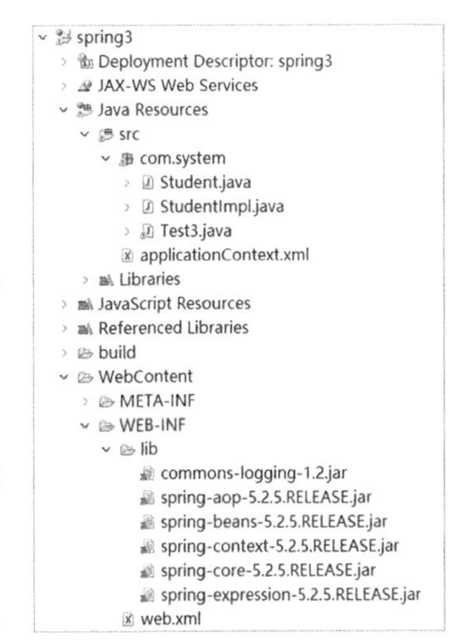

图7-6　spring3项目结构

(2) 创建 Student 接口。

在 com. system 包下创建 Student 接口,代码如下:

```
package com.system;
public interface Student {
}
```

(3) 创建 StudentImpl 类。

在 StudentImpl 类中配置好类的注解和类中所有属性注解,具体值为 student=Student [name=张三,age=19],代码如下:

```
package com.system;
import org.springframework.beans.factory.annotation.Value;
import org.springframework.stereotype.Component;
@Component("student")
public class StudentImpl implements Student {
    @Value("张三")
    private String name;
    @Value("19")
    private int age;
    @Override
    public String toString() {
        return "Student [name="+name+", age="+age+"]";
    }
}
```

(4) 在 applicationContext. xml 中添加配置信息。

在 applicationContext. xml 配置文件中配置包扫描器,注意要先配置好 context 标签才能使用扫描器,代码如下:

```
<?xml version="1.0" encoding="UTF-8"?>
<beans xmlns="http://www.springframework.org/schema/beans"
    xmlns:xsi="http://www.w3.org/2001/XMLSchema-instance"
    xmlns:context="http://www.springframework.org/schema/context"
    xsi:schemaLocation="http://www.springframework.org/schema/beans
    http://www.springframework.org/schema/beans/spring-beans.xsd
    http://www.springframework.org/schema/context
    http://www.springframework.org/schema/context/spring-context.xsd">
    <!--配置包扫描器开始-->
    <context:component-scan base-package=
        "com.system"></context:component-scan>
    <!--配置包扫描器结束-->
</beans>
```

(5) 编写测试类 Test3。

在 Test3 中获取 Student 对象,并通过 toString()方法输出结果,代码如下:

```
package com.system;
import org.springframework.context.ApplicationContext;
import org.springframework.context.support.ClassPathXmlApplicationContext;
public class Test3 {
    public static void main(String[] args) {
        //初始化 Spring 容器,加载配置文件
        ApplicationContext applicationContext=
            new ClassPathXmlApplicationContext("applicationContext.xml");
        //通过容器获取 Student 对象
        Student stu=
            (Student) applicationContext.getBean("student");
        //调用 stu 的 toString()方法
        System.out.println(stu.toString());
    }
}
```

(6) 运行项目并查看结果。

选择 Test3 类,右键 Run As→Java Application,控制台的输出结果如图 7-7 所示。

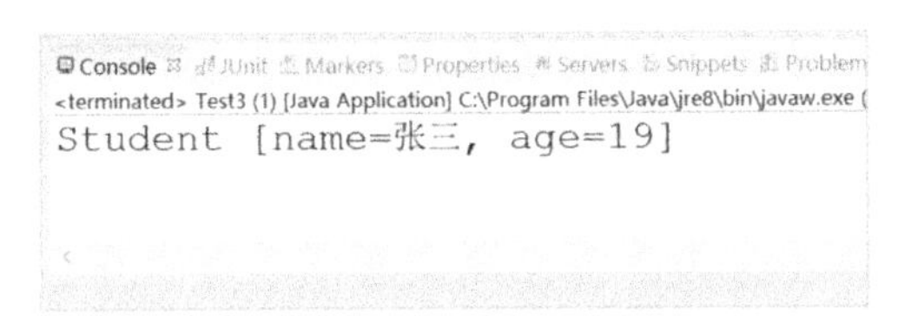

图 7-7　运行 Test3 类控制台的输出结果

对于 Bean 属性的依赖注入分为两类:一类是关于属性为 String 类型或者基本数据类型的,Spring 容器提供了@Value 这个注解,例 7-3 中就是使用了@Value 注解;另一类是关于属性为对象的,其提供了@Autowired 和@Resource 这两个注解。

其中,@Autowired 是 Spring 框架自带的注解;而@Resource(javax. annotation. Resource)是 javax 扩展包中的一种规范注解,Spring 对这一注解提供了支持。

如果需要基于注解配置 Bean 与 Bean 之间的关系,那么会用到@Autowired。

@Autowired,顾名思义,就是自动装配,其作用是消除 Java 代码里的 setter 方法与 Bean 中的 property 属性。用于对 Bean 的属性变量、属性的 set 方法及构造函数进行标注,配合对应的注解处理器完成 Bean 的自动配置工作。默认按照 Bean 的类型进行装配。

使用@Autowired 注解来自动装配指定的 Bean。在使用@Autowired 注解之前,需要在 Spring 配置文件中配置〈context:annotation-config/〉。在启动 Spring IoC 时,容器自动装载了一个 AutowiredAnnotationBeanPostProcessor 后置处理器,当容器扫描到@Autowired、@Resource 或@Inject 时,就会在 IoC 容器中自动查找需要的 Bean,并装配给该对象的属性。

在使用@Autowired 时,首先在容器中查询对应类型的 Bean:如果查询结果刚好为一个,就将该 Bean 装配给@Autowired 指定的数据。如果查询的结果不止一个,那么

@Autowired会根据名称来查找。如果上述查找的结果为空，那么会抛出异常，解决方法是使用 required=false。

@Autowired 可用于构造函数、成员变量、setter 方法。

@Autowired 和@Resource 之间的区别如下。

(1) @Autowired 默认是按照类型装配注入的，默认情况下，它要求依赖对象必须存在(可以设置它的 required 属性为 false)。

(2) @Resource 默认是按照名称来装配注入的，只有当找不到与名称匹配的 Bean 时，才会按照类型来装配注入。

@Autowired 示例代码如下：

```
@Component("teacher")
public class Teacher {
    @Autowired
    private Student student;
}
@Component("student")
public class Student {
}
```

如果是一个接口，且实现类有多个，还需要添加@Qualifier(value)进行指定，或者直接使用@Resource 指定。示例代码如下：

```
public interface Car{
    public String carName();
}
@Service("bmw")
public class BMW implements Car{
    public String carName(){
        return "BMW car";
    }
}
@Service("benz")
public class Benz implements Car{
    public String carName(){
        return "Benz car";
    }
}
@Service("carFactory")
public class CarFactory{
    @Autowired
    private Car car;
}
```

此时去获取 CarFactory 程序会报错，Car 接口有两个实现类，Spring 并不知道应当引用哪个实现类，所以此时需修改，代码如下：

```
@Service("carFactory")
public class CarFactory{
   /* @Autowired
      @Qualifier("bmw") */
      @Resource(name="bmw")
      private Car car;
}
```

指出使用类之后，输出：BMW car。

【例 7-4】 @Autowired 注解。

(1) 创建 Web 应用项目及导入包。

在 Eclipse 中创建动态 Web 项目 spring4，将 Spring 框架所需的 JAR 包复制到项目的 lib 目录中，除了前面的五个包之外，还需加入包 spring-aop-5. 2. 5. RELEASE. jar。选中所有的 JAR 包，右击 build path，将 JAR 包添加到类路径下，添加后的项目如图 7-8 所示。

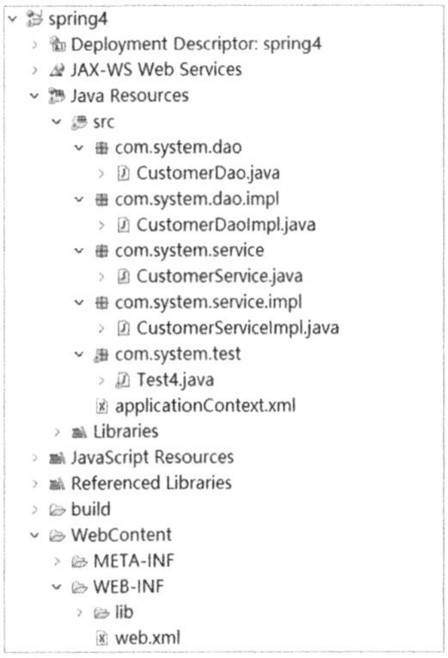

```
spring4
  Deployment Descriptor: spring4
  JAX-WS Web Services
  Java Resources
    src
      com.system.dao
        CustomerDao.java
      com.system.dao.impl
        CustomerDaoImpl.java
      com.system.service
        CustomerService.java
      com.system.service.impl
        CustomerServiceImpl.java
      com.system.test
        Test4.java
      applicationContext.xml
    Libraries
  JavaScript Resources
  Referenced Libraries
  build
  WebContent
    META-INF
    WEB-INF
      lib
      web.xml
```

图 7-8　spring4 项目结构

(2) 创建 CustomerDao 接口。

在 com. system. dao 包下创建 CustomerDao 接口，其中包含一个公有方法 save()，代码如下：

```
package com.system.dao;
public interface CustomerDao {
    public void save();
}
```

(3) 创建 CustomerDaoImpl 实现类。

在 com. system. dao. impl 包下创建 CustomerDaoImpl 类，该类实现 CustomerDao 接口。其中定义了 save()方法的实现，代码如下：

```
package com.system.dao.impl;

import org.springframework.stereotype.Repository;
import com.system.dao.CustomerDao;
@Repository(value="customerDao")
public class CustomerDaoImpl implements CustomerDao {
    @Override
    public void save() {
        System.out.println("执行了 CustomerDaoImpl 的 save()方法");
    }
}
```

(4) 创建 CustomerService 接口。

在 com. system. dao 包下创建 CustomerService 接口，其中包含一个公有方法 save()，

代码如下：

```
package com.system.service;
public interface CustomerService {
    public void save();
}
```

（5）创建 CustomerServiceImpl 实现类。

在 com. system. dao. impl 包下创建 CustomerServiceImpl 类，该类实现 CustomerDao 接口。其中定义了 save()方法的实现，代码如下：

```
package com.system.service.impl;

import org.springframework.beans.factory.annotation.Autowired;
import org.springframework.stereotype.Service;
import com.system.dao.CustomerDao;
import com.system.service.CustomerService;
@Service(value="customerService")
public class CustomerServiceImpl implements CustomerService {
    @Autowired
    private CustomerDao customerDao;

    @Override
    public void save() {
        customerDao.save();
    }
}
```

这里需要一个 CustomerDao 类型的属性，通过@Autowired 自动装配方式从 IoC 容器中查找到 CustomerDao 类型的实例，并返回给该属性。

（6）创建 applicationContext. xml 配置文件。

创建 applicationContext. xml 配置文件的代码如下：

```
<?xml version="1.0" encoding="UTF-8"?>
<beans xmlns="http://www.springframework.org/schema/beans"
xmlns:p="http://www.springframework.org/schema/p"
xmlns:context="http://www.springframework.org/schema/context"
    xmlns:xsi="http://www.w3.org/2001/XMLSchema-instance"
    xsi:schemaLocation="
        http://www.springframework.org/schema/beans
        http://www.springframework.org/schema/beans/spring-beans.xsd
        http://www.springframework.org/schema/context
        http://www.springframework.org/schema/context/spring-context.xsd">

    <!--开启 SpringIoC 注解扫描-->
    <context:component-scan base-package="com.system "> </context:component-scan>
```

```
</beans>
```

（7）编写测试类 Test4。

编写测试类 Test4 的代码如下：

```
package com.system.test;

import org.junit.Test;
import org.springframework.context.ApplicationContext;
import org.springframework.context.support.ClassPathXmlApplicationContext;
import com. system.service.CustomerService;
public class Test4{
    @Test
    public void test(){
        ApplicationContext ac=
            new ClassPathXmlApplicationContext("applicationContext.xml");
        CustomerService customerService=
            (CustomerService)ac.getBean("customerService");
        customerService.save();
    }
}
```

（8）运行项目并查看结果。

选择 Test4 类，右击 Run As→JUnit，控制台的输出结果如图 7-9 所示。

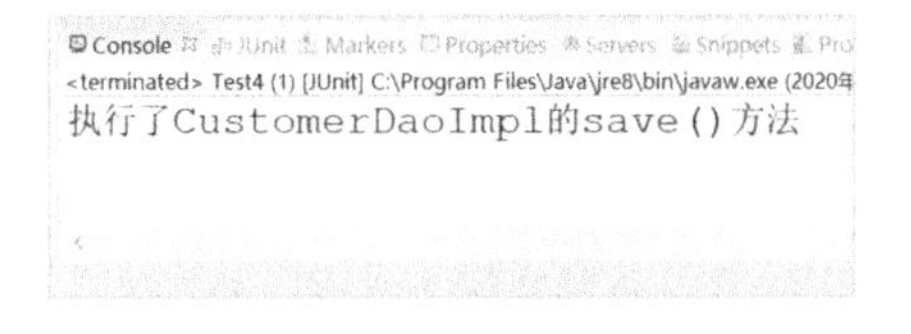

图 7-9　运行 Test4 类控制台的输出结果

7.3　Bean 自动装配

在 Spring 中，对象无需自己查找或创建与其关联的其他对象，由容器负责把需要相互协作的对象引用赋给各个对象，使用 autowire 来配置自动装载模式。

在 Spring 中支持以下几种自动装配模式，如表 7-1 所示。

- no：默认情况下不进行自动装配，通过手工设置 ref 属性来装配 Bean。
- byName：通过 Bean 的名称进行自动装配，如果一个 Bean 的 property 的 name 与另一个 Bean 的 name 相同，就进行自动装配。
- byType：通过参数的数据类型进行自动装配。如果一个 Bean 的数据类型与其他 Bean 属性的数据类型相同，兼容并自动装配它。
- constructor：利用构造函数进行装配，并且构造函数的参数通过 byType 进行装配。

● autodetect：自动探测，如果找到默认的构造方法，则通过 constructor 的方式自动装配，否则通过 byType 的方式自动装配。

表 7-1　autowire 的属性和作用

名　称	说　明
no	默认情况下不进行自动装配，通过手工设置 ref 属性来装配 Bean
byName	根据 Property 的 name 自动装配，如果一个 Bean 的 name 与另一个 Bean 中的 Property 的 name 相同，则自动装配这个 Bean 到 Property 中
byType	根据 Property 的数据类型(Type)自动装配，如果一个 Bean 的数据类型兼容另一个 Bean 中 Property 的数据类型，则自动装配
constructor	根据构造方法的参数的数据类型进行 byType 模式的自动装配
autodetect	如果发现默认的构造方法，则采用 constructor 模式，否则采用 byType 模式

1. Auto-Wiring “no”

这是默认的模式，需要通过 ref 属性来连接 Bean。在例 7-1 中，有 Student 和 Department 两个类相关联，代码如下：

```
<bean id="stu" class="com.system.Student">
    <property name="dep" ref="dep" />
</bean>
<bean id="dep" class=" com.system.Department" />
```

2. Auto-Wiring “byName”

按属性名称自动装配。这种情况下，由于“dep” bean 的名称与“stu” bean 的属性("dep")名称相同，所以，Spring 会通过 setter 方法即“setDepartment(Department dep)”自动装配。

```
<bean id="stu" class="com.system.Student" autowire="byName" />
<bean id="dep" class=" com.system.Department" />
```

3. Auto-Wiring “byType”

按属性的数据类型自动装配 Bean。这种情况下，由于“dep” Bean 中的数据类型与“stu” Bean 的属性(Department 对象)的数据类型一样，所以，Spring 会通过 setter 方法即“setDepartment(Department dep)”自动装配。

```
<bean id="stu" class="com.system.Student" autowire=" byType" />
<bean id="dep" class=" com.system.Department" />
```

4. Auto-Wiring “constructor”

通过构造函数参数的数据类型按照属性自动装配 Bean。这种情况下，由于“dep” bean 的数据类型与“stu” bean 的属性(Department 对象)的构造函数参数的数据类型是一样的，所以，Spring 通过构造方法即“public Student(Department dep)”自动装配。

```
<bean id="stu" class="com.system.Student" autowire="constructor"/>
```

```
<bean id="dep" class="com.system.Department" />
```

【例 7-5】 自动装配。

下面通过修改例 7-4 中的代码演示如何实现自动装配。

(1) 在文件中添加类属性的 setter 方法，代码如下：

```
public void setCustomerDao(CustomerDao customerDao) {
    this.customerDao=customerDao;
}
```

(2) 将 applicationContext.xml 配置文件修改成自动装配形式，代码如下：

```
<?xml version="1.0" encoding="UTF-8"?>
<beans xmlns="http://www.springframework.org/schema/beans"
    xmlns:xsi="http://www.w3.org/2001/XMLSchema-instance"
    xmlns:context="http://www.springframework.org/schema/context"
    xsi:schemaLocation="http://www.springframework.org/schema/beans
    http://www.springframework.org/schema/beans/spring-beans.xsd
    http://www.springframework.org/schema/context
    http://www.springframework.org/schema/context/spring-context.xsd">

    <bean id="customerDao" class="com.system.dao.impl.CustomerDaoImpl"/>
    <bean id="customerService" class="com.system.service.impl.CustomerServiceImpl"
        autowire="byName" />
</beans>
```

在上述配置文件中，用于配置 customerService 的〈bean〉元素中除了 id 和 class 属性以外，还增加了 autowire 属性，并将其属性值设置为 byName(按属性名称自动装配)。

默认情况下，配置文件中需要通过 ref 装配 Bean，在设置了 autowire="byName"后，Spring 会在配置文件中自动寻找与属性名字 customerDao 相同的〈bean〉，找到后，通过调用 setCustomerDao(CustomerDao customerDao)方法将 id 为 customerDao 的 Bean 注入 id 为 customerService 的 Bean 中，这时就不需要通过 ref 装配了。

使用 JUnit 再次运行测试类中的 test()方法，控制台的显示结果与图 7-9 的一样。

7.4　Spring Bean 实例化

在面向对象的程序中，要想调用某个类的成员方法，就需要先实例化该类的对象。在 Spring 中，实例化 Bean 有三种方式，分别是构造器实例化、静态工厂方式实例化和实例工厂方式实例化。下面分别介绍这三种方式。

7.4.1　构造器实例化

构造器实例化是指 Spring 容器通过 Bean 对应类中默认的构造函数实例化 Bean。下面通过实例演示如何使用构造器实例化 Bean。

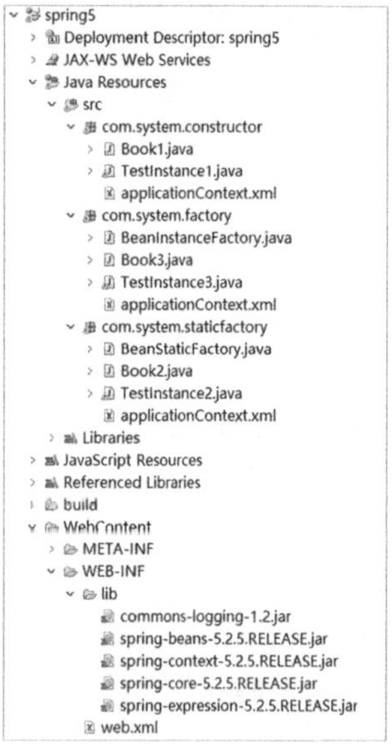

```
spring5
  Deployment Descriptor: spring5
  JAX-WS Web Services
  Java Resources
    src
      com.system.constructor
        Book1.java
        TestInstance1.java
        applicationContext.xml
      com.system.factory
        BeanInstanceFactory.java
        Book3.java
        TestInstance3.java
        applicationContext.xml
      com.system.staticfactory
        BeanStaticFactory.java
        Book2.java
        TestInstance2.java
        applicationContext.xml
    Libraries
  JavaScript Resources
  Referenced Libraries
  build
  WebContent
    META-INF
    WEB-INF
      lib
        commons-logging-1.2.jar
        spring-beans-5.2.5.RELEASE.jar
        spring-context-5.2.5.RELEASE.jar
        spring-core-5.2.5.RELEASE.jar
        spring-expression-5.2.5.RELEASE.jar
      web.xml
```

图 7-10 spring5 项目结构

【例 7-6】 构造器实例化 Bean。

（1）创建项目并导入 JAR 包。

在 Eclipse 中创建动态 Web 项目 spring5，将 Spring 框架所需的 JAR 包复制到项目的 lib 目录中，选中所有的 JAR 包，右击 build path，将 JAR 包添加到类路径下，添加后的项目结构如图 7-10 所示。

（2）创建实体类。

在项目的 src 目录下创建一个名为 com. system. constructor 的包，在该包下创建一个实体类 Book1，代码如下：

```
package com.system.constructor;
public class Book1 {
}
```

（3）创建 Spring 配置文件。

在 com. system. constructor 包下创建 Spring 的配置文件 applicationContext. xml，编辑后的代码如下：

```
<?xml version="1.0" encoding="UTF-8"?>
<beans xmlns="http://www.springframework.org/schema/beans"
    xmlns:xsi="http://www.w3.org/2001/XMLSchema-instance"
    xsi:schemaLocation="http://www.springframework.org/schema/beans
    http://www.springframework.org/schema/beans/spring-beans.xsd">
    <!--由 Spring 容器创建该类的实例对象-->
    <bean id="book1" class="com.system.constructor.Book1" />
</beans>
```

在上述配置中，定义了一个 id 为 book1 的 Bean，其中 class 属性指定了其对应的类为 Book1。

（4）创建测试类。

在 com. system. constructor 包下创建一个名为 TestInstance1 的测试类，编辑后的代码如下：

```
package com.system.constructor;
import org.springframework.context.ApplicationContext;
import org.springframework.context.support.ClassPathXmlApplicationContext;
public class TestInstance1 {
    public static void main(String[] args) {
        //定义 Spring 配置文件的路径
        String xmlPath="com/system/constructor/applicationContext.xml";
        //初始化 Spring 容器，加载配置文件，并对 bean 进行实例化
        ApplicationContext applicationContext=
            new ClassPathXmlApplicationContext(xmlPath);
        //通过容器获取 id 为 book1 的实例
        System.out.println(applicationContext.getBean("book1"));
    }
}
```

上述代码中，首先在 test()方法中定义了 Spring 配置文件的路径，然后 Spring 容器会加载配置文件。在加载的同时，Spring 容器会通过实现类 Book1 中默认的无参构造函数对 Bean 进行实例化。

(5) 运行程序并查看结果。

选择类，右击 Run As→Java Application，控制台的输出结果如图 7-11 所示。

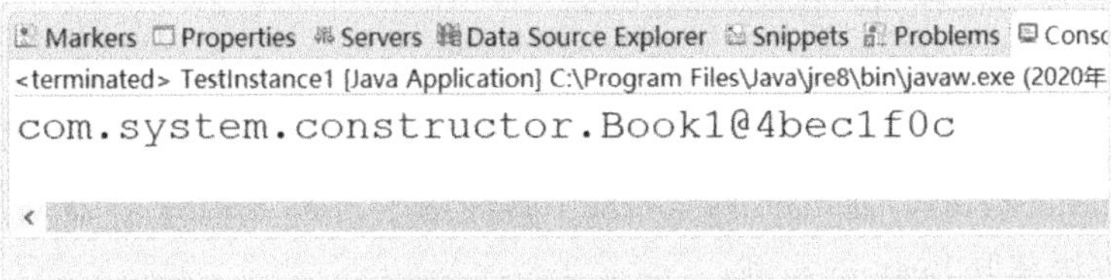

Markers　Properties　Servers　Data Source Explorer　Snippets　Problems　Consc
<terminated> TestInstance1 [Java Application] C:\Program Files\Java\jre8\bin\javaw.exe (2020年
com.system.constructor.Book1@4bec1f0c

图 7-11　控制台的输出结果 1

从图 7-11 的输出结果中可以看出，Spring 容器已经成功对 Bean 进行了实例化，并输出了结果。

7.4.2　静态工厂方式实例化

在 Spring 中，也可以采用静态工厂的方式实例化 Bean。此种方式需要提供一个静态工厂创建 Bean 的实例。下面通过实例演示如何采用静态工厂的方式实例化 Bean。

【例 7-7】　采用静态工厂的方式实例化 Bean。

(1) 创建实体类。

在例 7-6 的 spring5 项目的 src 目录下创建一个名为 com. system. staticfactory 的包，并在该包下创建一个实体类 Book2，该类与类 Book1 相同，不需要添加任何成员。

```
package com.system.staticfactory;
public class Book2 {
}
```

(2) 创建静态工厂类。

在 com. system. staticfactory 包下创建一个名为 BeanStaticFactory 的类，并在该类中创建一个名为 createBean()的静态方法，用于创建 Bean 的实例，代码如下：

```
package com.system.staticfactory;
public class BeanStaticFactory {
    //创建 Bean 实例的静态工厂方法
    public static Book2 createBean() {
        return new Book2();
    }
}
```

(3) 创建 Spring 配置文件。

在 com. system. staticfactory 包下创建 Spring 的配置文件 applicationContext. xml，编辑后的代码如下：

```
<?xml version="1.0" encoding="UTF-8"?>
<beans xmlns="http://www.springframework.org/schema/beans"
    xmlns:xsi="http://www.w3.org/2001/XMLSchema-instance"
    xsi:schemaLocation="http://www.springframework.org/schema/beans
    http://www.springframework.org/schema/beans/spring-beans.xsd">
    <bean id="book2" class="com.system.staticfactory.BeanStaticFactory"
        factory-method="createBean" />
</beans>
```

上述代码中，定义了一个 id 为 book2 的 Bean，其中 class 属性用于指定其对应的工厂实现类为 BeanStaticFactory，而 factory-method 属性用于告诉 Spring 容器调用工厂类中的 createBean()方法获取 Bean 的实例。

(4) 创建测试类。

在 com. system. staticfactory 包下创建一个名为 TestInstance2 的测试类，编辑后的代码如下：

```
package com.system.staticfactory;
import org.springframework.context.ApplicationContext;
import org.springframework.context.support.ClassPathXmlApplicationContext;
public class TestInstance2 {
    public static void main(String[] args) {
        //定义 Spring 配置文件的路径
        String xmlPath="com/system/staticfactory/applicationContext.xml";
        //初始化 Spring 容器，加载配置文件，并对 bean 进行实例化
        ApplicationContext applicationContext=
            new ClassPathXmlApplicationContext(xmlPath);
        //通过容器获取 id 为 book2 的实例
        System.out.println(applicationContext.getBean("book2"));
    }
}
```

(5) 运行程序并查看结果。

选择类，右击 Run As→Java Application，控制台的输出结果如图 7-12 所示。

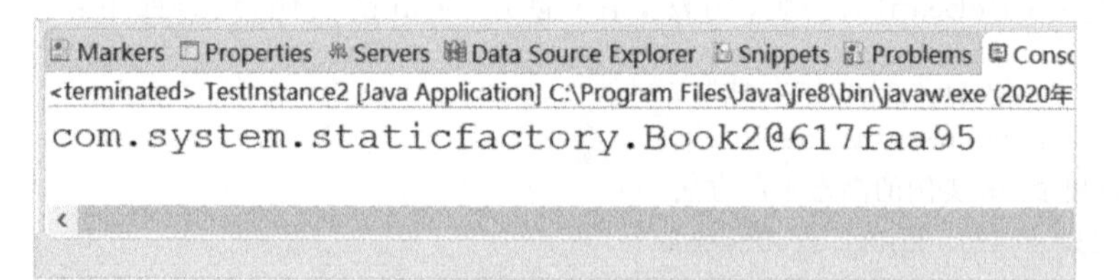

图 7-12 控制台的输出结果 2

从图 7-12 的输出结果中可以看出，采用静态工厂的方式也成功对 Bean 进行了实例化。

7.4.3 实例工厂方式实例化

在 Spring 中，还有一种实例化 Bean 的方式就是采用实例工厂。在这种方式中，工厂类

不再使用静态方法创建 Bean 的实例，而是直接在成员方法中创建 Bean 的实例。

同时，在配置文件中，需要实例化的 Bean 也不是通过 class 属性直接指向其实例化的类，而是通过 factory-bean 属性配置一个实例工厂，然后使用 factory-method 属性确定使用工厂中的哪个方法。下面通过实例演示如何采用实例工厂的方式实例化 Bean。

【例 7-8】 采用实例工厂的方式实例化 Bean。

(1) 创建实体类。

在 spring5 项目的 src 目录下创建一个名为 com. system. factory 的包，在该包下创建一个 Book3 类，该类与 Book1 类相同，不需要添加任何成员。

```
package com.system.factory;
public class Book3 {
}
```

(2) 创建实例工厂类。

在 com. system. factory 包下创建一个名为 BeanInstanceFactory 的类，编辑后的代码如下：

```
package com.system.factory;
public class BeanInstanceFactory {
    public BeanInstanceFactory() {
        System.out.println("Book3 工厂实例化中");
    }
    //创建 Bean 的方法
    public Book3 createBean() {
        return new Book3();
    }
}
```

上述代码中，使用默认无参的构造方法输出 Book3 工厂实例化中的语句，使用 createBean 成员方法创建 Bean 的实例。

(3) 创建 Spring 配置文件。

在 com. system. factory 包下创建 Spring 的配置文件 applicationContext. xml，代码如下：

```
<?xml version="1.0" encoding="UTF-8"?>
<beans xmlns="http://www.springframework.org/schema/beans"
    xmlns:xsi="http://www.w3.org/2001/XMLSchema-instance"
    xsi:schemaLocation="http://www.springframework.org/schema/beans
    http://www.springframework.org/schema/beans/spring-beans.xsd">
    <!--配置实例工厂-->
    <bean id="myBeanFactory" class="com.system.factory.BeanInstanceFactory" />
    <!--factory-bean 属性用于指定一个实例工厂，factory-method 属性用于确定使用工厂中的
    哪个方法-->
    <bean id="book3" factory-bean="myBeanFactory" factory-method="createBean" />
</beans>
```

上述代码中，首先配置了一个实例工厂Bean，然后配置了需要实例化的Bean。在id为book3的Bean中，使用factory-bean属性指定一个实例工厂，该属性值就是实例工厂的id属性值。使用factory-method属性确定实例工厂中的createBean()方法。

(4) 创建测试类。

在com.system.factory包下创建一个名为TestInstance3的测试类，编辑后的代码如下：

```
package com.system.factory;
import org.springframework.context.ApplicationContext;
import org.springframework.context.support.ClassPathXmlApplicationContext;
public class TestInstance3 {
    public static void main(String[] args) {
        //定义Spring配置文件的路径
        String xmlPath="com/system/factory/applicationContext.xml";
        //初始化Spring容器，加载配置文件，并对bean进行实例化
        ApplicationContext applicationContext=
            new ClassPathXmlApplicationContext(xmlPath);
        //通过容器获取id为book3的实例
        System.out.println(applicationContext.getBean("book3"));
    }
}
```

(5) 运行程序并查看结果。

选择类，右击Run As→Java Application，控制台的输出结果如图7-13所示。

```
Console ⌧ Markers Properties Servers Snippets Problems Coverage Packa
<terminated> TestInstance3 (1) [Java Application] C:\Program Files\Java\jre8\bin\javaw.exe (2020年
book3工厂实例化中
com.system.factory.Book3@3fee9989
```

图7-13 控制台的输出结果3

从图7-13的输出结果中可以看出，采用实例工厂的方式也同样对Bean进行了实例化。

为了学习方便，本节中的所有配置文件和Java文件都根据知识点放置在同一个包中。实际开发中，为了方便管理和维护，建议将这些文件根据类别放置在不同的目录中。

Bean实例化的三种实现方式，第一种是采用类的无参构造创建，第二种是采用静态工厂创建，第三种是采用实例工厂创建，第二种方式和第三种方式使用的人比较少，这里我们主要使用第一种方式。

7.4.4 Spring Bean的作用域

Spring容器在初始化一个Bean的实例时，同时会指定该实例的作用域。Spring为Bean定义了五种作用域，具体如表7-2所示。

表7-2　Bean的作用域

作用域名称	说　　明
singleton	单例模式，使用singleton定义的Bean在Spring容器中只有一个实例，这也是Bean默认的作用域
prototype	原型模式，每次通过Spring容器获取prototype定义的Bean时，容器都将创建一个新的Bean实例
request	在一次HTTP request中，容器会返回Bean的同一个实例。而对不同的HTTP请求，会返回不同的实例，该作用域仅在当前HTTP request内有效
session	在一次HTTP session中，容器会返回Bean的同一个实例。而对不同的HTTP请求，会返回不同的实例，该作用域仅在当前HTTP session内有效
globalSession	在一个全局的HTTP session中，容器会返回Bean的同一个实例。该作用域仅在使用portlet context时有效

在上述五种作用域中，singleton和prototype是最常用的两种，request、session和globalSession三种作用域仅在基于Web的应用中使用，只能用在基于Web的Spring ApplicationContext环境。

1. singleton

当一个Bean的作用域为singleton时，Spring IoC容器中只会存在一个共享的Bean实例，并且所有对Bean的请求，只要id与该Bean的定义相匹配，就会返回Bean的同一实例。singleton是单例模式，即在创建容器时就同时自动创建了一个Bean的对象，不管你是否使用，它都存在了，每次获取到的对象都是同一个对象。注意，singleton作用域是Spring中的默认作用域。要在XML中将Bean定义成singleton，可以这样配置：

```
<bean id="ServiceImpl" class="cn.scope.service.ServiceImpl" scope="singleton">
```

2. prototype

一个Bean的作用域为prototype，表示一个Bean定义对应多个对象实例。prototype作用域的Bean会导致在每次对该Bean请求（将其注入另一个Bean中，或者以程序的方式调用容器的getBean()方法）时都会创建一个新的Bean实例。prototype是原型类型，它在我们创建容器的时候并没有实例化，而是当我们获取Bean的时候才会去创建一个对象，且每次获取到的对象都不是同一个对象。根据经验，对有状态的Bean应该使用prototype作用域，而对无状态的Bean则应该使用singleton作用域。在XML中将Bean定义成prototype，可以这样配置：

```
<bean id="account" class="com.scope.DefaultAccount" scope="prototype"/>
```

或者：

```
<bean id="account" class="com.scope.DefaultAccount" singleton="false"/>
```

3. request

一个 Bean 的作用域为 request，表示在一次 HTTP 请求中，一个 Bean 定义对应一个实例，即每个 HTTP 请求都会有各自的 Bean 实例，它们依据某个 Bean 定义创建而成。该作用域仅在基于 Web 的 Spring ApplicationContext 情形下有效。考虑下面 Bean 的定义：

```
<bean id="loginAction" class=cn.scope.LoginAction" scope="request"/>
```

针对每次 HTTP 请求，Spring 容器会根据 loginAction Bean 的定义创建一个全新的 loginAction Bean 实例，且该 loginAction Bean 实例仅在当前 HTTP request 内有效，因此可以根据需要放心地更改所创建实例的内部状态，而其他请求中根据 loginAction Bean 定义所创建的实例，将不会看到这些特定于某个请求的状态变化。当处理请求结束时，request 作用域的 Bean 实例将被销毁。

4. session

一个 Bean 的作用域为 session，表示在一个 HTTP session 中，一个 Bean 定义对应一个实例。该作用域仅在基于 Web 的 Spring ApplicationContext 情形下有效。考虑下面 Bean 的定义：

```
<bean id="userPreferences" class="com.scope.UserPreferences" scope="session"/>
```

针对某个 HTTP session，Spring 容器会根据 userPreferences Bean 定义创建一个全新的 userPreferences Bean 实例，且该 userPreferences Bean 实例仅在当前的 HTTP session 内有效。与 request 作用域一样，可以根据需要放心地更改所创建实例的内部状态，而别的 HTTP session 中根据 userPreferences 所创建的实例，将不会看到这些特定于某个 HTTP session 的状态变化。当 HTTP session 最终被废弃的时候，在该 HTTP session 作用域内的 Bean 也会被废弃掉。

5. globalSession

一个 Bean 的作用域为 global session，表示在一个全局的 HTTP session 中，一个 Bean 定义对应一个实例。典型情况下，仅在使用 portlet context 的时候有效。该作用域仅在基于 Web 的 Spring ApplicationContext 情形下有效。考虑下面 Bean 的定义：

```
<bean id="user" class="com.scope.Preferences "scope="globalSession"/>
```

globalSession 作用域类似于标准的 HTTP session 作用域，但仅在基于 portlet 的 Web 应用中才有意义。portlet 规范定义了全局 session 的概念，它被所有构成某个 portlet Web 应用的各种不同的 portlet 所共享。在 globalSession 作用域中定义的 Bean 被限定于全局 portlet session 的生命周期范围内。

【例 7-9】 Bean 的作用域。

(1) singleton 作用域。

singleton 是 Spring 容器默认的作用域，当一个 Bean 的作用域为 singleton 时，Spring 容器中只会存在一个共享的 Bean 实例，并且所有对 Bean 的请求，只要 id 与该 Bean 的定义相匹配，就会返回 Bean 的同一个实例。

通常情况下，这种单例模式对于无会话状态的 Bean(如 DAO 层、Service 层)来说，是最理想的选择。

在 Spring 配置文件中，可以使用〈bean〉元素的 scope 属性将 Bean 的作用域定义成 singleton，其配置方式如下所示：

```
<bean id="person" class="com.scope.Person" scope="singleton"/>
```

在项目的 src 目录下创建一个名为 com. scope 的包，在该包下创建 Student 类，类中不需要添加任何成员，然后创建 Spring 的配置文件 applicationContext. xml，将上述 Bean 的定义方式写入配置文件中，最后创建一个名为 StudentTest 的测试类，编辑后的代码如下：

```
package com.scope;
import org.junit.Test;
import org.springframework.context.ApplicationContext;
import org.springframework.context.support.ClassPathXmlApplicationContext;
public class StudentTest {
    @Test
    public void test() {
        //定义 Spring 的配置文件路径
        String xmlPath="com/scope/applicationContext.xml";
        //初始化 Spring 容器，加载配置文件，并对 Bean 进行实例化
        ApplicationContext applicationContext=
            new ClassPathXmlApplicationContext(xmlPath);
        //输出获得实例
        System.out.println(applicationContext.getBean("student"));
        System.out.println(applicationContext.getBean("student"));
    }
}
```

使用 JUnit 测试运行 test()方法，运行成功后，从控制台的输出结果可以看到，两次输出的结果相同，这说明 Spring 容器只创建了一个 Student 类的实例。由于 Spring 容器默认的作用域是 singleton，如果不设置 scope="singleton"，则其输出结果也将是一个实例。

（2）prototype 作用域。

使用 prototype 作用域的 Bean 会在每次请求该 Bean 时都创建一个新的 Bean 实例。因此对需要保持会话状态的 Bean 应该使用 prototype 作用域。

在 Spring 配置文件中，要将 Bean 定义为 prototype 作用域，只需将〈bean〉元素的 scope 属性值定义成 prototype，其示例代码如下所示：

```
<bean id="Student" class="com.scope. Student" scope="prototype"/>
```

将 singleton 作用域部分中的配置文件更改成上述代码形式后，再次运行 test()方法，从控制台的输出结果中可以看到，两次输出的结果并不相同，这说明在 prototype 作用域下，Spring 容器创建了两个不同的 Student 实例。

7.4.5 Spring Bean的生命周期

Spring容器可以管理singleton作用域下Bean的生命周期，在此作用域下，Spring能够精确地知道该Bean何时被创建、何时初始化完成，以及何时被销毁。

而对于prototype作用域下的Bean，Spring只负责创建，当容器创建了Bean的实例后，Bean的实例就交给客户端代码管理，Spring容器将不再跟踪其生命周期。每次客户端请求prototype作用域下的Bean时，Spring容器都会创建一个新的实例，并且不会管那些被配置成prototype作用域的Bean的生命周期。

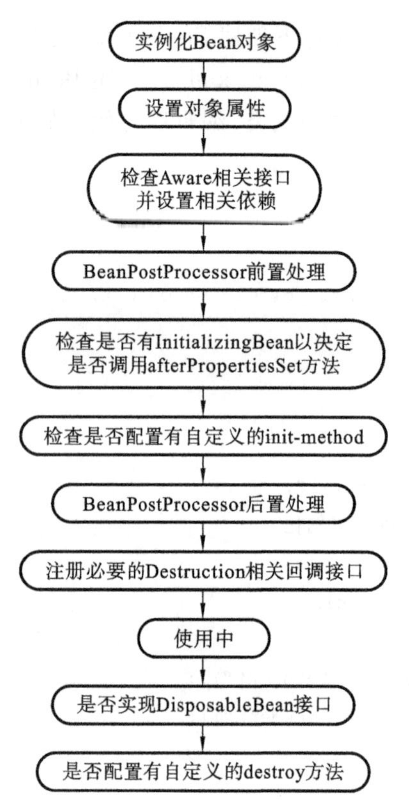

图7-14　Bean的生命周期

了解Spring生命周期的意义就在于，可以利用Bean在其存活期间的指定时刻完成一些相关操作。这种时刻可能有很多，但一般情况下，会在Bean被初始化后和被销毁前执行一些相关操作。

在Spring中，Bean的生命周期是一个很复杂的执行过程，我们可以利用Spring提供的方法定制Bean的创建过程。

当一个Bean被加载到Spring容器时，它就具有了生命，而Spring容器在保证一个Bean能够使用之前，会做很多工作。Spring容器中Bean的生命周期流程如图7-14所示。

Bean的生命周期的执行过程如下。

1. 实例化Bean对象

对于BeanFactory容器，当客户向容器请求一个尚未初始化的Bean，或者初始化Bean的时候需要注入另一个尚未初始化的依赖时，容器就会调用createBean进行实例化。对于ApplicationContext容器，当容器启动结束后，可以通过获取BeanDefinition对象中的信息，实例化所有的Bean。

2. 设置对象属性(依赖注入)

实例化后的对象被封装在BeanWrapper对象中。接着，Spring根据BeanDefinition中的信息以及通过BeanWrapper提供的设置属性的接口完成依赖注入。

3. 检查Aware相关接口并设置相关依赖

Spring会检测Bean对象是否实现了xxxAware接口，并将相关的xxxAware实例注入给Bean。

(1) 如果Bean已经实现了BeanNameAware接口，那么会调用它实现的setBeanName(String beanId)方法，此处传递的就是Spring配置文件中Bean的id值。

(2) 如果Bean已经实现了BeanFactoryAware接口，则会调用它实现的setBeanFactory()方法，传递的是Spring工厂自身。

(3) 如果Bean已经实现了ApplicationContextAware接口，那么会调用setApplicationContext(ApplicationContext)方法传入Spring上下文。

4. BeanPostProcessor 前置处理

如果想对Bean进行一些自定义处理，那么可以让Bean实现BeanPostProcessor接口，且会调用postProcessBeforeInitialization(Object obj,String s)方法。

5. 检查是否有 InitializingBean 以及 init 方法

如果Bean在Spring配置文件中配置了init-method属性，则会自动调用其配置的初始化方法。

6. BeanPostProcessor 后置处理

如果Bean实现了BeanPostProcessor接口，那么将会调用postProcessAfterInitialization(Object obj,String s)方法。由于这个方法是在Bean初始化结束时调用的，所以可以被应用于内存或缓存技术。

以上几步完成后，Bean就已经被正确创建了，之后就可以使用这个Bean了。

7. 是否实现 DisposableBean 接口

当Bean不再需要时，会经过清理阶段，如果Bean实现了DisposableBean这个接口，则会调用其实现的destroy()方法。

8. 是否配置有自定义的 destroy 方法

如果Bean在Spring配置文件中配置了destroy-method属性，则会自动调用其配置的销毁方法。

7.5　面向切面编程

7.5.1　面向切面编程概述

如果IoC是Spring的核心，那么面向切面编程就是Spring最为重要的功能之一。

面向切面编程(aspect oriented programming,AOP)，在程序开发中主要用来解决一些系统层面上的问题，比如日志、事务、权限等。在不改变原有逻辑的基础上，再增加一些额外的功能。代理也是这个功能，读/写分离功能也能使用AOP来处理。

AOP可以说是OOP(object oriented programming，面向对象编程)的补充和完善。OOP引入封装、继承、多态等概念来建立一种对象层次结构，用于模拟公共行为的一个集合。OOP允许开发者定义纵向的关系，但不适合定义横向的关系，如日志功能。日志代码往往横向地散布在所有的对象层次中，而与它对应的对象的核心功能毫无关系。对于其他类型的代码，如安全性、异常处理和透明的持续性也是如此，这种散布在各处的无关的代码被称为横切(cross cutting)。在OOP设计中，它导致了大量代码的重复，且不利于各个模块的重用。

AOP技术恰恰相反，它是利用一种称为"横切"的技术，解开封装的对象内部，将那些影响了多个类的公共行为封装到一个可重用模块，并将其命名为aspect，即切面。所谓

"切面",简单来说就是那些与业务无关,却为业务模块所共同调用的逻辑或责任封装起来,便于减少系统的重复代码,降低模块之间的耦合度,并有利于未来的可操作性和可维护性。

使用"横切"技术,AOP 把软件系统分为两个部分:核心关注点和横切关注点。业务处理的主要流程是核心关注点,与之关系不大的部分是横切关注点。横切关注点的一个特点是,它们经常发生在核心关注点的多处,而各处基本相似,比如权限认证、日志、事物。AOP 的作用在于分离系统中的各种关注点,将核心关注点和横切关注点分离开来。

与 OOP 相比,AOP 是处理一些横切性问题。这些横切性问题不会影响到主逻辑的实现,但是会散落到代码的各个部分,难以维护。AOP 就是把这些问题和主业务逻辑分开,达到与主业务逻辑解耦的目的。AOP 的原理如图 7-15 所示。

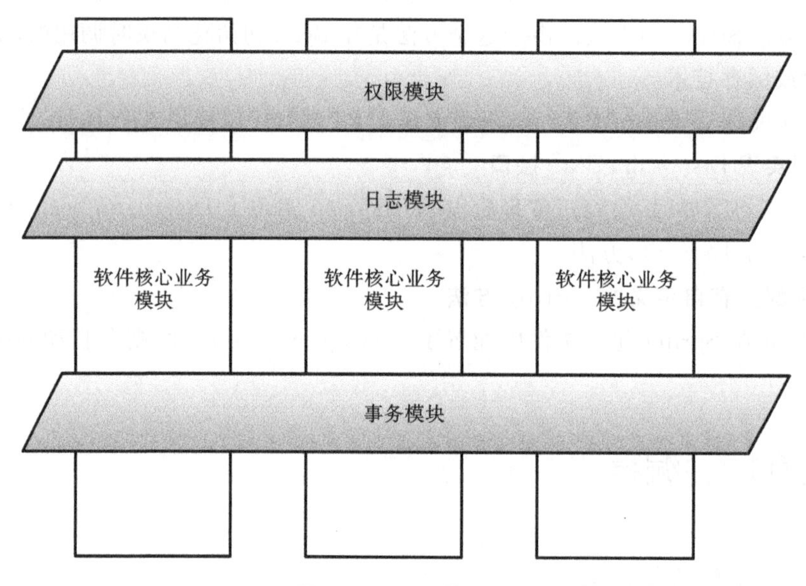

图 7-15　AOP 的原理

Spring 框架的 AOP 机制可以让开发者把业务流程中的通用功能抽取出来,单独编写功能代码。在业务流程的执行过程中,Spring 框架会根据业务流程的要求,自动把独立编写的功能代码切入流程的合适位置。

例如,在一个业务系统中,用户登录是基本功能,凡是涉及用户的业务流程都要求用户进行系统登录。如果把用户登录功能代码写入每个业务流程中,则会造成代码冗余,维护也非常麻烦,当要修改用户登录功能时,就要修改每个业务流程的用户登录代码,这种处理方式显然是不可取的。比较好的做法是把用户登录功能抽取出来,形成独立的模块,当业务流程需要用户登录时,系统自动把登录功能切入业务流程中。

Spring AOP 是基于 AOP 编程模式的一个框架,它的使用有效地减少了系统间的重复代码,达到了模块间的松耦合目的。

AOP 的主要特点包括以下几个方面。

● AOP 将业务逻辑的各个部分进行隔离,使开发人员在编写业务逻辑时可以专心于核心业务,从而提高了开发效率。

● AOP采取横向抽取机制，取代了传统纵向继承体系的重复性代码，其应用主要体现在事务处理、日志管理、权限控制、异常处理等方面。

● AOP是面向切面的编程，其编程思想是把散布于不同业务但功能相同的代码从业务逻辑中抽取出来，封装成独立的模块，这些独立的模块被称为切面，切面的具体功能方法被称为关注点。在业务逻辑执行过程中，AOP会把分离出来的切面和关注点动态切入业务流程中，这样做的好处是提高了功能代码的重用性和可维护性。

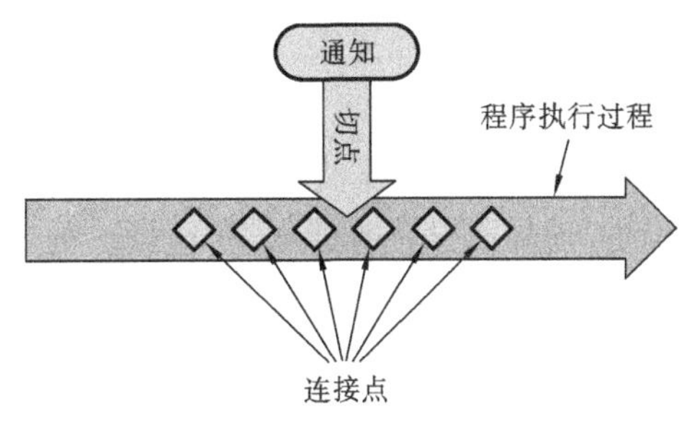

图7-16　AOP术语的关联

为了更好地理解AOP，就需要对AOP的相关术语有一些了解，这些专业术语主要包含连接点（joinpoint）、切点（pointcut）、通知（advice）、目标对象（target）、织入（weaving）、代理（proxy）和切面（aspect），图7-16展示了这些概念是如何关联在一起的。

下面对相关术语进行说明。

1. 连接点

程序执行的某个特定位置：如类初始化前、类初始化后、方法调用前、方法调用后、方法抛出异常后。一个类或一段程序代码拥有一些具有边界性质的特定点，这些特定点就称为连接点（joinpoint）。Spring仅支持方法的连接点，即仅能在方法调用前、方法调用后、方法抛出异常后等这些程序执行点织入通知。连接点由两个信息确定：第一是用方法表示的程序执行点；第二是用相对点表示的方位。

2. 切点

每个程序类都拥有多个连接点，如一个拥有两个方法的类，这两个方法都是连接点，即连接点是程序类中客观存在的事物。AOP通过切点（pointcut）定位特定的连接点。连接点相当于数据库中的记录，而切点相当于查询条件。切点和连接点不是一对一的关系，一个切点可以匹配多个连接点。在Spring中，切点通过org. springframework. aop. Pointcut接口进行描述，它使用类和方法作为连接点的查询条件，Spring AOP的规则解析引擎负责切点所设定的查询条件，并找到对应的连接点。确切来说，不能称之为查询连接点，因为连接点是方法执行前、执行后等包括方位信息的具体程序执行点，而切点只定位到某个方法上，所以，如果希望定位到具体连接点上，还需要提供方位信息。

3. 通知

通知（advice）是织入到目标类连接点上的一段程序代码，在Spring中，通知除用于描述一段程序代码外，还拥有另一个与连接点相关的信息，这便是执行点的方位。结合执行点的方位信息和切点信息，我们就可以找到特定的连接点。

4. 目标对象

目标对象（target）是通知逻辑的织入目标类。如果没有AOP，目标业务类需要自己实现所有的逻辑，而在AOP的帮助下，目标业务类只实现那些非横切逻辑的程序逻辑，性能监视和事务管理等这些横切逻辑则可以使用 AOP 动态织入到特定的连接点上。

5. 引介

引介(introduction)是一种特殊的通知,它为类添加一些属性和方法。这样,即使一个业务类原本没有实现某个接口,通过 AOP 的引介功能,我们可以动态地为该业务类添加接口的实现逻辑,让业务类成为这个接口的实现类。

6. 织入

织入(weaving)是将通知添加到目标类具体连接点上的过程。AOP 像一台织布机,将目标类、通知或引介通过 AOP 这台织布机天衣无缝地编织到一起。根据不同的实现技术,AOP 有以下三种织入的方式。

(1) 编译期织入,这要求使用特殊的 Java 编译器。

(2) 类装载期织入,这要求使用特殊的类装载器。

(3) 动态代理织入,在运行期为目标类添加通知生成子类的方式。

Spring 采用动态代理织入,而 AspectJ 采用编译期织入和类装载期织入。

7. 代理

一个类被 AOP 织入通知后,就产生出了一个结果类。结果类是融合了原类和增强逻辑的代理(proxy)类。根据不同的代理方式,代理类既可能是和原类具有相同接口的类,也可能是原类的子类,所以我们可以采用调用原类相同的方式调用代理类。

8. 切面

切面(aspect)由切点和通知(引介)组成,它既包括了横切逻辑的定义,也包括了连接点的定义,Spring AOP 就是负责实施切面的框架,它将切面所定义的横切逻辑织入到切面所指定的连接点中。

切点(pointcut)和连接点(joinpoint)匹配的概念是 AOP 的关键,这使得 AOP 不同于其他仅提供拦截功能的旧技术。切点使得定位通知(advice)可独立于 OO 层次。例如,一个提供声明式事务管理的 around 通知可以被应用到一组横跨多个对象的方法上(如服务层的所有业务操作)。

Spring 的通知类型有以下几种。

前置通知(before advice):在某连接点之前执行的通知,但这个通知不能阻止连接点之前的执行流程(除非它抛出一个异常)。

后置通知(after returning advice):在某连接点正常完成后执行的通知。例如,一个方法没有抛出任何异常,正常返回。

后置异常通知(after throwing advice):在方法抛出异常退出时执行的通知。

后置最终通知(after (finally) advice):当某连接点退出的时候执行的通知(不论是正常返回还是异常退出)。

环绕通知(around advice):包围一个连接点的通知,如方法调用。这是最强大的一种通知类型。环绕通知可以在方法调用前后完成自定义的行为。它也会选择是否继续执行连接点或直接返回它自己的返回值或抛出异常来结束执行。

目前最流行的AOP框架有两个，分别为Spring AOP和AspectJ。

Spring AOP使用纯Java实现，不需要专门的编译过程和类加载器，在运行期间通过代理方式向目标类植入通知的代码。

Spring AOP实现的变体有：基于代理的AOP、纯POJO切面（纯粹通过〈aop:config〉标签配置）、@AspectJ注解驱动的切面。Spring AOP构建在动态代理基础之上，因此，Spring对AOP的支持局限于方法拦截。

现在Spring提供了更简洁和干净的面向切面编程方式。引入了简单的声明式AOP和基于注解的AOP之后，Spring经典的AOP看起来就显得非常笨重和过于复杂，直接使用ProxyFactory Bean会让人感觉厌烦。

借助Spring的AOP命名空间，可以将纯POJO转换为切面。实际上，这些POJO只是提供了满足切点条件时所要调用的方法。这种技术需要XML配置。

Spring借鉴了AspectJ的切面，以提供注解驱动的AOP。本质上依然是Spring基于代理的AOP，但是编程模型几乎与编写成熟的AspectJ注解驱动的切面完全一致。这种AOP风格的好处在于可以不使用XML来实现功能。

如果AOP需求超过了简单的方法调用，那么需要考虑使用AspectJ来实现切面。注入式AspectJ切面能够帮助你将值注入AspectJ驱动的切面中。

AspectJ是一个基于Java语言的AOP框架，它扩展了Java语言。Spring 2.0以后，新增了对AspectJ方式的支持。AspectJ扩展了Java语言，提供了一个专门的编译器，在编译时提供横向代码的织入。新版本的Spring框架，建议使用AspectJ方式开发AOP。

使用AspectJ开发AOP通常有两种方式。

- 基于XML的声明式。
- 基于Annotation的声明式。

下面将对这两种AOP的开发方式进行介绍。

7.5.2　基于XML的声明式

基于XML的声明式是指通过Spring配置文件的方式定义切面、切点及声明通知，而所有的切面和通知都必须定义在〈aop:config〉元素中。在XML中声明切面用到的元素及其含义如表7-3所示。

表7-3　XML声明元素

名　　称	含　　义
〈aop:advisor〉	定义AOP通知器
〈aop:after〉	定义AOP后置通知（不管被通知的方法是否执行成功）
〈aop:after-returning〉	定义AOP后置通知
〈aop:after-throwing〉	定义异常通知
〈aop:around〉	定义AOP环绕通知

续表

名　称	含　义
〈aop:aspect〉	定义切面
〈aop:aspectj-autoproxy〉	启用@AspectJ注解驱动的切面
〈aop:before〉	定义AOP的前置通知
〈aop:config〉	顶层的AOP配置元素。大多数〈aop:＊〉元素必须包含在〈aop:config〉元素内
〈aop:declare-parents〉	为被通知的对象引入额外的接口，并透明地实现
〈aop:pointcut〉	定义切点

【例7-10】 基于XML的声明式AOP。

下面演示Spring中如何使用基于XML的声明式实现AOP的开发。

（1）创建Web应用项目及导入包。

在Eclipse中创建动态Web项目spring6，将Spring框架所需的JAR包复制到项目的lib目录中，选中所有的JAR包，右击build path，将JAR包添加到类路径下，添加后的项目如图7-17所示。

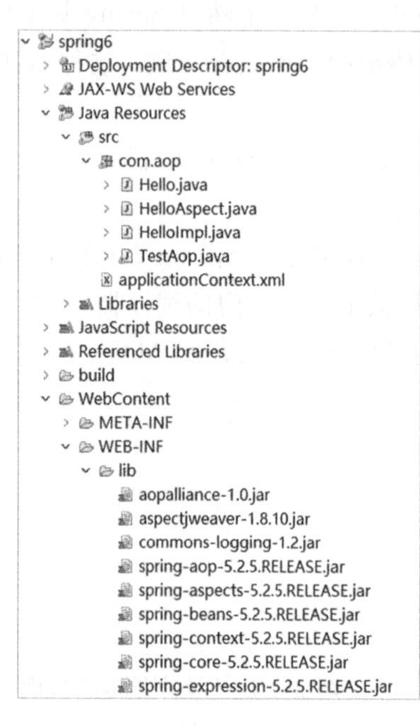

图7-17　spring6项目结构

在实现AOP案例之前，在核心JAR包的基础上，再向项目的lib目录中导入AOP的JAR包，具体如下。

spring-aop-5.2.5.RELEASE.jar：是Spring为AOP提供的实现，在Spring的包中已经提供。

com.springsource.org.aopalliance-1.0.0.jar：是AOP提供的规范，可以在Spring的官方网址https://repo.spring.io/webapp/#/search/quick/中搜索并下载。

使用AspectJ，除了需要导入Spring AOP的JAR包以外，还需要导入与AspectJ相关的JAR包，具体如下。

spring-aspects-5.2.5.RELEASE.jar：Spring为AspectJ提供的实现，在Spring的包中已经提供。

com.springsource.org.aspectj.weaver-1.8.10.RELEASE.jar：是AspectJ提供的规范，可以在官方网址https://repo.spring.io/webapp/#/search/quick/中搜索并下载。

（2）创建接口Hello。

在项目的src目录下创建一个名为com.aop的包，然后在该包中创建一个名为Hello的接口，并在该接口中添加一个sayHello()方法，代码如下：

```
package com.aop;
public interface Hello {
```

```
    void sayHello();
}
```

(3) 创建接口实现类 HelloImpl。

在 com.aop 包下创建 Hello 的实现类 HelloImpl，编辑后的代码如下：

```
package com.aop;
public class HelloImpl implements Hello{
    @ Override
    public void sayHello() {
        System.out.println("Hello World!");
    }
}
```

(4) 定义切面支持类 HelloAspect。

有了目标类，接着定义切面，切面就是通知和切点的组合，而切面是通过配置方式定义的，因此在定义切面前，我们需要定义切面支持类，切面支持类提供了通知实现。在 com.aop 包下创建 HelloAspect，编辑后的代码如下：

```
package com.aop;
public class HelloAspect {
    //前置通知
    public void beforeAdvice() {
        System.out.println("before advice");
    }
    //后置最终通知
    public void afterFinallyAdvice() {
        System.out.println("after finally advice");
    }
}
```

(5) 在 applicationContext.xml 中添加配置信息。

其代码如下：

```
<?xml version="1.0" encoding="UTF-8"?>
<beans xmlns:xsi="http://www.w3.org/2001/XMLSchema-instance"
    xmlns:aop="http://www.springframework.org/schema/aop" xmlns=
        "http://www.springframework.org/schema/beans"
    xmlns:context="http://www.springframework.org/schema/context" xmlns:tx=
        "http://www.springframework.org/schema/tx"
    xsi:schemaLocation="http://www.springframework.org/schema/aop
                        http://www.springframework.org/schema/aop/spring-aop.xsd
                        http://www.springframework.org/schema/beans
                        http://www.springframework.org/schema/beans/spring-beans.xsd
                        http://www.springframework.org/schema/context
                        http://www.springframework.org/schema/context/spring-context.xsd
                        http://www.springframework.org/schema/tx
```

```
                http://www.springframework.org/schema/tx/spring-tx.xsd ">
    <!--配置目标类-->
    <bean id="hello" class="com.aop.HelloImpl"> </bean>
    <!--配置切面-->
    <bean id="aspect" class="com.aop.HelloAspect"> </bean>
    <aop:config>
        <aop:pointcut id="pointcut" expression="execution(* com.aop.*.*(..))" />
        <aop:aspect ref="aspect">
            <aop:before pointcut-ref="pointcut" method="beforeAdvice" />
            <aop:after pointcut-ref="pointcut"
                method="afterFinallyAdvice"/>
        </aop:aspect>
    </aop:config>
</beans>
```

切点使用〈aop:config〉标签下的〈aop:pointcut〉标签配置，expression属性用于定义切点模式，默认是AspectJ语法，"execution(* com. aop. * . * (..))"表示匹配com. aop包及子包下的任何方法执行。

切面使用〈aop:config〉标签下的〈aop:aspect〉标签配置，其中“ref”用来引用切面支持类的方法。

前置通知使用〈aop:aspect〉标签下的〈aop:before〉标签来定义，pointcut-ref属性用于引用切点Bean，而method用来引用切面通知实现类中的方法，该方法就是通知实现，即在目标类方法执行之前调用的方法。

最终通知使用〈aop:aspect〉标签下的〈aop:after〉标签来定义，切点除了使用pointcut-ref属性来引用已经存在的切点，还可以使用pointcut属性来定义，如pointcut="execution(* com.. * . * (..))"，method属性同样是指定通知实现，即在目标类方法执行之后调用的方法。

（6）编写测试类。

在com. aop包下创建测试类TestAop，调用被代理Bean跟调用普通Bean完全一样，Spring AOP将为目标对象创建AOP代理，编辑后的代码如下：

```
package com.aop;
import org.junit.Test;
import org.springframework.context.ApplicationContext;
import org.springframework.context.support.ClassPathXmlApplicationContext;
public class TestAop {
    @Test
    public void test1() {
        ApplicationContext ac=new ClassPathXmlApplicationContext
                                ("applicationContext.xml");
        Hello hello=ac.getBean("hello", Hello.class);
        hello.sayHello();
    }
}
```

（7）运行项目并查看结果。

选择 TestAop 类，右击 Run As→JUnit Test，控制台的输出结果如图 7-18 所示。

```
Console   Markers   Properties   Servers   Snippets   Probl
<terminated> TestAop [JUnit] C:\Program Files\Java\jre8\bin\javaw.exe
before advice
Hello World!
after finally advice
```

图 7-18　控制台的输出结果 4

7.5.3　基于 Annotation 的声明式

在 Spring 中，尽管使用 XML 配置文件可以实现 AOP 开发，但是，如果所有相关的配置都集中在配置文件中，那么势必会导致 XML 配置文件过于臃肿，从而给维护和升级带来一定的困难。

为此，AspectJ 框架为 AOP 开发提供了另一种开发方式——基于 Annotation 的声明式。AspectJ 允许使用注解定义切面、切点和通知处理，而 Spring 框架则可以识别并根据这些注解生成 AOP 代理。

关于 Annotation 注解的说明如表 7-4 所示。

表 7-4　Annotation 注解的说明

名　　称	说　　明
@Aspect	用于定义一个切面
@Before	用于定义前置通知，相当于 BeforeAdvice
@AfterReturning	用于定义后置通知，相当于 AfterReturningAdvice
@Around	用于定义环绕通知，相当于 MethodInterceptor
@AfterThrowing	用于定义抛出通知，相当于 ThrowAdvice
@After	用于定义最终通知，不管是否异常，该通知都会执行
@DeclareParents	用于定义引介通知，相当于 IntroductionInterceptor（不要求掌握）

【例 7-11】　基于 Annotation 的声明式 AOP。

下面演示 Spring 中如何使用注解的方式重新实现例 7-10 中 AOP 的开发。

（1）在 Eclipse 中创建动态 Web 项目 spring7，项目结构如图 7-19 所示。

图 7-19　spring7 项目结构

（2）在 spring7 项目中创建接口 Hello、创建接口实现类 HelloImpl、创建测试类 TestAop，其代码与例 7-10 的代码相同。

（3）在类 HelloImpl 中增加@Repository("hello")，将目标类 HelloImpl 注解为目标对象。编辑后的代码如下：

```
package com.aop;
import org.springframework.stereotype.Repository;
@Repository("hello")
public class HelloImpl implements Hello{
    @Override
    public void sayHello() {
```

```
        System.out.println("Hello World!");
    }
}
```

(4) 定义切面支持类 HelloAspect。@Aspect 注解表示这是一个切面。@Component 表示这是一个 Bean,由 Spring 进行管理。在每个通知相应的方法上都添加了注解声明。编辑后的代码如下:

```
package com.aop;
import org.aspectj.lang.annotation.Aspect;
import org.springframework.stereotype.Component;
import org.aspectj.lang.annotation.Before;
import org.aspectj.lang.annotation.After;
//切面类
@Aspect
@Component
public class HelloAspect {
    //前置通知
    @Before("execution(* com.aop.*.*(..))")
    public void beforeAdvice() {
        System.out.println("before advice");
    }
    //后置最终通知
    @After("execution(* com.aop.*.*(..))")
    public void afterFinallyAdvice() {
        System.out.println("after finally advice");
    }
}
```

(5) 在 applicationContext.xml 中添加配置信息,编辑后的代码如下:

```
<?xml version="1.0" encoding="UTF-8"?>
<beans xmlns:xsi="http://www.w3.org/2001/XMLSchema-instance"
    xmlns:aop="http://www.springframework.org/schema/aop" xmlns=
        "http://www.springframework.org/schema/beans"
    xmlns:context="http://www.springframework.org/schema/context" xmlns:tx=
        "http://www.springframework.org/schema/tx"
    xsi:schemaLocation="http://www.springframework.org/schema/aop
                    http://www.springframework.org/schema/aop/spring-aop.xsd
                    http://www.springframework.org/schema/beans
                    http://www.springframework.org/schema/beans/spring-beans.xsd
                    http://www.springframework.org/schema/context
                    http://www.springframework.org/schema/context/spring-context.xsd
                    http://www.springframework.org/schema/tx
                    http://www.springframework.org/schema/tx/spring-tx.xsd ">
    <!--扫描包含 com 包下的所有注解-->
```

```
    <context:component-scan base-package="com"/>
    <!--使切面开启自动代理-->
    <aop:aspectj-autoproxy> </aop:aspectj-autoproxy>
</beans>
```

运行 spring7 项目,可以看到的结果与图 7-18 的相同。

AOP 的编程思想是让开发者把诸多业务流程中的通用功能抽取出来,单独编写成功能代码,形成独立的模块,这些模块也被称为切面。在业务流程执行过程中,Spring 框架会根据业务流程的要求,自动把切面切入到流程的合适位置。

通过上面的例子可以了解 AOP 的实现过程,具体实现步骤是:首先编写需要切入业务流程的独立模块(也称切面)和切点(模块中的方法);然后在 Spring 配置文件中配置 AOP,添加切面、切点以及需要切入的目标 Bean;最后编写测试代码。

7.6 Spring JDBC

7.6.1 Spring JDBC 的配置

Spring 框架提供的 JDBC 支持主要由四个包组成,分别是 core(核心包)、object(对象包)、dataSource(数据源包)和 support(支持包),org. springframework. jdbc. core. JdbcTemplate 类就包含在核心包中。作为 Spring JDBC 的核心,JdbcTemplate 类中包含了所有数据库操作的基本方法。

core:包含了 JDBC 的核心功能,重要的类有 JdbcTemplate 类、SimpleJdbcInsert 类、SimpleJdbcCall 类以及 NamedParameterJdbcTemplate 类。

dataSource:访问数据源的实用工具类,它有多种数据源的实现。其主要功能是获取数据库连接,具体实现时还可以引入对数据库连接的缓冲池和分布式事务的支持,它可以作为访问数据库资源的标准接口。

object:以面向对象的方式访问数据库,它允许执行查询并将返回结果作为业务对象,可以在数据表的列和业务对象的属性之间映射查询结果。

support:包含了 core 和 object,例如,提供异常转换功能 SQLException。

org. springframework. jdbc. support. SQLExceptionTranslator 接口负责对 SQLException 进行转译工作。通过必要的设置或者获取 SQLExceptionTranslator 中的方法,可以使 JdbcTemplate 在需要处理 SQLException 时,委托 SQLExceptionTranslator 的实现类完成相应的转译工作。

7.6.2 JdbcTemplate 的解析

针对数据库的操作,Spring 框架提供了 JdbcTemplate 类,该类是 Spring 框架数据抽象层的基础。JdbcTemplate 类继承自抽象类 JdbcAccessor,同时实现了 JdbcOperations 接口。其直接父类 JdbcAccessor 为子类提供了一些访问数据库时使用的公共属性,JdbcOperations 接口定义了在 JdbcTemplate 类中可以使用的操作集合,包括添加、修改、查询和删除等操作。JdbcTemplate 类的继承结构如图 7-20 所示。

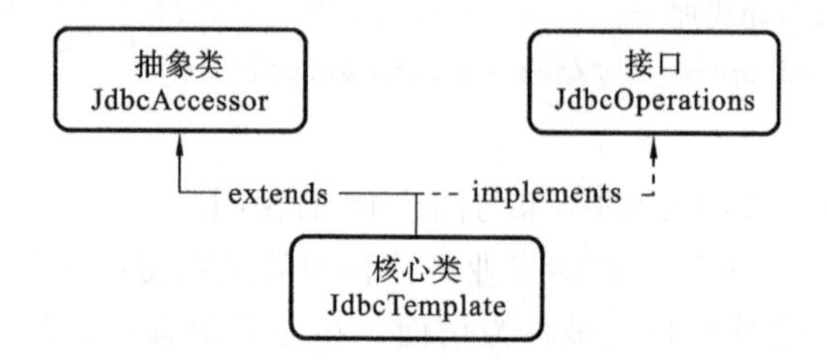

图 7-20 JdbcTemplate 类的继承结构

Spring 中 JDBC 的相关信息是在 Spring 配置文件中完成的,其配置模板如下所示:

```
<?xml version-"1.0" encoding="UTF-8"?>
<beans xmlns="http://www.springframework.org/schema/beans"
xmlns:xsi="http:/www.w3.org/2001/XMLSchema-instance"
xsi:schemaLocation="http://www.springframework.org/schema/beans
http://www.springframework.org/schema/beans/spring-beans.xsd">
<!--配置数据源-->
<bean id="dataSource"
class="org.springframework.jdbc.dataSource.DriverManagerDataSource">
<!--数据库驱动-->
<property name="driverClassName" value="com.mysql.jdbc.Driver" />
<!--连接数据库的 url-->
<property name="url" value="jdbc:mysql://localhost/testdb" />
<!--连接数据库的用户名-->
<property name="username" value="root"/>
<!--连接数据库的密码-->
<property name="password" value="root"/>
</bean>
<!--配置 JDBC 模板-->
<bean id="jdbcTemplate" class="org.springframework.jdbc.core.jdbcTemplate">
<!--默认必须使用数据源-->
<property name="dataSource" ref="dataSource"/>
</bean>
<!--配置注入类-->
<bean id="xxx" class="xxx">
<property name="jdbcTemplate" ref="jdbcTemplate"/>
</bean>
......
</beans>
```

在上述代码中,定义了三个 Bean,分别是 dataSource、jdbcTemplate 和需要注入类的 Bean。其中 dataSource 对应的是 DriverManagerDataSource 类,用于对数据源进行配置;jdbcTemplate 对应 JdbcTemplate 类,该类中定义了 JdbcTemplate 的相关配置。在 dataSource 中定义了四个连接数据库的属性,如表 7-5 所示。

表7-5　dataSource的四个属性

属性名	含　义
driverClassName	所使用的驱动名称，对应驱动JAR包中的Driver类
url	数据源所在的地址
username	访问数据库的用户名
password	访问数据库的密码

表7-5中的属性值需要根据数据库类型或者机器配置的不同进行相应设置。如果数据库的类型不同，则需要更改驱动名称。如果数据库不在本地，则需要将localhost替换成相应的主机IP。当定义jdbcTemplate时，需要将dataSource注入jdbcTemplate中。而在其他的类中使用jdbcTemplate时，也需要将jdbcTemplate注入使用类中（通常注入dao类中）。

7.6.3　JdbcTemplate的常用方法

在JdbcTemplate类中，提供了大量的查询和更新数据库的方法，包括execute()、update()、query()三种方法。

1. execute()方法

execute(String sql)方法能够完成执行SQL语句的功能。

2. update()方法

update()方法可以完成插入、更新和删除操作。在update()方法中存在多个重载的方法，具体介绍如下。

int update(String sql)：该方法是最简单的update()方法重载形式，可以直接传入SQL语句并返回受影响的行数。

int update(PreparedStatementCreator psc)：该方法执行从PreparedStatementCreator返回的语句，然后返回受影响的行数。

int update(String sql, PreparedStatementSetter pss)：该方法通过PreparedStatement-Setter设置SQL语句中的参数，并返回受影响的行数。

int update(String sql,Object[] args)：该方法使用Object[] args设置SQL语句中的参数，要求参数不能为空，并返回受影响的行数。

3. query()方法

JdbcTemplate对JDBC的流程进行了封装，提供了大量的query()方法来处理各种对数据库表的查询操作，常用的query()方法如下。

List query(String sql,PreparedStatementSetter pss,RowMapper rowMapper)：该方法根据String类型的参数提供的SQL语句创建PreparedStatement对象，通过RowMapper将结果返回到List中。

List query(String sql,Object[] args,RowMapper rowMapper)：该方法使用Object[]的值来设置SQL中的参数值，采用RowMapper回调方法可以直接返回List类型的数据。

queryForObject(String sql,Object[] args,RowMapper rowMapper):该方法将 args 参数绑定到 SQL 语句中,通过 RowMapper 返回单行记录,并转换为一个 Object 类型返回。

queryForList(String sql, Object[] args, class〈T〉 elementType):该方法可以返回多行数据的结果,但必须是返回列表,elementType 参数返回的是 List 元素类型。

【例 7-12】 Spring JDBC。

(1) 创建 Web 应用项目及导入包。

在 Eclipse 中创建动态 Web 项目 spring8,将 Spring 框架所需的 JAR 包复制到项目的 lib 目录中,选中所有的 JAR 包,右击 build path,将 JAR 包添加到类路径下,添加后的项目如图 7-21 所示。注意要加入 spring-jdbc-5.2.5.RELEASE.jar、spring-tx-5.2.5.RELEASE.jar 和连接 MySQL 数据库的驱动包。

```
spring8
  Deployment Descriptor: spring8
  JAX-WS Web Services
  Java Resources
    src
      com.jdbc
        Test8.java
      applicationContext.xml
    Libraries
  JavaScript Resources
  Referenced Libraries
  build
  WebContent
    META-INF
    WEB-INF
      lib
        commons-logging-1.2.jar
        mysql-connector-java-5.1.40-bin.jar
        spring-beans-5.2.5.RELEASE.jar
        spring-context-5.2.5.RELEASE.jar
        spring-core-5.2.5.RELEASE.jar
        spring-expression-5.2.5.RELEASE.jar
        spring-jdbc-5.2.5.RELEASE.jar
        spring-tx-5.2.5.RELEASE.jar
```

图 7-21　spring8 项目结构

(2) 在 applicationContext.xml 中添加配置信息,代码如下:

```
<?xml version="1.0" encoding="UTF-8"?>
<beans xmlns="http://www.springframework.org/schema/beans"
    xmlns:xsi="http://www.w3.org/2001/XMLSchema-instance"
    xsi:schemaLocation="http://www.springframework.org/schema/beans
            http://www.springframework.org/schema/beans/spring-beans-4.3.xsd">
    <!--1.配置数据源-->
    <bean id="dataSource"
        class="org.springframework.jdbc.datasource.DriverManagerDataSource">
        <!--1.1.数据库驱动-->
        <property name="driverClassName"
            value="com.mysql.jdbc.Driver"></property>
        <!--1.2.连接数据库的 url-->
        <property name="url"
            value="jdbc:mysql://localhost:3306/testdb?characterEncoding=utf8">
        </property>
        <!--1.3.连接数据库的用户名-->
        <property name="username" value="root"></property>
        <!--1.4.连接数据库的密码-->
        <property name="password" value="root"></property>
    </bean>
    <!--2.配置 JDBC 模板-->
    <bean id="jdbcTemplate"
        class="org.springframework.jdbc.core.JdbcTemplate">
        <!--默认必须使用的数据源-->
        <property name="dataSource" ref="dataSource"></property>
    </bean>
</beans>
```

（3）编写测试类Test8，代码如下：

```
package com.jdbc;
import org.junit.Test;
import org.springframework.context.ApplicationContext;
import org.springframework.context.support.ClassPathXmlApplicationContext;
import org.springframework.jdbc.core.JdbcTemplate;
public class Test8 {
    @Test
    public void mainTest() {
        //加载配置文件
        ApplicationContext applicationContext=new ClassPathXmlApplicationContext
            ("applicationContext.xml");
        //获取jdbcTemplate实例
        JdbcTemplate jdbcTemplate=
            (JdbcTemplate) applicationContext.getBean ("jdbcTemplate");
        //使用execute()方法执行SQL语句，创建用户账户管理表account
        jdbcTemplate.execute("create table user("+
                            "id int primary key auto_increment,"+
                            "name varchar(50),"+
                            "password varchar(20))");
        System.out.println("用户表创建成功!");
    }
}
```

（4）运行项目并查看结果。

选择Test8类，右击Run As→JUnit Test，控制台的输出结果如图7-22所示。

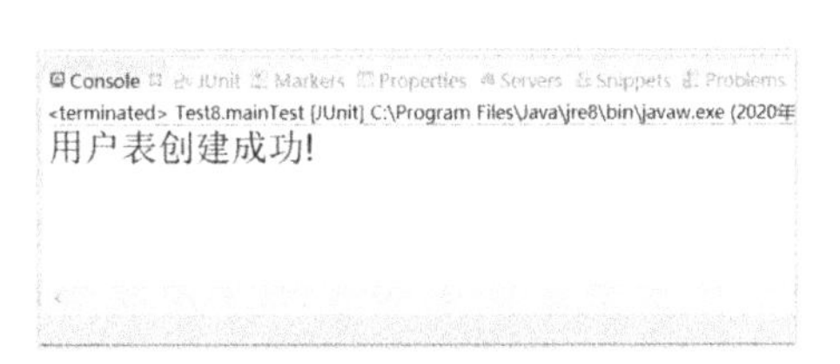

图7-22　运行Test8类控制台的输出结果

7.7　Spring事务管理

事务是一系列操作的最小单元，在Spring中，一个session对应一个事务，要么全部成功，要么全部失败，如果中间有一条出现异常，那么回滚之前的所有操作。事务具有原子性、一致性、隔离性、持久性等特点。

Spring事务的本质其实就是数据库对事务的支持，没有数据库的事务支持，Spring是无法提供事务功能的。真正的数据库层的事务提交和回滚是通过bin log或redo log实现的。

Spring支持编程式事务管理和声明式事务管理两种方式。

编程式事务管理使用TransactionTemplate重写execute()方法实现事务管理。

声明式事务管理建立在AOP之上。其本质是通过AOP功能对方法前后进行拦截，将事务处理的功能编织到拦截的方法中,也就是在目标方法开始之前加入一个事务,在执行完目标方法之后根据执行情况提交或者回滚事务。

声明式事务最大的优点就是不需要在业务逻辑代码中掺杂事务管理的代码,只需在配置文件中做相关的事务规则声明或通过@Transactional注解的方式,便可以将事务规则应用到业务逻辑中。

声明式事务管理要优于编程式事务管理,这正是Spring倡导的非侵入式的开发方式,使业务代码不受污染,只要加上注解就可以获得完全的事务支持。唯一不足的地方是,最细粒度只能作用到方法级别,无法做到像编程式事务那样可以作用到代码块级别。

实现声明式事务管理又有两种方式:基于XML配置文件;基于注解,使用@Transactional注解将事务规则应用到业务逻辑中。

7.7.1 核心接口

Spring的事务管理是基于AOP实现的,而AOP是以方法为单位的。Spring的事务属性分别为传播行为、隔离级别、只读和超时属性,这些属性提供了事务应用的方法和描述策略。

在Java EE开发经常采用的分层模式中,Spring的事务处理位于业务逻辑层,它提供了针对事务的解决方案。

在Spring解压包的libs目录中,包含一个名称为spring-tx-5.2.5.RELEASE.jar的文件,该文件是Spring提供的用于事务管理的JAR包,其中包括事务管理的三个核心接口,即PlatformTransactionManager、TransactionDefinition和TransactionStatus。

将该JAR包的后缀名jar改成zip的形式后,解压压缩包,进入解压文件夹中的\org\springframework\transaction目录后,该目录中的文件如图7-23所示。

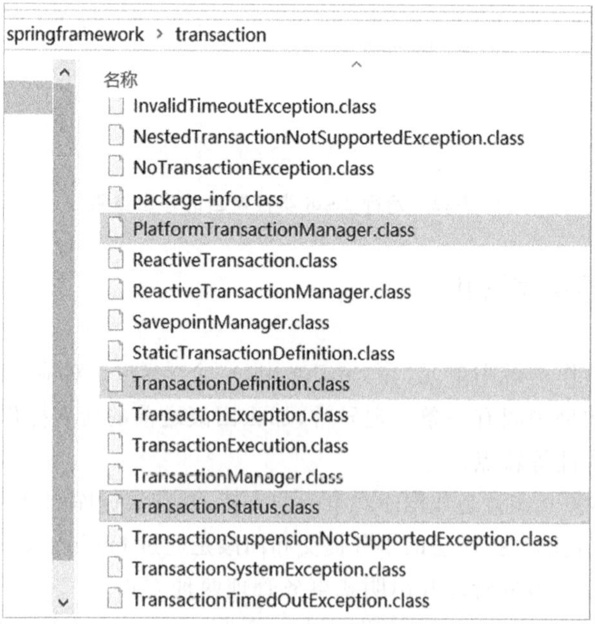

springframework › transaction

名称

InvalidTimeoutException.class
NestedTransactionNotSupportedException.class
NoTransactionException.class
package-info.class
PlatformTransactionManager.class
ReactiveTransaction.class
ReactiveTransactionManager.class
SavepointManager.class
StaticTransactionDefinition.class
TransactionDefinition.class
TransactionException.class
TransactionExecution.class
TransactionManager.class
TransactionStatus.class
TransactionSuspensionNotSupportedException.class
TransactionSystemException.class
TransactionTimedOutException.class

图7-23 事务管理核心接口

在图 7-23 中，方框所标注的三个文件就是本节要讲解的核心接口。这三个核心接口的作用及其提供的方法如下。

1. PlatformTransactionManager

PlatformTransactionManager 接口是 Spring 提供的平台事务管理器，用于管理事务。该接口中提供了三个事务操作方法，具体如下。

- TransactionStatus getTransaction(TransactionDefinition definition)：用于获取事务的状态信息。
- void commit(TransactionStatus status)：用于提交事务。
- void rollback(TransactionStatus status)：用于回滚事务。

在项目中，Spring 将 xml 中配置的事务详细信息封装到对象 TransactionDefinition 中，然后通过事务管理器的 getTransaction()方法获得事务的状态(TransactionStatus)，并对事务执行下一步的操作。

2. TransactionDefinition

TransactionDefinition 接口是事务定义(描述)的对象，它提供了事务相关信息获取的方法，其中包括五个操作，具体如下。

- String getName()：获取事务的对象名称。
- int getIsolationLevel()：获取事务的隔离级别。
- int getPropagationBehavior()：获取事务的传播行为。
- int getTimeout()：获取事务的超时时间。
- boolean isReadOnly()：获取事务是否只读。

在上述五个方法的描述中，事务的传播行为是指在同一个方法中，不同操作前后所使用的事务。传播行为的种类如表 7-6 所示。

表 7-6　传播行为的种类

属性名称	值	描　述
PROPAGATION_REQUIRED	required	支持当前事务。如果 A 方法已经在事务中，则 B 事务将直接使用；否则将创建新事务
PROPAGATION_SUPPORTS	supports	支持当前事务。如果 A 方法已经在事务中，则 B 事务将直接使用；否则将以非事务状态执行
PROPAGATION_MANDATORY	mandatory	支持当前事务。如果 A 方法没有事务，则抛出异常
PROPAGATION_REQUIRES_NEW	requires_new	将创建新的事务，如果 A 方法已经在事务中，则将 A 事务挂起
PROPAGATION_NOT_SUPPORTED	not_supported	不支持当前事务，总是以非事务状态执行。如果 A 方法已经在事务中，则将其挂起
PROPAGATION_NEVER	never	不支持当前事务，如果 A 方法在事务中，则抛出异常
PROPAGATION. NESTED	nested	嵌套事务，底层将使用 Savepoint 形成嵌套事务

在事务管理过程中，传播行为可以控制是否创建事务以及如何创建事务。

通常情况下，数据的查询不会改变原数据，所以不需要进行事务管理，而对于数据的增加、修改和删除等操作，必须进行事务管理。如果没有指定事务的传播行为，则 spring3 默认的传播行为是 required。

3. TransactionStatus

TransactionStatus 接口是事务的状态，它描述了某一时间点上事务的状态信息。其中包含六个操作，具体如表 7-7 所示。

表 7-7　事务的操作

名　　称	说　　明
void flush()	刷新事务
boolean hasSavepoint()	获取是否存在保存点
boolean isCompleted()	获取事务是否完成
boolean isNewTransaction()	获取是否是新事务
boolean isRollbackOnly()	获取是否回滚
void setRollbackOnly()	设置事务回滚

7.7.2　注解声明式事务管理

关于事务最简单的实例就是其一致性，比如在整个事务执行过程中，如果任何一个位置报错，那么都会导致事务回滚，回滚之后数据的状态将和事务执行之前的完全一致。这里我们以用户数据为例，在插入用户数据的时候，如果程序报错了，那么插入的动作就会回滚。

【例 7-13】 事务管理。

(1) 创建 Web 应用项目及导入包。

在 Eclipse 中创建动态 Web 项目 spring9，将 Spring 框架所需的 JAR 包复制到项目的 lib 目录中，选中所有的 JAR 包，右击 build path，将 JAR 包添加到类路径下，添加后的项目如图 7-24 所示。注意要加入 spring-jdbc-5.2.5.RELEASE.jar、spring-tx-5.2.5.RELEASE.jar 和连接 MySQL 数据库的驱动包。

spring9
Deployment Descriptor: spring9
JAX-WS Web Services
Java Resources
src
com.system
Test9.java
User.java
UserService.java
UserServiceImpl.java
applicationContext.xml
Libraries
JavaScript Resources
Referenced Libraries
build
WebContent
META-INF
WEB-INF
lib
aopalliance-1.0.jar
aspectjweaver-1.8.10.jar
commons-logging-1.2.jar
mysql-connector-java-5.1.40-bin.jar
spring-aop-5.2.5.RELEASE.jar
spring-aspects-5.2.5.RELEASE.jar
spring-beans-5.2.5.RELEASE.jar
spring-context-5.2.5.RELEASE.jar
spring-core-5.2.5.RELEASE.jar
spring-expression-5.2.5.RELEASE.jar
spring-jdbc-5.2.5.RELEASE.jar
spring-tx-5.2.5.RELEASE.jar

图 7-24　spring9 项目结构

(2) 创建类 User。

在项目的 src 目录下创建一个名为 com.system 的包，然后在该包中创建一个名为 User 的类，并在该类中创建属性和对应的 getter、setter 方法，代码如下：

```
package com.system;
public class User {
```

```
    private long id;
    private String name;
    private String password;
    public long getId() {
        return id;
    }
    public void setId(long id) {
        this.id=id;
    }
    public String getName() {
        return name;
    }
    public void setName(String name) {
        this.name=name;
    }
    public String getPassword() {
        return password;
    }
    public void setPassword(String password) {
        this.password=password;
    }
}
```

（3）创建接口 UserService。

在 com. system 包中创建一个名为 UserService 的接口，并在该接口中添加一个 insert()方法，代码如下：

```
package com.system;
public interface UserService {
    void insert(User user);
}
```

（4）创建接口实现类 UserServiceImpl。

在 com. system 包中创建一个名为 UserServiceImpl 的类，并在该类中实现 insert()方法，代码如下：

```
package com.system;
import org.springframework.beans.factory.annotation.Autowired;
import org.springframework.jdbc.core.JdbcTemplate;
import org.springframework.stereotype.Service;
import org.springframework.transaction.annotation.Transactional;
@Service
@Transactional
public class UserServiceImpl implements UserService {
    @Autowired
```

```
    private JdbcTemplate jdbcTemplate;
    @Override
    public void insert(User user) {
        jdbcTemplate.update("insert into user (name, password) value (?,?)",
            user.getName(), user.getPassword());
    }
}
```

在进行事务支持时，Spring只需要使用者在事务支持的Bean上使用@Transactional注解即可，如果需要修改事务的隔离级别和传播特性的属性，则使用该注解中的属性指定。这里默认的隔离级别与各个数据库的一致，比如MySQL是Repeatable Read，而传播特性默认则为Propagation.REQUIRED，即只需要操作当前具体事务即可。

（5）在applicationContext.xml中添加配置信息，代码如下：

```
<?xml version="1.0" encoding="UTF-8"?>
<beans xmlns="http://www.springframework.org/schema/beans"
    xmlns:xsi="http://www.w3.org/2001/XMLSchema-instance"
    xmlns:tx="http://www.springframework.org/schema/tx"
    xmlns:context="http://www.springframework.org/schema/context"
    xsi:schemaLocation="http://www.springframework.org/schema/beans
        http://www.springframework.org/schema/beans/spring-beans.xsd
        http://www.springframework.org/schema/context
        http://www.springframework.org/schema/context/spring-context.xsd
        http://www.springframework.org/schema/aop
        http://www.springframework.org/schema/aop/spring-aop.xsd
        http://www.springframework.org/schema/tx
        http://www.springframework.org/schema/tx/spring-tx.xsd">
    <!--配置数据源-->
    <bean id="dataSource"
        class="org.springframework.jdbc.datasource.DriverManagerDataSource">
        <!--数据库驱动-->
        <property name="driverClassName"
            value="com.mysql.jdbc.Driver"></property>
        <!--连接数据库的url-->
        <property name="url"value=
            "jdbc:mysql://localhost:3306/testdb?characterEncoding=utf8">
                </property>
        <!--连接数据库的用户名-->
        <property name="username" value="root"></property>
        <!--连接数据库的密码-->
        <property name="password" value="root"></property>
    </bean>
    <!--配置JDBC模板-->
    <bean id="jdbcTemplate"
```

```
        class="org.springframework.jdbc.core.JdbcTemplate">
        <!--默认必须使用数据源-->
    <property name="dataSource" ref="dataSource"> </property>
    </bean>
    <!--为数据源添加事务管理器-->
    <bean id="transactionManager"
        class="org.springframework.jdbc.datasource.DataSourceTransactionManager">
        <property name="dataSource" ref="dataSource"/>
    </bean>
    <context:component-scan base-package="com.system"/>
    <tx:annotation-driven/>
</beans>
```

上述数据库配置用户按照各自的设置进行配置即可。可以看到，这里对数据库的配置，主要包括四个方面。

DataSource 配置：设置当前应用所需要连接的数据库，包括链接、用户名、密码等。

JdbcTemplate 声明：封装了客户端调用数据库的方式，用户可以使用其他的方式，如 JpaRepository、MyBatis 等。

TransactionManager 配置：指定了事务的管理方式，这里使用的是 DataSourceTransactionManager，对于不同的链接方式，也可以进行不同的配置，比如，对于 JpaRepository 使用 JpaTransactionManager，对于 Hibernate 使用 HibernateTransactionManager。

tx:annotation-driven：主要用于事务驱动，其会通过 AOP 的方式声明一个为事务支持的通知，通过该通知与事务的相关配置进行事务的相关操作。

（6）编写测试类 Test9。

在 com. system 包中创建一个名为 Test9 的类，向数据库表中插入一条记录，代码如下：

```
package com.system;
import org.junit.Test;
import org.springframework.context.ApplicationContext;
import org.springframework.context.support.ClassPathXmlApplicationContext;
import org.springframework.jdbc.core.JdbcTemplate;
public class Test9 {
    @Test
    public void testTransaction() {
        ApplicationContext applicationContext =new ClassPathXmlApplicationContext
                                                ("applicationContext.xml");
        UserService userService=applicationContext.getBean(UserService.class);
        User user=getUser();
        userService.insert(user);
      }
      private User getUser() {
```

```
        User user=new User();
        user.setName("Lucy");
        user.setPassword("123");
        return user;
    }
}
```

（7）运行项目并查看结果。

选择 Test9 类，右击 Run As→JUnit Test，控制台的输出结果如图 7-25 所示。

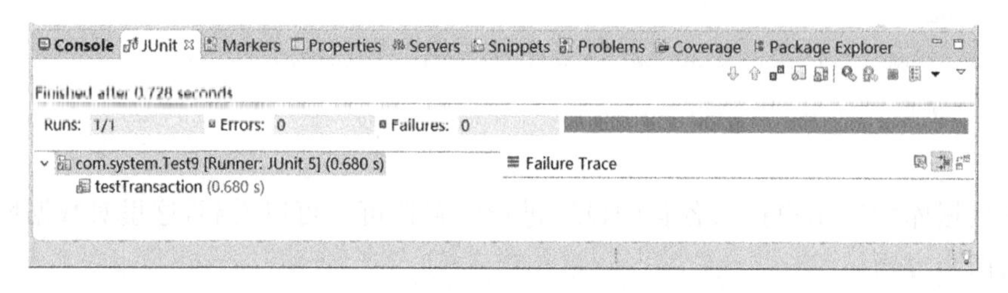

图 7-25　运行 Test9 类控制台的输出结果

可以看到在数据库表 user 中已经成功添加了一条新的记录。如果我们在业务代码的插入语句之后手动抛出一个异常，那么，理论上插入语句是会回滚的。如下是修改后的 service 代码：

```
@Service
@Transactional
public class UserServiceImpl implements UserService {
    @Autowired
    private JdbcTemplate jdbcTemplate;
    @Override
    public void insert(User user) {
        jdbcTemplate.update("insert into user (name, password) value (?,?)",
            user.getName(), user.getPassword());
        throw new RuntimeException();
    }
}
```

这里手动抛出了一个 RuntimeException，再次运行上述程序之后，发现数据库中是没有新增数据的，这说明我们的事务在程序出错后是能够保证数据一致性的。

7.8　小结

本章首先介绍了 Spring IoC 容器，其核心是把程序的业务代码与事务（组件、POJO 类）代码进行分离，程序的有关事务的创建、属性和依赖对象的注入，以及生命周期交由容器进行加载和管理。业务代码只需从容器中获取组件或 POJO 实例对象即可，无需再考虑组件之间、组件与 POJO 之间的依赖关系以及属性的注入。

接着介绍了在DI中注入的方式，如属性、构造函数、注解注入，以及Spring Bean的自动装配和实例化的几种方式。

AOP是Spring框架面向切面的编程思想，AOP采用一种称为“横切”的技术，将涉及多业务流程的通用功能抽取出来，并进行单独封装，形成独立的切面，在合适的时机将这些切面横向切入到业务流程指定的位置中。本节结合实际案例详细讲述了AOP的原理及其实现过程。通过本节的学习，可以理解AOP的编程思想及其原理，掌握AOP的实现技术。

Spring框架针对数据库开发中的应用提供了JdbcTemplate类，该类是Spring对JDBC支持的核心，它提供了所有对数据库操作功能的支持。

Spring的事务管理是基于AOP实现的，Spring的事务处理位于业务逻辑层，它提供了针对事务的解决方案。

通过本章的学习，读者应能够理解IoC和DI的概念与关系，能够完成Bean的注入和自动装配，了解Spring Bean的实例化方式，运用注解完成AOP，运用JDBC完成对数据库的操作，并理解声明式事务管理的方法。

习 题 7

1. Spring中支持的Bean作用域有几种?
2. 如何定义Bean的作用域?
3. 请说明Bean的生命周期。
4. 简述AOP的概念。
5. 简述Spring AOP的实现机制。
6. 简述Spring JDBC的概念。
7. 简述使用Spring JDBC封装Dao的方法?
8. Spring框架的两大核心是____________和____________。

第 8 章　Spring MVC 基础

学习目标

- Spring MVC 简介；
- Spring MVC 工作流程；
- Spring MVC 开发过程。

8.1　Spring MVC 简介

Spring MVC(模型-视图-控制器)是 Spring 的一个模块，属于 Spring Framework 的后续产品，已经融合在 Spring Web Flow 里。Spring 框架提供了构建 Web 应用程序的全功能 MVC 模块。

使用 Spring 可插入的 MVC 架构，当使用 Spring 进行 Web 开发时，可以选择使用 Spring 的 Spring MVC 框架或集成其他的 MVC 开发框架，如 Struts1、Struts2 等。

Spring MVC 框架提供了 MVC 架构和用于开发灵活和松散耦合的 Web 应用程序的组件。MVC 模式能导致应用程序的不同方面(输入逻辑、业务逻辑和 UI 逻辑)分离，同时提供这些元素之间的松散耦合。

模型(Model)负责封装应用程序数据，通常模型由 POJO 类组成。视图(View)负责渲染模型数据，一般来说，视图生成的客户端浏览器可以解释 HTML 输出。控制器(Controller)负责处理用户请求并构建适当的模型，再将其传递给视图进行渲染。

使用 MVC 的优点有如下几个方面。

(1) 分工明确：使用 MVC 可以将数据库开发、程序业务逻辑开发、页面开发分开，每一层都具有相同的特征，方便以后的代码维护。MVC 可使程序员(Java 开发人员)集中精力于业务逻辑上，界面程序员(HTML 和 JSP 开发人员)集中精力于表现形式上。

(2) 松散耦合：视图层和业务层分离，这样就允许更改视图层代码而不用重新编译模型层和控制器层代码。同样，一个应用的业务流程或者业务规则的改变，只需要改动 MVC 的模型层即可。因为模型与控制器和视图相分离，所以很容易改变应用程序的数据和业务规则。

(3) 复用性高(利于各层逻辑的复用)：像多个视图一样能够共享一个模型，不论你的视图层是 flash 界面还是 wap 界面，用一个模型就能处理它们。将数据和业务规则从表示层分开，就可以最大化地重用代码。

(4) 有利于标准化。

使用 MVC 的缺点有如下几个方面。

(1) 有时会导致级联的修改。这种修改尤其体现在自上而下的方向。如果要在表示层中增加一个功能，为了保证其设计符合分层式结构，那么可能需要在相应的业务逻辑层和数据访问层中增加相应的代码。

（2）降低了系统的性能。这是不言而喻的。如果不采用分层式结构，那么很多业务可以直接造访数据库，以此获取相应的数据，而如今必须通过中间层来完成。

（3）由于 MVC 没有明确的定义，所以要完全理解 MVC 并不是很容易。使用 MVC 需要精心计划，由于它的内部原理比较复杂，所以需要花费一些时间去思考。

（4）MVC 并不适合小型甚至中等规模的应用程序，花费大量时间将 MVC 应用到规模并不是很大的应用程序通常会得不偿失。

常见的服务器端 MVC 框架有 Struts、Spring MVC、ASP. NET MVC、Zend Framework、JSF；常见的前端 MVC 框架有 Vue、AngularJS、React、Backbone；也有由 MVC 演化出的另外一些模式，如 MVP、MVVM 等。

Spring MVC 是 Spring Framework 的一部分，是基于 Java 实现的 MVC 轻量级 Web 框架。Spring MVC 的特点包含以下几点。

（1）轻量。

（2）高效。

（3）与 Spring 兼容性好。

（4）功能强大。如 Restful、数据验证、格式化、绑定机制、本地化、主题等。

（5）简洁灵活。

Spring MVC 围绕 DispatcherServlet 设计。DispatcherServlet 的作用是将请求分发到不同的处理器。从 Spring 2.5 版开始，使用 Java 5 或者以上版本的用户可以采用基于注解的 Controller 声明方式。Spring MVC 的功能包含以下几点。

● 清晰的角色划分：控制器（Controller）、验证器（Validator）、命令对象（command object）、表单对象（form object）、模型对象（model object）、前端控制器（DispatcherServlet）、处理器映射器（HandlerMapping）、视图解析器（ViewResolver）等。每一个角色都可以由一个专门的对象来实现。

● 强大而直接的配置方式：框架类和应用程序类都能作为 JavaBean 配置，支持跨多个 context 的引用，例如，在 Web 控制器中对业务对象和验证器（Validator）的引用。

● 可适配、非侵入：可以根据不同的应用场景，选择合适的控制器子类（simple 型、command 型、form 型、wizard 型、multi-action 型或自定义），而不是从单一控制器（比如 Action/ActionForm）继承。

● 可重用的业务代码：可以使用现有的业务对象作为命令或表单对象，而不需要去扩展某个特定框架的基类。

● 可定制的绑定（binding）和验证（validation）：比如，将类型不匹配作为应用级的验证错误，这可以保存错误的值。再比如，本地化的日期和数字绑定等。在其他框架中，你只能使用字符串表单对象，并需要手动解析它及转换到业务对象。

● 可定制的 HandlerMapping 和 ViewResolution：Spring 提供从最简单的 URL 映射到复杂的、专用的定制策略。与某些 Web MVC 框架强制开发人员使用单一特定技术相比，Spring 显得更加灵活。

● 灵活的模型转换：在 Spring MVC 框架中，使用基于 Map 的键/值对来达到轻易地与各种视图技术的集成。

● 可定制的本地化和主题(theme)解析：支持在 JSP 中可选择地使用 Spring 标签库、支持 JSTL、支持 Velocity(不需要额外的中间层)等。

● 简单而强大的 Spring 标签库(Spring tag library)：支持包括诸如数据绑定和主题(theme)之类的许多功能。它提供在标记方面的最大灵活性。

● JSP 表单标签库：在 Spring 2.0 中引入的表单标签库，使得在 JSP 中编写表单更容易。

8.2 Spring MVC 工作流程

8.2.1 Spring MVC 工作流程概述

Spring MVC 框架主要由前端控制器、处理器映射器、处理器适配器、处理器、视图解析器、视图组成，其工作原理如图 8-1 所示。

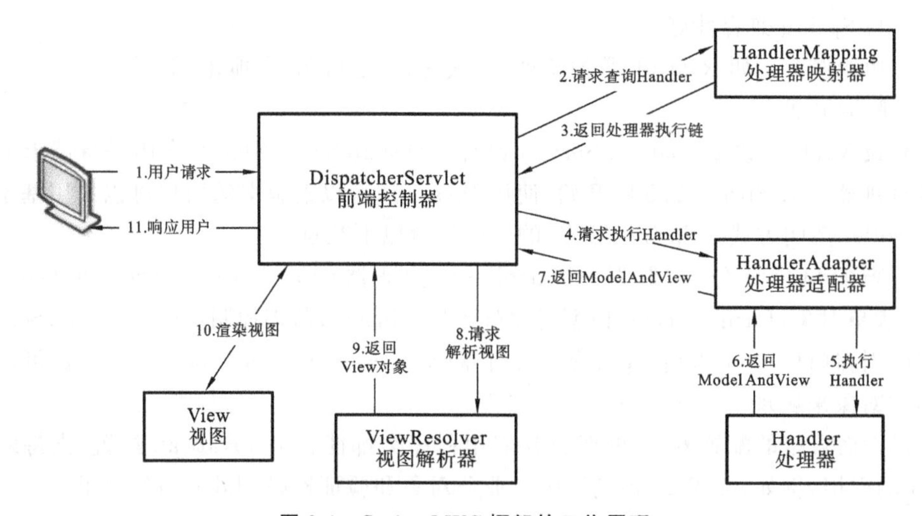

图 8-1 Spring MVC 框架的工作原理

Spring MVC 的工作流程如下。

Spring MVC(模型-视图-控制器)框架是围绕 DispatcherServlet 设计的，用于处理所有的 HTTP 请求和响应。以下是对应于从 DispatcherServlet 传入 HTTP 请求的事件顺序。

(1) 用户向服务器发送请求，请求被 Spring 前端控制器(DispatcherServlet)捕获。

(2) DispatcherServlet 对请求 URL 进行解析，得到请求资源标识符(URI)，然后根据该 URI 调用 HandlerMapping(处理器映射器)。

(3) HandlerMapping 找到具体的处理器(可查找 xml 配置或注解配置)，生成处理器对象及处理器拦截器(如果有)，再一起返回给 DispatcherServlet，并以 HandlerExecution-Chain 对象的形式返回。

(4) DispatcherServlet 调用 HandlerAdapter(处理器适配器)。

(5) HandlerAdapter 经过适配调用具体的处理器(Handler 也称 Controller)。

(6) Controller 执行完成后返回 ModelAndView 对象。

(7) HandlerAdapter 将 Controller 的执行结果 ModelAndView 返回给 DispatcherServlet。

(8) DispatcherServlet 将 ModelAndView 传给 ViewReslover(视图解析器)。

(9) ViewReslover 解析后返回具体的视图(View)。

(10) DispatcherServlet 根据视图进行渲染(即将模型数据填充至视图中)。

(11) DispatcherServlet 响应用户,在浏览器上呈现出来。

在接收到 HTTP 请求后,DispatcherServlet 会查询 HandlerMapping 以调用相应的 Controller。Controller 接收请求并根据使用的 GET 或 POST 方法调用相应的服务方法。服务方法将基于定义的业务逻辑设置模型数据,并将视图名称返回给 DispatcherServlet。DispatcherServlet 将从 ViewResolver 获取请求的定义视图。当视图完成后,DispatcherServlet 将模型数据传递到最终的视图,并在浏览器上呈现出来。

8.2.2 关键组件分析

从图 8-1 中可以看到 Spring MVC 的各个接口。

DispatcherServlet:前端控制器,由 Spring MVC 提供。它的主要作用是接收请求,响应结果,相当于转发器、中央处理器。Spring MVC 的所有请求都经过 DispatcherServlet 来统一分发,在 DispatcherServlet 将请求分发给 Controller 之前,需要借助 Spring MVC 提供的 HandlerMapping 定位到具体的 Controller。

HandlerMapping:处理器映射器,由 Spring MVC 提供。用于解析 url,将该 url 映射到某一个 Controller 上。根据请求的 url 查找处理器(Handler),可以通过 XML 和注解方式来映射。负责完成从客户请求到 Controller 映射。

HandlerAdapter:处理器适配器,由 Spring MVC 提供。用于将 url 映射到某个 Controller 的某个方法上。按照特定规则(HandlerAdapter 要求的规则)去执行 Handler。

Handler:处理器,需要程序员开发。主要作用是接收用户的请求信息,调用业务方法处理请求,也称后端控制器。

ViewResolver:视图解析器,由 Spring MVC 提供。主要作用是进行视图解析,将逻辑视图名解析成真正的物理视图。

View:真正的视图页面,由程序员编写。主要作用是把数据展现给用户的页面,View 是一个接口,实现类支持不同的 View 技术(JSP、Freemarker、PDF 等)。

HandlerMapping、Controller 和 ViewResolver 是 WebApplicationContext 的一部分,它是普通 ApplicationContext 的扩展,带有 Web 应用程序所需的一些额外功能。

下面主要介绍几种。

1. 处理器映射器

通过处理器映射器(HandlerMapping),可以将 Web 请求映射到正确的处理器上。当接收到请求时,DispatcherServlet 将请求交给 HandlerMapping,让它检查请求并找到一个合适的 HandlerExecutionChain,这个 HandlerExecutionChain 包含一个能处理该请求的处理器。然后,DispatcherServlet 执行在 HandlerExecutionChain 中的处理器。

Spring 内置了许多处理器映射器，目前主要有三个实现。SimpleUrlHandlerMapping、BeanNameUrlHandlerMapping 和 RequestMappingHandlerMapping。

（1）SimpleUrlHandlerMapping 在应用上下文中可以进行配置，并且有 Ant 风格的路径匹配功能。例如在 springmvc. xml 中配置一个 SimpleUrlHandlerMapping 处理器映射。

springmvc. xml 配置的代码如下：

```
<!--1.创建 SimpleUrlHandlerMapping-->
<bean class="org.springframework.web.servlet.handler.SimpleUrlHandlerMapping">
        <property name="mappings">
            <props>
                <prop key="/hello.do"> helloController</prop>
            </props>
        </property>
</bean>

<!--2.创建 Controller 对象-->
<bean id="helloController" class="com.system.controller.HelloController"/>

<!--3.视图解析器-->
<bean class="org.springframework.web.servlet.view.InternalResourceViewResolver">
        <property name="prefix" value="/pages/"/>
        <property name="suffix" value=".jsp" />
</bean>
```

对应的 Controller 类的主要代码如下：

```
public class HelloController implements Controller {
    @Override
    public ModelAndView handleRequest(HttpServletRequest httpServletRequest,
        HttpServletResponse httpServletResponse) throws Exception {
        ModelAndView mv=new ModelAndView("success");
        return mv;
    }
}
```

（2）BeanNameUrlHandlerMapping 将收到的 HTTP 请求映射到 Bean 的名字上。例如，将包含 http://localhost:8080/hello. do 的访问请求映射到指定的 HelloController 上。springmvc. xml 配置的代码如下：

```
<!--1.创建 BeanNameUrlHandlerMapping-->
<bean class="org.springframework.web.servlet.handler.BeanNameUrlHandlerMapping"/>

<!--2.创建 Controller 对象，这里的 id 必须为页面访问的路径（以斜杠开头）-->
<bean id="/hello.do" class="com.system.controller.HelloController"/>

<!--3.视图解析器-->
```

```
<bean class="org.springframework.web.servlet.view.InternalResourceViewResolver">
        <property name="prefix" value="/pages/"/>
        <property name="suffix" value=".jsp" />
</bean>
```

对应的 Controller 类的主要代码如下：

```
public class HelloController implements Controller {
    @Override
    public ModelAndView handleRequest(HttpServletRequest httpServletRequest,
        HttpServletResponse httpServletResponse) throws Exception {
        ModelAndView mv=new ModelAndView("success");
        return mv;
    }
}
```

(3) RequestMappingHandlerMapping 是三个中最常用的 HandlerMapping，因为注解方式比较通俗易懂，代码界面清晰，所以只需要在代码前加上@RequestMapping()的相关注释就可以了。

springmvc.xml 配置的代码如下：

```
<!--1.扫描 Controller 的包-->
<context:component-scan base-package="com.system.controller"/>
<!--2.配置视图解析器-->
<bean class="org.springframework.web.servlet.view.InternalResourceViewResolver">
        <!--2.1 页面前缀-->
        <property name="prefix" value="/pages/"/>
        <!--2.2 页面后缀-->
        <property name="suffix" value=".jsp"/>
</bean>

<!--3.创建 RequestMappingHandlerMapping 对象-->
<mvc:annotation-driven/>
```

对应的 Controller 类的主要代码如下：

```
@Controller
public class HelloController {
    @RequestMapping("/hello.do")
    public String hello(){
        System.out.println("进入控制器的方法");
        return "success";
    }
}
```

2. 处理器适配器

处理器适配器(HandlerAdapter)的作用用一句话概括就是调用具体的方法对用户发送来

的请求进行处理。当 HandlerMapping 获取到执行请求的 Controller 时，DispatcherServlte 会根据 Controller 对应的 Controller 类型来调用相应的 HandlerAdapter 来进行处理。

HandlerAdapter 的实现有 HttpRequestHandlerAdapter、SimpleServletHandlerAdapter、SimpleControllerHandlerAdapter、AnnotationMethodHandlerAdapter(Spring MVC 3.1 后已废弃)和 RequestMappingHandlerAdapter。

(1) HttpRequestHandlerAdapter 可以处理类型为 HttpRequestHandler 的 Handler，对 Handler 的处理是调用 HttpRequestHandler 的 handleRequest()方法。

springmvc.xml 配置如下，创建了 HttpRequestHandlerAdapter 对象。

```
<!--1.创建 BeanNameUrlHandlerMapping-->
<bean class="org.springframework.web.servlet.handler.BeanNameUrlHandlerMapping"/>

<!--2.创建 HttpRequestHandlerAdapter-->
    <bean class="org.springframework.web.servlet.mvc.HttpRequestHandlerAdapter"/>

<!--3.创建 Controller 对象，这里的 id 必须为页面访问的路径(以斜杠开头)-->
<bean id="/hello.do" class="com.system.controller.HelloController"/>
```

对应的 Controller 类的主要代码如下：

```
public class HelloController implements HttpRequestHandler {
    @Override
    public void handleRequest(HttpServletRequest request,
        HttpServletResponse response) throws ServletException, IOException {
        response.getWriter().write("Hello");
    }
}
```

(2) SimpleServletHandlerAdapter 可以处理类型为 Servlet，即把 Servlet 当成 Controller 来处理，使用 Servlet 的 service()方法处理用户的请求。

springmvc.xml 配置的代码如下：

```
<!--1.创建 BeanNameUrlHandlerMapping-->
<bean class="org.springframework.web.servlet.handler.
    BeanNameUrlHandlerMapping"/>

<!--2.创建 SimpleServletHandlerAdapter-->
<bean class="org.springframework.web.servlet.handler.SimpleServletHandlerAdapter"/>

<!--3.创建 Controller 对象，这里的 id 必须为页面访问的路径(以斜杠开头)-->
<bean id="/hello.do" class="com.system.controller.HelloServlet"/>
```

对应的 Controller 类的主要代码如下：

```
public class HelloServlet extends HttpServlet{
    @Override
```

```
    protected void doGet(HttpServletRequest req,
        HttpServletResponse resp) throws ServletException, IOException {
        resp.getWriter().write("Hello ");
    }
    @Override
    protected void doPost(HttpServletRequest req,
        HttpServletResponse resp) throws ServletException, IOException {
        super.doGet(req,resp);
    }
}
```

(3) SimpleControllerHandlerAdapter 可以处理类为 Controller 的控制器，使用 Controller 的 handleRequest()方法处理用户请求。

springmvc. xml 配置的代码如下：

```
<!--1.创建 BeanNameUrlHandlerMapping-->
<bean class="org.springframework.web.servlet.handler.BeanNameUrlHandlerMapping"/>

<!--2.创建 SimpleControllerHandlerAdapter-->
<bean class="org.springframework.web.servlet.mvc.SimpleControllerHandlerAdapter"/>

<!--3.创建 Controller 对象，这里的 id 必须为页面访问的路径(以斜杠开头)-->
<bean id="/hello.do" class="com.system.controller.HelloController"/>
```

对应的 Controller 类的主要代码如下：

```
public class HelloController implements Controller {
    @Override
    public ModelAndView handleRequest(HttpServletRequest request,
        HttpServletResponse response) throws Exception {
        response.getWriter().write("Hello");
        return null;
    }
}
```

(4) RequestMappingHandlerAdapter 可以处理类型为 HandlerMethod 的控制器，通过 Java 反射调用 HandlerMethod 的方法来处理用户的请求。

springmvc. xml 配置的代码如下：

```
<!--1.扫描 Controller，创建 Controller 对象-->
<context:component-scan base-package="com.system.controller"/>

<!--2.创建 RequestMappingHandlerMapping-->
<bean class="org.springframework.web.servlet.mvc.method.annotation.
    RequestMappingHandlerMapping"/>
```

```
<!--3.创建 RequestMappingHandlerAdapter-->
<bean class="org.springframework.web.servlet.mvc.method.annotation.
    RequestMappingHandlerAdapter"/>
```

对应的 Controller 类的主要代码如下：

```
@Controller
public class HelloController{
    @RequestMapping("/hello.do")
    public void hello(HttpServletRequest request,
        HttpServletResponse response) throws IOException {
        response.getWriter().write("Hello");
    }
}
```

3. 视图解析器

Spring MVC 中的视图解析器(ViewResolver)的主要作用就是将逻辑视图转换成用户可以看到的物理视图。

当用户对 Spring MVC 应用程序发起请求时，这些请求都会被 Spring MVC 的 DispatcherServlet 处理，通过处理器找到最为合适的由 HandlerMapping 定义的请求映射，然后通过 HandlerMapping 找到相对应的 Handler，再通过相对应的 HandlerAdapter 处理该 Handler。返回结果是一个 ModelAndView 对象，当该 ModelAndView 对象中不包含真正的视图，而是一个逻辑视图路径的时候，ViewResolver 就会把该逻辑视图路径解析为真正的 View 对象，然后通过 View 的渲染，将最终结果返回给用户。

在 Spring MVC 中处理视图时，最终需要的两个接口就是 ViewResolver 和 View。ViewResolver 的主要作用是将逻辑视图解析成物理视图，View 的主要作用是调用其 render()方法将物理视图进行渲染。

Spring MVC 提供的常见视图解析器如表 8-1 所示。

表 8-1 Spring MVC 提供的常见视图解析器

视图类型	说明
BeanNameViewResolver	将逻辑视图名称解析为一个 Bean，Bean 的 id 等于逻辑视图名
InternalResourceViewResolver	将视图名解析为一个 URL 文件，一般使用该解析器将视图名映射为一个保存在 WEB-INF 目录下的程序文件，如 JSP
JapserReportsViewResolver	JapserReports 是基于 Java 的开源报表工具，该解析器解析为报表文件对应的 URL
FreeMarkerViewResolver	解析为基于 FreeMarker 模板的模板文件
VelocityViewResolver	解析为 Velocity 模板技术的模板文件
VelocityLayoutViewResolver	解析为 Velocity 模板技术的模板文件

springmvc. xml 中配置视图解析器的代码如下：

```
<bean class="org.springframework.web.servlet.view.InternalResourceViewResolver">
```

```
    <!--页面前缀-->
    <property name="prefix" value="/pages/"/>
    <!--页面后缀-->
    <property name="suffix" value=".jsp"/>
</bean>
```

8.3　Spring MVC 开发过程

【例 8-1】 Spring MVC 入门。

(1) 创建 Web 应用项目。

单击 File→New，选择 Dynamic web project，并取项目名称为 springmvc1。在 lib 目录中添加 Spring MVC 程序所需要的 JAR 包，包括 Spring 的四个核心 JAR 包、commons-logging 的 JAR 包以及两个与 Web 相关的 JAR 包(spring-web-5.2.5.RELEASE.jar 和 spring-webmvc-5.2.5.RELEASE.jar)。

另外，在 Spring MVC 应用中使用注解时不要忘记添加 spring-aop-5.2.5.RELEASE.jar 包，添加后的 JAR 包如图 8-2 所示。

图 8-2　springmvc1 项目结构

(2) 添加配置文件。

在 WEB-INF 文件夹下添加 web.xml 文件。在 web.xml 文件中部署 DispatcherServlet，代码如下：

```
<?xml version="1.0" encoding="UTF-8"?>
<web-app xmlns:xsi="http://www.w3.org/2001/XMLSchema-instance"
        xmlns="http://java.sun.com/xml/ns/javaee"
        xsi:schemaLocation="http://java.sun.com/xml/ns/javaee
        http://java.sun.com/xml/ns/javaee/web-app_3_0.xsd"
    id="WebApp_ID" version="3.0">
    <servlet>
        <!--配置前端过滤器-->
        <servlet-name>springmvc</servlet-name>
        <servlet-class>
            org.springframework.web.servlet.DispatcherServlet
        </servlet-class>
        <!--初始化时加载配置文件-->
        <init-param>
            <param-name>contextConfigLocation</param-name>
            <param-value>classpath:springmvc-config.xml</param-value>
        </init-param>
        <!--表示容器在启动时立即加载 Servlet-->
```

```
        <load-on-startup>1</load-on-startup>
    </servlet>
    <servlet-mapping>
        <servlet-name>springmvc</servlet-name>
        <url-pattern>/</url-pattern>
    </servlet-mapping>
</web-app>
```

通过使用 web. xml 文件中的 URL 来映射希望 DispatcherServlet 处理的请求。DispatcherServlet 是 Spring MVC 提供的核心控制器，这是一个 Servlet 程序，该 Servlet 会接收所有的请求。核心控制器会在应用程序的 WEB-INF 目录下查找一个配置文件，该配置文件的命名规则是“servletName-servlet. xml”，例如 springmvc-servlet. xml，从而加载 Spring MVC 的核心配置。〈servlet-mapping〉标签指示哪些 URL 将由 DispatcherServlet 处理。〈load-on-startup〉1〈/load-on-startup〉中的数值越大，对象创建的优先级越低。数值越低，对象创建的优先级越高。

(3) 创建 Web 页面。

编写 hello. jsp 页面，代码如下：

```
<%@page language="java" contentType="text/html;charset=UTF-8"
    pageEncoding="UTF-8"%>
<!DOCTYPE html PUBLIC "-//W3C//DTD HTML 4.01 Transitional//EN"
   "http://www.w3.org/TR/html4/loose.dtd">
<html>
<head>
<meta http-equiv="Content-Type" content="text/html;charset=UTF-8">
<title>入门程序</title>
</head>
<body>
    ${msg}
</body>
</html>
```

(4) 创建 Controller 类。

编写 HelloController 类的文件，代码如下。该控制器类实现了 Controller 接口，能处理页面的请求。

```
package com.system.controller;
import javax.servlet.http.HttpServletRequest;
import javax.servlet.http.HttpServletResponse;
import org.springframework.web.servlet.ModelAndView;
import org.springframework.web.servlet.mvc.Controller;
public class HelloController implements Controller{
    public ModelAndView handleRequest(HttpServletRequest request,
                                    HttpServletResponse response)  {
```

```
        ModelAndView mv=new ModelAndView();
        mv.addObject("msg", "hello world!");
        mv.setViewName("/WEB-INF/jsp/hello.jsp");
        return mv;
    }
}
```

(5) 创建配置文件 springmvc-config. xml。

需要在 Spring MVC 配置文件中部署控制器。在 WEB-INF 目录下创建名为 springmvc-config. xml 的配置文件,具体代码如下:

```
<?xml version="1.0" encoding="UTF-8"?>
<beans xmlns="http://www.springframework.org/schema/beans"
    xmlns:xsi="http://www.w3.org/2001/XMLSchema-instance"
    xsi:schemaLocation="http://www.springframework.org/schema/beans
    http://www.springframework.org/schema/beans/spring-beans.xsd">
    <!--配置处理器 Handler,映射"/helloController"请求-->
    <bean name="/helloController"
          class="com.system.controller.HelloController"/>
    <!--处理器映射器,将处理器的 name 作为 url 进行查找-->
    <bean class=
    "org.springframework.web.servlet.handler.BeanNameUrlHandlerMapping"/>
    <!--处理器适配器,配置对处理器中 handleRequest()方法的调用-->
    <bean class=
    "org.springframework.web.servlet.mvc.SimpleControllerHandlerAdapter"/>
    <!--视图解析器-->
    <bean class=
    "org.springframework.web.servlet.view.InternalResourceViewResolver">
    </bean>
</beans>
```

springmvc-config. xml 文件将用于创建定义的 bean,会覆盖全局范围中使用相同名称定义的任何 bean。InternalResourceViewResolver 将定义用于解析视图名称的规则。

(6) 运行项目并查看结果。

将 springmvc1 项目发布到 Tomcat 服务器。在浏览器输入访问地址,结果如图 8-3 所示。

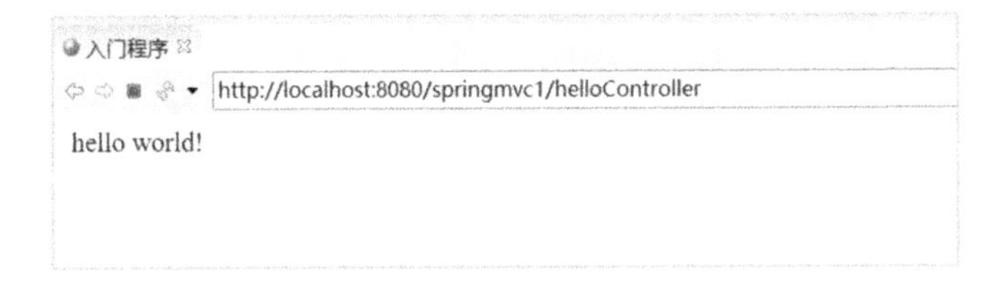

图 8-3　springmvc1 项目的运行结果

当用户访问页面时,根据 springmvc-servlet. xml 文件中的映射,将请求转发给 RegisterController 控制器处理,处理后跳转到/WEB-INF/jsp 下的 hello. jsp 视图。

8.4 小结

本章首先分析了 Spring MVC 的主要特点；然后介绍了 Spring MVC 的工作原理，主要包括 Spring MVC 的工作流程，以及关键组件和组件的用法等内容；最后介绍了 Spring MVC 开发的入门实例。通过本章的学习，读者能够了解 Spring MVC 的基本概念，了解 Spring MVC 的开发过程，为后面的学习打下基础。

习　题　8

1. 简述 Spring MVC 的功能组件。
2. 简述 Spring MVC 的工作流程。
3. Spring MVC 中有哪些配置？

第 9 章　Spring MVC 关键技术

学习目标

- Spring MVC 注解；
- Spring MVC 的参数传递；
- 转发与重定向；
- 类型转换和格式转换；
- 数据绑定；
- Spring MVC 中文问题；
- 表单标签库。

9.1　Spring MVC 注解

Spring MVC 常用注解包含以下几个。

- @Controller：使用它标记的类就是一个 Spring MVC Controller 对象。
- @RequestMapping：处理请求映射地址，可用于类或方法上。用于类上，表示类中的所有响应请求的方法都以该地址作为父路径。
- @PathVariable：将 URL 中占位符参数绑定到控制器处理方法的入参中。

```
@RequestMapping(value="/happy/{dayid}")
```

- @RequestParam：将请求的参数绑定到方法中的参数上。

```
@RequestParam(value="name", required=false)
```

- @RequestBody：该注解用于读取 Request 请求的 body 部分数据，使用系统默认配置的 HttpMessageConverter 进行解析，然后将相应的数据绑定到要返回的对象上，再将 HttpMessageConverter返回的对象数据绑定到 Controller 中方法的参数上。
- @ResponseBody：该注解用于将 Controller 的方法返回的对象通过适当的HttpMessageConverter 转换为指定格式后，写入 Response 对象的 body 数据区。
- @ModelAttribute：在方法定义上使用@ModelAttribute 注解，即 Spring MVC 在调用目标处理方法前会先逐个调用在方法级上标注了@ModelAttribute 的方法。

在方法的入参前使用@ModelAttribute 注解，可以将多个请求参数绑定到一个命令对象，从而简化绑定流程。

- @SessionAttributes：用来传递和保存数据。

9.1.1　@Controller

在 Spring MVC 中，最重要的两个注解类型是@Controller 和@RequestMapping，本节

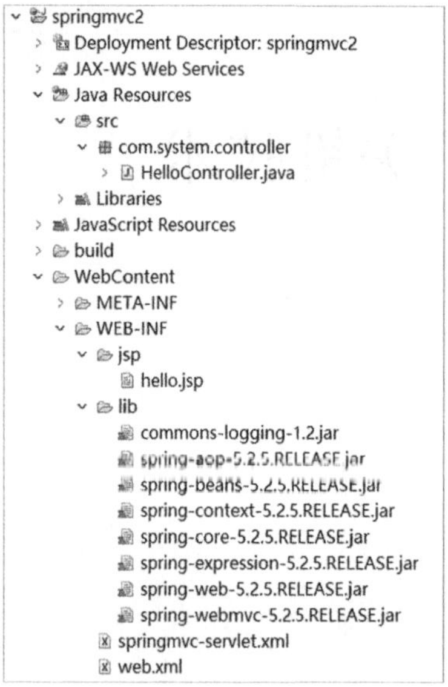

```
springmvc2
  Deployment Descriptor: springmvc2
  JAX-WS Web Services
  Java Resources
    src
      com.system.controller
        HelloController.java
    Libraries
  JavaScript Resources
  build
  WebContent
    META-INF
    WEB-INF
      jsp
        hello.jsp
      lib
        commons-logging-1.2.jar
        spring-aop-5.2.5.RELEASE.jar
        spring-beans-5.2.5.RELEASE.jar
        spring-context-5.2.5.RELEASE.jar
        spring-core-5.2.5.RELEASE.jar
        spring-expression-5.2.5.RELEASE.jar
        spring-web-5.2.5.RELEASE.jar
        spring-webmvc-5.2.5.RELEASE.jar
      springmvc-servlet.xml
      web.xml
```

图 9-1 springmvc2 项目结构

将重点介绍它们。

在 Spring MVC 中，可使用 org. springframework. stereotype. Controller 注解类型声明某类的实例是一个控制器。控制器类是开发 Spring MVC 程序过程用得最多的类。在控制器类中编写接收参数，调用业务方法，返回视图页面等逻辑。

【例 9-1】 @Controller 注解类型。

（1）创建 Web 应用项目。

在 Eclipse 中创建动态 Web 项目 springmvc2。在 lib 目录中添加 Spring MVC 程序所需要的 JAR 包，包括 Spring 的 4 个核心 JAR 包、commons-logging 的 JAR 包，以及与 Web 相关的 JAR 包（spring-web-5. 2. 5. RELEASE. jar、spring-webmvc-5. 2. 5. RELEASE. jar 和 spring-aop-5. 2. 5. RELEASE. jar）。选中所有的 JAR 包，右击 build path，将 JAR 包添加到类路径下，项目结构如图 9-1 所示。

（2）添加配置文件。

在 WEB-INF 文件夹下面添加 web. xml，在 web. xml 中部署 DispatcherServlet，代码如下：

```
<?xml version="1.0" encoding="UTF-8"?>
<web-app version="2.4" xmlns="http://java.sun.com/xml/ns/j2ee"
    xmlns:xsi="http://www.w3.org/2001/XMLSchema-instance"
    xsi:schemaLocation="http://java.sun.com/xml/ns/j2ee
http://java.sun.com/xml/ns/j2ee/web-app_2_4.xsd">
    <!--配置核心控制器-->
    <servlet>
        <servlet-name>springmvc</servlet-name>
        <servlet-class>
            org.springframework.web.servlet.DispatcherServlet
        </servlet-class>
        <load-on-startup>1</load-on-startup>
    </servlet>
    <servlet-mapping>
        <servlet-name>springmvc</servlet-name>
        <url-pattern>/</url-pattern>
    </servlet-mapping>
</web-app>
```

默认情况下，读取 WEB-INF 下面的配置文件 springmvc-servlet. xml 并加载。也可以自定义配置文件的存放路径，例如加载类路径下（resources 目录）的配置文件 springmvc-servlet. xml，这时需要加上 classpath。代码如下：

```
<init-param>
    <param-name> contextConfigLocation</param-name>
    <param-value> classpath:springmvc-config.xml</param-value>
</init-param>
```

(3) 创建 Web 页面。

编写 hello.jsp 页面，代码如下：

```
<%@page language="java" contentType="text/html; charset=UTF-8"
    pageEncoding="UTF-8"%>
<!DOCTYPE html PUBLIC "-//W3C//DTD HTML 4.01 Transitional//EN"
    "http://www.w3.org/TR/html4/loose.dtd">
<html>
<head>
<meta http-equiv="Content-Type" content="text/html; charset=UTF-8">
<title> 入门程序</title>
</head>
<body>
    ${msg}
</body>
</html>
```

(4) 创建 Controller 类。

编写 HelloController 类文件，该控制器类用于实现 Controller 接口，并处理页面的请求。代码如下：

```
package com.system.controller;

import javax.servlet.http.HttpServletRequest;
import javax.servlet.http.HttpServletResponse;

import org.springframework.stereotype.Controller;
import org.springframework.web.bind.annotation.RequestMapping;
import org.springframework.web.servlet.ModelAndView;

@Controller
public class HelloController {
    @RequestMapping("/hello")
    public ModelAndView handleRequest(HttpServletRequest request,
        HttpServletResponse response) throws Exception {
        ModelAndView mav=new ModelAndView("hello");
        mav.addObject("msg", "Hello Spring MVC");
        return mav;
    }
}
```

@Controller注解是为了让Spring IoC容器初始化时自动扫描到该Controller类；@RequestMapping是为了映射请求路径，这里因为类与方法上都有映射，所以访问时应该是/hello；方法返回的结果是视图的名称success，该名称不是完整的页面路径，最终会经过视图解析器解析为完整的页面路径并进行跳转。

（5）创建配置文件springmvc-config.xml。

需要在Spring MVC配置文件中部署控制器。在WEB-INF目录下创建名为springmvc-servlet.xml的配置文件，具体代码如下：

```
<?xml version="1.0" encoding="UTF-8"?>
<beans xmlns="http://www.springframework.org/schema/beans"
    xmlns:xsi="http://www.w3.org/2001/XMLSchema-instance"
    xmlns:context="http://www.springframework.org/schema/context"
    xsi:schemaLocation="http://www.springframework.org/schema/beans
    http://www.springframework.org/schema/beans/spring-beans.xsd
    http://www.springframework.org/schema/context
    http://www.springframework.org/schema/context/spring-context.xsd">
    <!--1.扫描Controller的包-->
    <context:component-scan base-package="com.system.controller"/>
    <!--2.配置视图解析器-->
    <bean id="irViewResolver"
        class="org.springframework.web.servlet.view.
            InternalResourceViewResolver">
        <!--2.1 页面前缀-->
        <property name="prefix" value="/WEB-INF/jsp/"/>
        <!--2.2 页面后缀-->
        <property name="suffix" value=".jsp"/>
    </bean>
</beans>
```

（6）运行项目并查看结果。

将springmvc2项目发布到Tomcat服务器，在浏览器中输入地址，运行结果如图9-2所示。

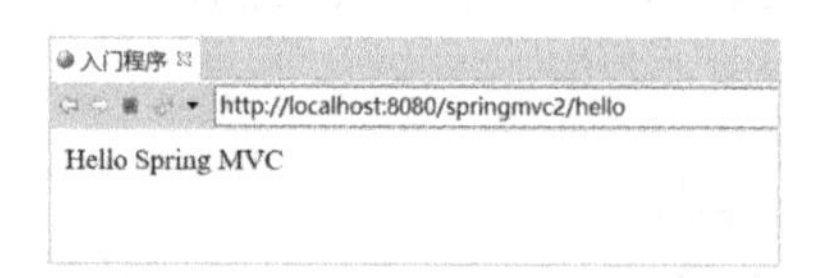

图9-2 springmvc2项目的运行结果

9.1.2 @RequestMapping

@RequestMapping是一个用来处理请求地址映射的注解，可用于类或方法上。用于类上，表示类中的所有响应请求的方法都以该地址作为父路径。

@RequestMapping常用属性如下。

● value属性：用于指定控制器的方法URI，代码如下：

```
@Controller
@RequestMapping("/user")
public class HelloController{
    @RequestMapping("/hello.do")
    public void hello(HttpServletRequest request,
        HttpServletResponse response) throws
        IOException {
        response.getWriter().write("Hello world");
    }
}
```

如果在类和方法上都指定value值，那么方法的最终路径为http://localhost:8080/user/hello.do。

● method属性：用于指定请求的method类型，可以接受GET、POST、PUT、DELETE等，代码如下：

```
@RequestMapping(value="/hello.do",method=RequestMethod.GET)
public void hello(HttpServletRequest request,HttpServletResponse response) throws
    IOException {
        response.getWriter().write("Hello world");
}
```

● Consumes属性：用于指定处理请求的提交内容类型(Content-Type)，例如application/json、text/html。

● produces属性：用于指定返回的内容类型，仅当request请求头的(Accept)类型中包含该指定类型时才返回，代码如下：

```
@RequestMapping(value="/hello.do",consumes="application/json",produces=
    "application/json")
public void hello(HttpServletRequest request,HttpServletResponse response) throws
    IOException {
    response.getWriter().write("Hello world");
}
```

● params属性：用于指定request中必须包含某些参数值，才能让hello()方法处理请求，代码如下：

```
@RequestMapping(value="/hello.do",params="id=10")
public void hello(HttpServletRequest request,HttpServletResponse response) throws
    IOException {
    response.getWriter().write("Hello world");
}
```

● headers属性：用于指定request中必须包含某些指定的header值，才能让hello()方法处理请求，代码如下：

```
@RequestMapping(value="/hello.do",headers="Referer=http://www.baidu.com/")
public void hello(HttpServletRequest request,HttpServletResponse response) throws
    IOException {
    response.getWriter().write("Hello world");
}
```

【例 9-2】 @RequestMapping 注解类型。

(1) 创建 Web 应用项目。

在 Eclipse 中创建动态 Web 项目 springmvc3。在 lib 目录中添加 Spring MVC 程序所需要的 JAR 包,包括 Spring 的 4 个核心 JAR 包、commons-logging 的 JAR 包以及与 Web 相关的 JAR 包(spring-web-5.2.5.RELEASE.jar、spring-webmvc-5.2.5.RELEASE.jar 和 spring-aop-5.2.5.RELEASE.jar)。选中所有的 JAR 包,右击 build path,将 JAR 包添加到类路径下,项目结构如图 9-3 所示。

```
springmvc3
  Deployment Descriptor: springmvc3
  JAX-WS Web Services
  Java Resources
    src
      com.system.controller
        UserController.java
      springmvc-config.xml
    Libraries
  JavaScript Resources
  Referenced Libraries
  build
  WebContent
    META-INF
    WEB-INF
      jsp
        login.jsp
        register.jsp
      lib
      web.xml
```

图 9-3 springmvc3 项目结构

(2) 添加配置文件。

在 WEB-INF 文件夹下面添加 web.xml,在 web.xml 中部署 DispatcherServlet,代码如下:

```
<?xml version="1.0" encoding="UTF-8"?>
<web-app xmlns:xsi="http://www.w3.org/2001/XMLSchema-instance"
    xmlns="http://java.sun.com/xml/ns/javaee"
    xsi:schemaLocation="http://java.sun.com/xml/ns/javaee
http://java.sun.com/xml/ns/javaee/web-app_3_0.xsd"
id="WebApp_ID" version="3.0">
<servlet>
    <!--配置前端过滤器-->
    <servlet-name>springmvc</servlet-name>
    <servlet-class>
        org.springframework.web.servlet.DispatcherServlet
    </servlet-class>
    <!--初始化时加载配置文件-->
    <init-param>
        <param-name>contextConfigLocation</param-name>
        <param-value>classpath:springmvc-config.xml</param-value>
    </init-param>
    <load-on-startup>1</load-on-startup>
    </servlet>
    <servlet-mapping>
        <servlet-name>springmvc</servlet-name>
        <url-pattern>*.do</url-pattern>
    </servlet-mapping>
```

```
</web-app>
```

(3) 创建 Web 页面。

编写 login.jsp 页面和 register 页面。

login.jsp 页面的源代码如下：

```
<%@page language="java" contentType="text/html; charset=utf-8"
    pageEncoding="utf-8"%>
<!DOCTYPE html>
<html>
<head>
<meta charset="utf-8">
<title> 登录页面</title>
</head>
<body>
用户登录
<form action="">
姓名:<input type="text" name="name"/> <br/>
密码:<input type="text" name="password"/> <br/> <br/>
<input type="submit" value="登录"/>
</form>
</body>
</html>
```

register 页面的源代码如下：

```
<%@page language="java" contentType="text/html; charset=utf-8"
    pageEncoding="utf-8"%>
<!DOCTYPE html PUBLIC "-//W3C//DTD HTML 4.01 Transitional//EN"
    "http://www.w3.org/TR/html4/loose.dtd">
<html>
<head>
<meta http-equiv="Content-Type" content="text/html; charset=utf-8">
<title> Insert title here</title>
</head>
<body>
用户注册
<form action="">
姓名:<input type="text" name="username"/> <br/>
密码:<input type="text" name="password"/> <br/> <br/>
<input type="submit" value="注册"/>
</form>
</body>
</html>
```

(4) 创建 Controller 类。

创建 UserController 类，该类实现了 Controller 接口，可以处理页面的请求，代码如下：

```
package com.system.controller;
import org.springframework.stereotype.Controller;
import org.springframework.web.bind.annotation.RequestMapping;
@Controller
@RequestMapping("/user")
public class UserController {
    @RequestMapping("/login.do")
    public String login(){
        return "login";
    }
    @RequestMapping("/register.do")
    public String register(){
        return "register";
    }
}
```

(5) 创建配置文件 springmvc-config. xml。

需要在 Spring MVC 配置文件中部署控制器，在 WEB-INF 目录下创建名为 springmvc-servlet. xml 的配置文件，具体代码如下：

```
<?xml version="1.0" encoding="UTF-8"?>
<beans xmlns="http://www.springframework.org/schema/beans"
    xmlns:xsi="http://www.w3.org/2001/XMLSchema-instance"
    xmlns:mvc="http://www.springframework.org/schema/mvc"
    xmlns:context="http://www.springframework.org/schema/context"
    xmlns:aop="http://www.springframework.org/schema/aop"
    xmlns:tx="http://www.springframework.org/schema/tx"
    xsi:schemaLocation="http://www.springframework.org/schema/beans
        http://www.springframework.org/schema/beans/spring-beans.xsd
        http://www.springframework.org/schema/mvc
        http://www.springframework.org/schema/mvc/spring-mvc.xsd
        http://www.springframework.org/schema/context
        http://www.springframework.org/schema/context/spring-context.xsd
        http://www.springframework.org/schema/aop
        http://www.springframework.org/schema/aop/spring-aop.xsd
        http://www.springframework.org/schema/tx
        http://www.springframework.org/schema/tx/spring-tx.xsd">

    <!--指定需要扫描的包-->
    <context:component-scan base-package="com.system.controller"/>
    <!--定义视图解析器-->
    <bean id="viewResolver" class=
    "org.springframework.web.servlet.view.InternalResourceViewResolver">
        <!--设置前缀-->
        <property name="prefix" value="/WEB-INF/jsp/"/>
```

```
        <!--设置后缀-->
        <property name="suffix" value=".jsp"/>
    </bean>
</beans>
```

(6) 运行项目并查看结果。

将 springmvc3 项目发布到 Tomcat 服务器，在浏览器输入访问地址，用户登录页面如图 9-4 所示，用户注册页面如图 9-5 所示。

图 9-4　用户登录页面

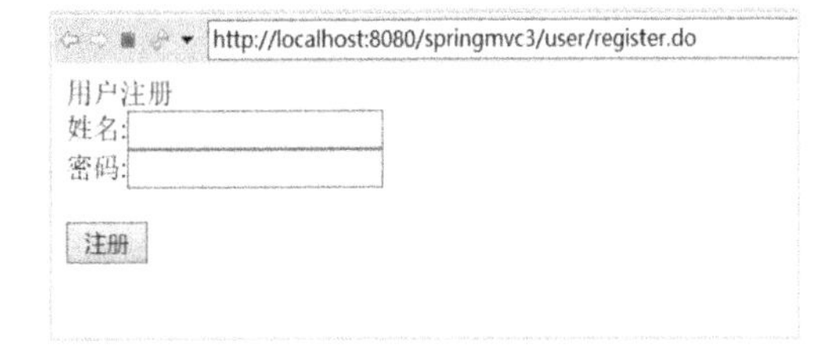

图 9-5　用户注册页面

9.2　Spring MVC 的参数传递

9.2.1　客户端到服务器端的参数传递

下面以用户登录为例进行介绍。用户登录涉及两个参数：账号 loginName、密码 password。

登录视图的源代码如下：

```
<form action="login">
  账号:<input type="text" name="loginName" ><br/>
  密码:<input type="text" name="password" ><br/>
  <input type="submit" value="登录">
</form>
```

在 Controller 类中，可以采用以下方式来获取用户的请求参数。

1. 参数直接获取

函数参数名与请求参数名保持一致。这种方式是直接把表单的参数写在 Controller 相应方法的形参中，代码如下：

```
@RequestMapping("/login")
public String login(String loginName,String password){
    System.out.println("参数直接获取");
    System.out.println("loginName:"+loginName);
    System.out.println("password:"+password);
    return "loginSuccess";
}
```

2. 对象获取

建立一个对象，将其属性名与对应的请求参数名保持一致，并生成相应的 getter()和 setter()方法。

建立对象 User 的代码如下：

```
package com.springdemo.entities;
public class User {
    private String loginName;
    private String password;
    public String getLoginName() {
        return loginName;
    }
    public void setLoginName(String loginName) {
        this.loginName=loginName;
    }
    public String getPassword() {
        return password;
    }
        public void setPassword(String password) {
        this.password=password;
    }
}
```

在 Controller 类中，接收 User 对象的代码如下：

```
@RequestMapping("/login")
public String login(User u){
    System.out.println("对象获取");
    System.out.println("loginName:"+u.getLoginName());
    System.out.println("password:"+u.getPassword());
    return "loginSuccess";
}
```

3. @RequestParam 参数绑定获取

@RequestParam 参数绑定获取为参数直接获取的变种，但该接收参数名可以随意，通过注解@RequestParam 指明即可。

请求页面的 URL 地址为：

```
http://localhost:8080/springmvc/hello/index?loginName=zhang&password=123
```

在 Controller 类中，接收参数的代码如下：

```
@RequestMapping("/login")
public String login(@RequestParam("loginName") String name,
    @RequestParam("password") String pwd){
    System.out.println("参数绑定获取");
```

```
    System.out.println("loginName:"+name);
    System.out.println("password:"+pwd);
    return "loginSuccess";
}
```

4. @PathVariable 获取请求路径中的参数

这个注解能够识别 URL 中的一个模板，请求页面的 URL 地址为：

```
http://localhost:8080/springmvc/hello/index?param1=10&param2=20
```

在 Controller 类中，接收参数的代码如下：

```
@RequestMapping("/hello/{id}")
    public String getDetails(@PathVariable(value="id") String id,
    @RequestParam(value="param1", required=true) String param1,
    @RequestParam(value="param2", required=false) String param2){
……
}
```

9.2.2　服务器端到客户端的参数传递

下面介绍 Controller 类向页面传值的几种方式。

1. Session 存储

可以利用 HttpServletRequest 的 getSession()方法向页面传值。使用 session.setAttribute()方法设置属性的键值对，就和 Servlet 中的一样。代码如下：

```
@RequestMapping("/login.do")
public String login(String loginName,String password
                    ModelMap model,HttpServletRequest request){
        User user=serService.login(loginName, password);
        HttpSession session=request.getSession();
        session.setAttribute("user",user);
        model.addAttribute("user",user);
        return "success";
    }
```

2. 使用 ModelAndView 对象

使用 ModelAndView 对象向页面传值的代码如下：

```
@RequestMapping("/login.do")
public ModelAndView login(String loginName,String password){
        User user=userService.login(loginName, password);
        Map<String,Object>data=new HashMap<String,Object>();
        data.put("user",user);
        return new ModelAndView("success",data);
    }
```

使用 ModelAndView 对象向页面传值时，可以直接使用 AddObject 来传递数据，并且数据可以使用 EL 表达式在前台表单页面进行处理。可以使用 setViewName("/student/success")来设置页面跳转路径。

3. 使用 ModelMap 对象

使用 ModelMap 对象向页面传值时的代码如下：

```
@RequestMapping("/login.do")
public String login(String loginName,String password,ModelMap model){
        User user=userService.login(loginName, password);
        model.addAttribute("user",user);
        model.put("loginName", loginName);
        return "success";
    }
```

4. 使用@ModelAttribute 注解

@ModelAttribute 注解最主要的作用是将数据添加到模型对象中，用于视图页面展示时使用。可以用@ModelAttribute 来注解方法参数或方法。当注解应用在方法的参数上时，会将请求参数绑定到 Model 对象。当注解应用在方法上时，会在 Controller 的每个方法执行前被执行。@ModelAttribute 数据会利用 HttpServletRequest 的 Attribute 传值到 success.jsp 中，代码如下：

```
@RequestMapping("/login.do")
    public String login(@ModelAttribute("user")User user){
        //TODO
        return "success";
    }
@ModelAttribute("loginName")
public String getLoginName(){
        return name;
    }
```

在页面中显示输出参数的值，如下：

```
${user.loginName}
${user.password}
```

下面通过一个综合实例来演示使用页面接收用户参数，以及向页面传递参数的值。

【例 9-3】 Spring MVC 参数传递。

(1) 创建 Web 应用项目。

在 Eclipse 中创建动态 Web 项目 springmvc4。在 lib 目录中添加 Spring MVC 程序所需要的 JAR 包，包括 Spring 的 4 个核心 JAR 包、commons-logging 的 JAR 包以及与 Web 相关的 JAR 包(spring-web-5.2.5.RELEASE.jar、spring-webmvc-5.2.5.RELEASE.jar 和 spring-aop-5.2.5.RELEASE)。选中所有的 JAR 包，右击 build path，将 JAR 包添加到类路径下，项目结构如图 9-6 所示。

```
springmvc4
  src
    com.system.controller
      EmployeeController.java
    com.system.pojo
      Employee.java
    springmvc-config.xml
  JRE System Library [jre8]
  Apache Tomcat v8.5 [Apache Tomcat v8.5]
  Web App Libraries
  Referenced Libraries
  build
  WebContent
    META-INF
    WEB-INF
      lib
      page
        showEmployee.jsp
      web.xml
    addEmployee.jsp
```

图 9-6　springmvc4 项目结构

（2）添加配置文件。

在 WEB-INF 文件夹下面添加 web. xml，再在 web. xml 中部署 DispatcherServlet，代码如下：

```
<?xml version="1.0" encoding="UTF-8"?>
<web-app xmlns:xsi="http://www.w3.org/2001/XMLSchema-instance"
       xmlns="http://java.sun.com/xml/ns/javaee"
       xsi:schemaLocation="http://java.sun.com/xml/ns/javaee
       http://java.sun.com/xml/ns/javaee/web-app_3_0.xsd"
   id="WebApp_ID" version="3.0">
   <servlet>
      <!--配置前端过滤器-->
      <servlet-name> springmvc</servlet-name>
      <servlet-class>
         org.springframework.web.servlet.DispatcherServlet
      </servlet-class>
      <!--初始化时加载配置文件-->
      <init-param>
         <param-name> contextConfigLocation</param-name>
         <param-value> classpath:springmvc-config.xml</param-value>
      </init-param>
      <!--表示容器在启动时立即加载 Servlet-->
      <load-on-startup> 1</load-on-startup>
   </servlet>
   <servlet-mapping>
      <servlet-name> springmvc</servlet-name>
      <url-pattern> /</url-pattern>
```

```
    </servlet-mapping>
</web-app>
```

上述 DispatcherServlet 的 Servlet 对象 springmvc 初始化时将在应用程序的 WEB-INF 目录下查找一个配置文件，该配置文件的命名规则是“servletName-servlet. xml”，例如 springmvc-servlet. xml。

(3) 创建类。

在 com. system. pojo 包下创建 Employee 类，并封装员工信息，代码如下：

```
package com.system.pojo;

import java.util.Date;
public class Employee {
    private int id;
    private String name;
    private String job;
    private double salary;
    private Date date;
    public int getId() {
        return id;
    }
    public void setId(int id) {
        this.id=id;
    }
    public String getName() {
        return name;
    }
    public void setName(String name) {
        this.name=name;
    }
    public String getJob() {
        return job;
    }
    public void setJob(String job) {
        this.job=job;
    }
    public double getSalary() {
        return salary;
    }
    public void setSalary(double salary) {
        this.salary=salary;
    }
    public Date getDate() {
        return date;
    }
    public void setDate(Date date) {
        this.date=date;
```

```
    }

}
```

(4) 创建Controller类。

创建EmployeeController类,该类实现了Controller接口,处理了页面的请求,代码如下:

```
package com.system.controller;
import org.springframework.stereotype.Controller;
import org.springframework.web.bind.annotation.ModelAttribute;
import org.springframework.web.bind.annotation.RequestMapping;
import org.springframework.web.bind.annotation.RequestParam;
import org.springframework.web.servlet.ModelAndView;
import com.system.pojo.Employee;
@Controller
public class EmployeeController {
    @RequestMapping("/addEmployee")
    public ModelAndView add(Employee employee) throws Exception {
        ModelAndView mav=new ModelAndView("showEmp");
        return mav;
    }
}
```

(5) 创建Web页面。

在项目的WebContent目录下创建文件addEmployee.jsp,具体代码如下:

```
<%@page language="java" contentType="text/html; charset=UTF-8"
    pageEncoding="UTF-8" isELIgnored="false"%>
<!DOCTYPE html>
<html>
<head>
<meta charset="UTF-8">
<title>Insert title here</title>
</head>
<body>
<form action="addEmployee">
    员工编号:<input type="text" name="id" value=""><br/>
    员工姓名:<input type="text" name="name" value=""><br/>
    员工工作:<input type="text" name="job" value=""><br/>
    员工工资:<input type="text" name="salary" value=""><br/>
    入职日期:<input type="text" name="date" value=""><br/>
    <input type="submit" value="添加员工">
</form>
</body>
</html>
```

在项目的WebContent/WEB-INF目录下创建jsp目录,并在此目录下创建文件

showEmployee.jsp，具体代码如下：

```
<%@page language="java" contentType="text/html; charset=UTF-8"
    pageEncoding="UTF-8" isELIgnored="false"%>
<!DOCTYPE html>
<html>
<head>
<meta charset="UTF-8">
<title>Insert title here</title>
</head>
<body>
员工编号:${employee.id}<br>
员工姓名:${employee.name}<br>
员工工作:${employee.job}<br>
员工工资:${employee.salary}<br>
入职日期:${employee.date}
</body>
</html>
```

(6) 创建配置文件 springmvc-config.xml。

需要在 Spring MVC 配置文件中部署控制器，并在 WEB-INF 目录下创建名为 springmvc-config.xml 的配置文件，具体代码如下：

```
<?xml version="1.0" encoding="UTF-8"?>
<beans xmlns="http://www.springframework.org/schema/beans"
    xmlns:xsi="http://www.w3.org/2001/XMLSchema-instance"
    xmlns:mvc="http://www.springframework.org/schema/mvc"
    xmlns:context="http://www.springframework.org/schema/context"
    xmlns:aop="http://www.springframework.org/schema/aop"
    xmlns:tx="http://www.springframework.org/schema/tx"
    xsi:schemaLocation="http://www.springframework.org/schema/beans
        http://www.springframework.org/schema/beans/spring-beans.xsd
        http://www.springframework.org/schema/mvc
        http://www.springframework.org/schema/mvc/spring-mvc.xsd
        http://www.springframework.org/schema/context
        http://www.springframework.org/schema/context/spring-context.xsd
        http://www.springframework.org/schema/aop
        http://www.springframework.org/schema/aop/spring-aop.xsd
        http://www.springframework.org/schema/tx
        http://www.springframework.org/schema/tx/spring-tx.xsd">

    <!--指定需要扫描的包-->
    <context:component-scan base-package="com.system.controller"/>
    <!--定义视图解析器-->
    <bean id="viewResolver" class=
```

```
    "org.springframework.web.servlet.view.InternalResourceViewResolver">
        <!--设置前缀-->
        <property name="prefix" value="/WEB-INF/jsp/"/>
        <!--设置后缀-->
        <property name="suffix" value=".jsp"/>
    </bean>
</beans>
```

（7）运行项目并查看结果。

将 springmvc4 项目发布到 Tomcat 服务器，在浏览器中输入地址访问，添加员工的页面如图 9-7 所示，显示员工信息的页面如图 9-8 所示。

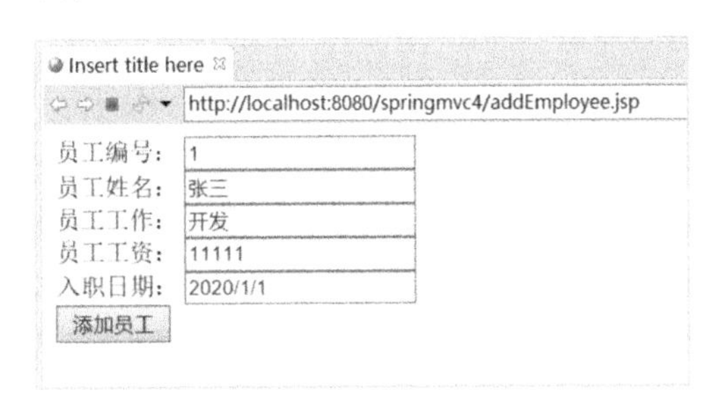

图 9-7　添加员工的页面 1

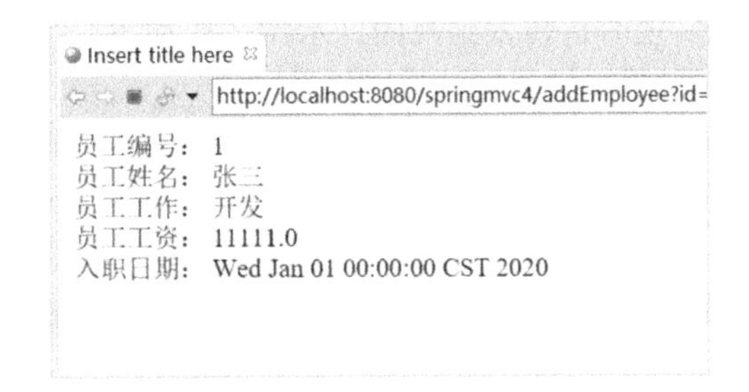

图 9-8　显示员工信息的页面 1

9.3　转发与重定向

重定向是将用户从当前的处理请求定向到另一个视图（例如 JSP）或处理请求，以前的请求（request）中存放的信息全部失效，进入一个新的请求（request）作用域；转发是将用户对当前的处理请求转发给另一个视图或处理请求，以前的请求（request）中存放的信息不会失效。转发是服务器行为，重定向是客户端行为。

1. 转发过程

客户浏览器发送 http 请求，Web 服务器接收此请求，调用内部的一个方法在容器内部完成处理请求和转发动作，再将目标资源发送给客户；这里转发的路径必须是同一个 Web 容器下的 URL，其不能转向到其他的 Web 路径上，中间传递的是自己容器内的请求（request）。

在客户浏览器的地址栏中显示的仍然是其第一次访问的路径，也就是说，客户是感觉不到服务器做了转发的。转发行为是浏览器只做了一次访问请求。

2. 重定向过程

客户浏览器发送 http 请求，Web 服务器接收后发送 302 状态码响应及对应新的地址给客户浏览器，客户浏览器发现是 302 响应，则自动再发送一个新的 http 请求，请求 URL 是新的地址，服务器根据此请求寻找资源并发送给客户。

这里的地址可以重定向到任意的 URL，既然是浏览器重新发送了请求，那么就没有什么请求（request）传递的概念了。在客户浏览器的地址栏中显示的是其重定向的路径，客户可以观察到地址的变化。重定向行为是浏览器做了至少两次的访问请求。

在控制器类中可以使用 forward 实现页面的转发。示例代码如下：

```
public ModelAndView handleRequest(HttpServletRequest request,
                                  HttpServletResponse response)  {
        ModelAndView mv=new ModelAndView();
        mv.addObject("msg", "hello world!");
        mv.setViewName("forward:/WEB-INF/jsp/hello.jsp");
        return mv;
    }
}
```

在 Spring MVC 框架中，控制器类中处理方法的 return 语句默认就是实现转发，只不过实现的是转发到视图。示例代码如下：

```
@RequestMapping("/register")
public String register() {
return "register";            //转发到 register.jsp
}
```

Spring MVC 默认采用转发来定位视图。如果要使用重定向，则可以执行如下操作。

（1）使用 RedirectView 重定向，代码如下：

```
public ModelAndView login(){
        RedirectView view=new RedirectView("regirst.do");
    return new ModelAndView(view);
}
```

（2）使用 redirect:前缀重定向，代码如下：

```
public String login(){
    //TODO
    return "redirect:regirst.do";
}
```

springmvc5
Deployment Descriptor: springmvc5
JAX-WS Web Services
Java Resources
src
com.system.controller
IndexController.java
springmvc-config.xml
Libraries
JavaScript Resources
Referenced Libraries
build
WebContent
META-INF
WEB-INF
jsp
register.jsp
lib
web.xml

图 9-9　springmvc5 项目结构

【例 9-4】 转发与重定向。

（1）创建 Web 应用项目。

在 Eclipse 中创建动态 Web 项目 springmvc5。在 lib 目录中添加 Spring MVC 程序所需要的 JAR 包，包括 Spring 的 4 个核心 JAR 包、commons-logging 的 JAR 包以及与 Web 相关的 JAR 包(spring-web-5.2.5.RELEASE.jar、spring-webmvc-5.2.5.RELEASE.jar 和 spring-aop-5.2.5.RELEASE.jar)。选中所有的 JAR 包，右击 build path，将 JAR 包添加到类路径下，如图9-9所示。

（2）创建 Controller 类。

编写 IndexController 类，该类实现了 Controller

接口，并可处理页面的请求，代码如下：

```
package com.system.controller;

import org.springframework.stereotype.Controller;
import org.springframework.web.bind.annotation.RequestMapping;
@Controller
@RequestMapping("/index")
public class IndexController {
    @RequestMapping("/login")
    public String login() {
        //转发到一个请求方法(同一个控制器类可以省略/index/)
        return "forward:/index/isLogin";
    }
    @RequestMapping("/isLogin")
    public String isLogin() {
        //重定向到一个请求方法
        return "redirect:/index/isRegister";
    }
    @RequestMapping("/isRegister")
    public String isRegister() {
        //转发到一个视图
        return "register";
    }
}
```

(3) 创建 Web 页面。

编写 register.jsp 页面，代码如下：

```
<%@page language="java" contentType="text/html; charset=utf-8"
        pageEncoding="utf-8"%>
<!DOCTYPE html PUBLIC "-//W3C//DTD HTML 4.01 Transitional//EN"
    "http://www.w3.org/TR/html4/loose.dtd">
<html>
<head>
<meta http-equiv="Content-Type" content="text/html; charset=utf-8">
<title> Insert title here</title>
</head>
<body>
用户注册
<form action="">
姓名:<input type="text" name="username"/> <br/>
密码:<input type="text" name="password"/> <br/> <br/>
<input type="submit" value="注册"/>
```

```
</form>
</body>
</html>
```

(4) 创建配置文件 springmvc-config. xml。

需要在 Spring MVC 配置文件中部署控制器，在 WEB-INF 目录下创建名为 springmvc-servlet. xml 的配置文件，具体代码如下：

```
<?xml version="1.0" encoding="UTF-8"? >
    <beans xmlns="http://www.springframework.org/schema/beans"
    xmlns:xsi="http://www.w3.org/2001/XMLSchema-instance"
    xmlns:mvc="http://www.springframework.org/schema/mvc"
    xmlns:context="http://www.springframework.org/schema/context"
    xmlns:aop="http://www.springframework.org/schema/aop"
    xmlns:tx="http://www.springframework.org/schema/tx"
    xsi:schemaLocation="http://www.springframework.org/schema/beans
        http://www.springframework.org/schema/beans/spring-beans.xsd
        http://www.springframework.org/schema/mvc
        http://www.springframework.org/schema/mvc/spring-mvc.xsd
        http://www.springframework.org/schema/context
        http://www.springframework.org/schema/context/spring-context.xsd
        http://www.springframework.org/schema/aop
        http://www.springframework.org/schema/aop/spring-aop.xsd
        http://www.springframework.org/schema/tx
        http://www.springframework.org/schema/tx/spring-tx.xsd">

    <!--指定需要扫描的包-->
    <context:component-scan base-package="com.system.controller" />
    <!--定义视图解析器-->
    <bean id="viewResolver" class=
        "org.springframework.web.servlet.view.InternalResourceViewResolver">
        <!--设置前缀-->
        <property name="prefix" value="/WEB-INF/jsp/" />
        <!--设置后缀-->
        <property name="suffix" value=".jsp" />
    </bean>
    <!--创建处理器适配器和处理器映射器-->
    <mvc:annotation-driven/>
</beans>
```

(5) 添加配置文件。

在 WEB-INF 文件夹下添加 web. xml，并在 web. xml 中部署 DispatcherServlet，代码如下：

```
<?xml version="1.0" encoding="UTF-8"?>
```

```
<web-app xmlns:xsi="http://www.w3.org/2001/XMLSchema-instance"
         xmlns="http://java.sun.com/xml/ns/javaee"
         xsi:schemaLocation="http://java.sun.com/xml/ns/javaee
         http://java.sun.com/xml/ns/javaee/web-app_3_0.xsd"
    id="WebApp_ID" version="3.0">
    <servlet>
        <!--配置前端过滤器-->
        <servlet-name> springmvc</servlet-name>
        <servlet-class>
            org.springframework.web.servlet.DispatcherServlet
        </servlet-class>
        <!--初始化时加载配置文件-->
        <init-param>
            <param-name> contextConfigLocation</param-name>
            <param-value> classpath:springmvc-config.xml</param-value>
        </init-param>
        <load-on-startup> 1</load-on-startup>
    </servlet>
    <servlet-mapping>
        <servlet-name> springmvc</servlet-name>
        <url-pattern> /</url-pattern>
    </servlet-mapping>
</web-app>
```

(6) 运行项目并查看结果。

将 springmvc5 项目发布到 Tomcat 服务器，并在浏览器输入访问登录页面的地址 http://localhost:8080/springmvc5/index/login，可以看到地址栏直接重定向到 http://localhost:8080/springmvc5/index/isRegister，如图 9-10 所示。

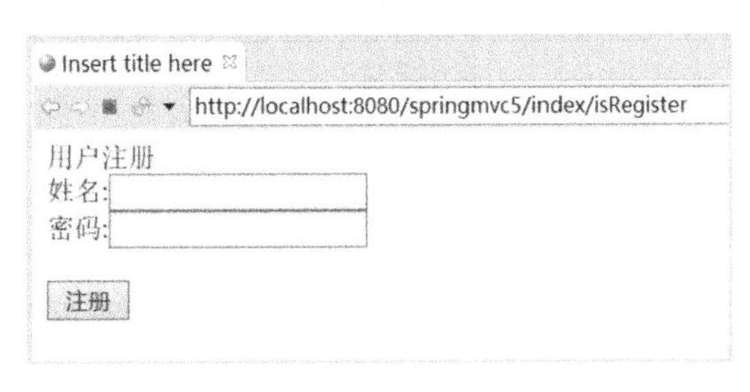

图 9-10　springmvc5 项目的运行结果

9.4　类型转换和格式转换

Spring MVC 框架的 Converter〈S,T〉是一个可以将一种数据类型转换成另一种数据类型的接口，这里的 S 表示源类型，T 表示目标类型。在实际应用中，开发者使用框架内置的类型转换器基本上就够了，但有时需要编写具有特定功能的类型转换器。

9.4.1 内置的类型转换器

在Spring MVC框架中，对于常用的数据类型，开发者无须创建自己的类型转换器，因为Spring MVC框架有许多内置的类型转换器能完成常用的类型转换。Spring MVC框架提供的内置类型转换包括以下几种类型，标量转换器如表9-1所示，集合、数组相关转换器如表9-2所示。

表9-1　标量转换器

名　称	作　用
StringToBooleanConverter	String到Boolean的类型转换
ObjectToStringConverter	Object到String的转换，调用toString()方法转换
StringToNumberConverterFactory	String到数字的转换(例如Integer、Long等)
NumberToNumberConverterFactory	数字子类型(基本类型)到数字类型(包装类型)的转换
StringToCharacterConverter	String到Character的转换，取字符串中的第一个字符
NumberToCharacterConverter	数字子类型到Character的转换
CharacterToNumberFactory	Character到数字子类型的转换
StringToEnumConverterFactory	String到枚举类型的转换，通过Enum.valueOf将字符串转换为需要的枚举类型
EnumToStringConverter	枚举类型到String的转换，返回枚举对象的name值
StringToLocaleConverter	String到java.util.Locale的转换
PropertiesToStringConverter	java.util.Properties到String的转换，默认通过ISO-8859-1解码
StringToPropertiesConverter	String到java.util.Properties的转换，默认通过ISO-8859-1编码

表9-2　集合、数组相关转换器

名　称	作　用
ArrayToCollectionConverter	任意数组到任意集合(List、Set)的转换
CollectionToArrayConverter	任意集合到任意数组的转换
ArrayToArrayConverter	任意数组到任意数组的转换
CollectionToCollectionConverter	集合之间的类型转换
MapToMapConverter	Map之间的类型转换
ArrayToStringConverter	任意数组到String的转换
StringToArrayConverter	字符串到数组的转换，默认通过“,”分割，且去除字符串两边的空格(trim)
ArrayToObjectConverter	任意数组到Object的转换，如果目标类型和源类型兼容，则直接返回源对象，否则返回数组的第一个元素并进行类型转换

续表

名　　称	作　　用
ObjectToArrayConverter	Object 到单元数组的转换
CollectionToStringConverter	任意集合(List、Set)到 String 的转换
StringToCollectionConverter	String 到集合(List、Set)的转换，默认通过“,”分割，且去除字符串两边的空格(trim)
CollectionToObjectConverter	任意集合到任意 Object 的转换，如果目标类型和源类型兼容，则直接返回源对象，否则返回集合的第一个元素并进行类型转换
ObjectToCollectionConverter	Object 到单元集合的类型转换

类型转换是在视图与控制器相互传递数据时发生的。Spring MVC 框架对基本类型(例如 int、long、float、double、boolean 以及 char 等)已经做好了基本类型转换。例如，对于 addEmployee.jsp 的提交请求，可以通过以下处理方法来接收请求参数并进行处理：当使用内置类型转换器时，请求参数输入值与接收参数类型要兼容，否则会报 400 错误。请求参数类型与接收参数类型不兼容问题需要学习输入校验后才可解决。

9.4.2　格式转换

由图 9-8 可以看出，日期由字符串值“2020/1/1”格式化成 Date 类型。如果想要以“yyyy-MM-dd”格式输入，则需要进行格式转换，可以使用内置的格式化转换器，也可以自定义格式化转换器。

Spring MVC 提供了几个内置的格式化转换器，具体如下。

- NumberFormatter：实现 Number 与 String 之间的解析与格式化。
- CurrencyFormatter：实现 Number 与 String 之间的解析与格式化(带货币符号)。
- PercentFormatter：实现 Number 与 String 之间的解析与格式化(带百分数符号)。
- DateFormatter：实现 Date 与 String 之间的解析与格式化。

自定义格式化转换器需要创建自定义格式化转换器类，然后注册格式化转换器。

创建自定义格式化转换器类，就是编写一个实现 org.springframework.format.Formatter 接口的 Java 类，该接口声明如下：

```
public interface Formatter<T>
```

这里的 T 表示的是由字符串转换的目标数据类型。该接口有 parse()和 print()两个方法，自定义格式化转换器类必须覆盖它们。

```
public T parse(String s,java.util.Locale locale)
public String print(T object,java.util.Locale locale)
```

parse()方法的功能是利用指定的 Locale 将一个 String 类型转换成目标类型，print()方法与之相反，用于返回目标对象的字符串表示。

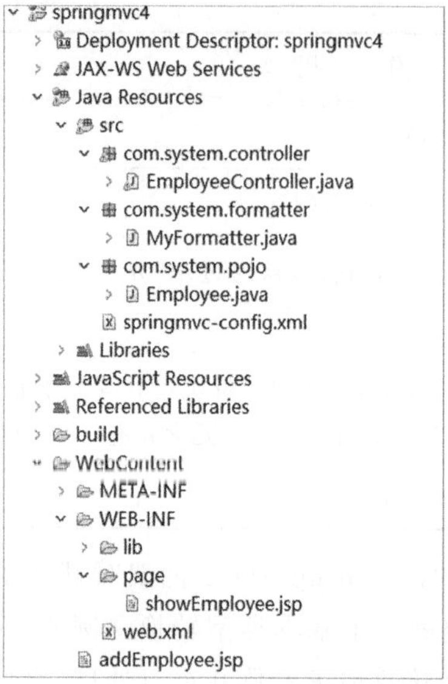

Spring MVC框架的Formatter〈T〉与Converter〈S,T〉一样，也是一个可以将一种数据类型转换成另一种数据类型的接口。不同的是，Formatter〈T〉的源数据类型必须是String类型，而Converter〈S,T〉的源数据类型是任意数据类型。

在Web应用中，由HTTP发送请求数据到控制器中都是String类型获取，因此在Web应用中选择Formatter〈T〉比选择Converter〈S,T〉更加合理。

【例9-5】 格式转换。

在例9-3中，需要添加自定义格式化转换器类、注册格式化转换器。其过程如下。

(1) 自定义格式化转换器类。

在src目录下创建com. system. formatter包，项目结构如图9-11所示。

```
springmvc4
  Deployment Descriptor: springmvc4
  JAX-WS Web Services
  Java Resources
    src
      com.system.controller
        EmployeeController.java
      com.system.formatter
        MyFormatter.java
      com.system.pojo
        Employee.java
      springmvc-config.xml
    Libraries
  JavaScript Resources
  Referenced Libraries
  build
  WebContent
    META-INF
    WEB-INF
      lib
      page
        showEmployee.jsp
      web.xml
    addEmployee.jsp
```

图9-11 在src目录下创建com. system. formatter包的项目结构

在com. system. formatter包中创建名为MyFormatter的自定义格式化转换器类，代码如下：

```java
package com.system.formatter;

import java.text.ParseException;
import java.text.SimpleDateFormat;
import java.util.Date;
import java.util.Locale;
import org.springframework.format.Formatter;
public class MyFormatter implements Formatter<Date> {
    SimpleDateFormat dateFormat=new SimpleDateFormat("yyyy-MM-dd");
    public String print(Date object, Locale arg1) {
        return dateFormat.format(object);
    }
    public Date parse(String source, Locale arg1) throws ParseException {
        return dateFormat.parse(source); // Formatter只能对字符串转换
    }
}
```

(2) 修改配置文件springmvc-config. xml。

修改配置文件springmvc-config. xml后，代码如下：

```xml
<?xml version="1.0" encoding="UTF-8"?>
<beans xmlns="http://www.springframework.org/schema/beans"
    xmlns:xsi="http://www.w3.org/2001/XMLSchema-instance"
    xmlns:mvc="http://www.springframework.org/schema/mvc"
    xmlns:context="http://www.springframework.org/schema/context"
    xmlns:aop="http://www.springframework.org/schema/aop"
    xmlns:tx="http://www.springframework.org/schema/tx"
```

```
    xsi:schemaLocation="http://www.springframework.org/schema/beans
        http://www.springframework.org/schema/beans/spring-beans.xsd
        http://www.springframework.org/schema/mvc
        http://www.springframework.org/schema/mvc/spring-mvc.xsd
        http://www.springframework.org/schema/context
        http://www.springframework.org/schema/context/spring-context.xsd
        http://www.springframework.org/schema/aop
        http://www.springframework.org/schema/aop/spring-aop.xsd
        http://www.springframework.org/schema/tx
        http://www.springframework.org/schema/tx/spring-tx.xsd">

    <!--指定需要扫描的包-->
    <context:component-scan base-package="com.system.controller"/>
    <!--注册 MyFormatter-->
    <bean id="conversionService" class=
      "org.springframework.format.support.FormattingConversionServiceFactoryBean">
        <property name="formatters">
        <list>
            <bean class="com.system.formatter.MyFormatter"/>
        </list>
      </property>
    </bean>
    <!--定义视图解析器-->
    <bean id="viewResolver" class=
    "org.springframework.web.servlet.view.InternalResourceViewResolver">
        <!--设置前缀-->
        <property name="prefix" value="/WEB-INF/page/"/>
        <!--设置后缀-->
        <property name="suffix" value=".jsp"/>
    </bean>
    <mvc:annotation-driven conversion-service="conversionService"/>
</beans>
```

(3) 将项目发布到 Tomcat 服务器，在浏览器输入地址，访问添加员工的页面如图 9-12 所示，显示员工信息的页面如图 9-13 所示。

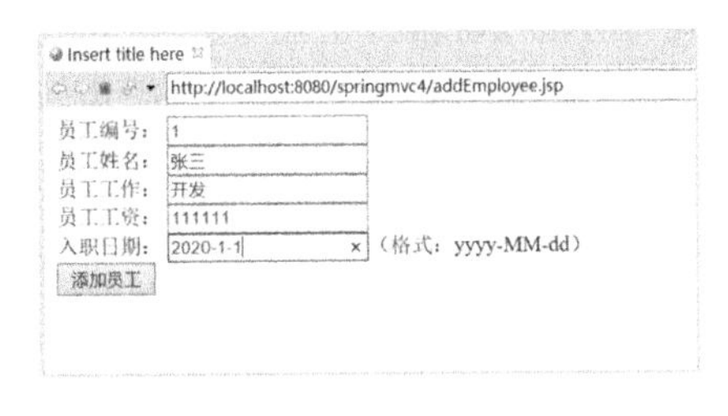

图 9-12　添加员工的页面 2

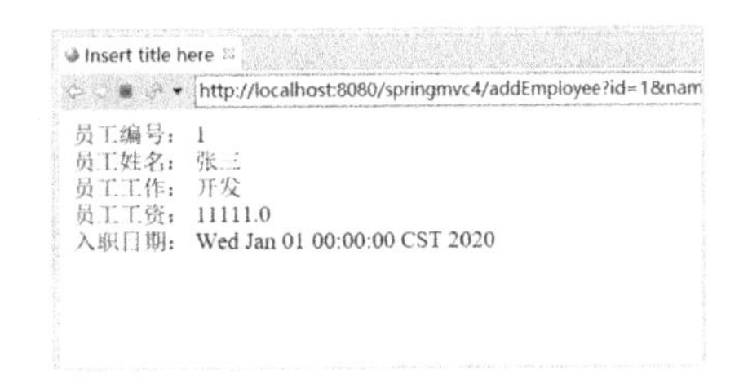

图 9-13　显示员工信息的页面 2

9.5　数据绑定

在 Spring MVC 中，接收页面提交的数据是通过方法形参来接收的。从客户端请求的

key/value数据，经过参数绑定，将key/value数据绑定到controller方法的形参上，然后就可以在controller中使用该参数了。Spring MVC支持对多种类型的请求参数进行封装。

- 基本类型。
- POJO对象类型。
- 包装POJO对象类型。
- List集合类型。
- Map集合类型。

9.5.1 基本类型

Spring MVC中，有支持的默认类型的绑定。也就是说，直接在controller方法形参上定义默认类型的对象，就可以使用这些对象。

- HttpServletRequest对象。
- HttpServletResponse对象。
- HttpSession对象。
- Model/ModelMap对象。

在参数绑定过程中，如果遇到上面类型的对象，就直接进行绑定。也就是说，我们可以在controller方法的形参中直接定义上面这些类型的参数，Spring MVC会自动绑定。这里要说明一下的是Model/ModelMap对象，Model是一个接口，ModelMap是一个接口实现，作用是将Model数据填充到request域，与ModelAndView类似。

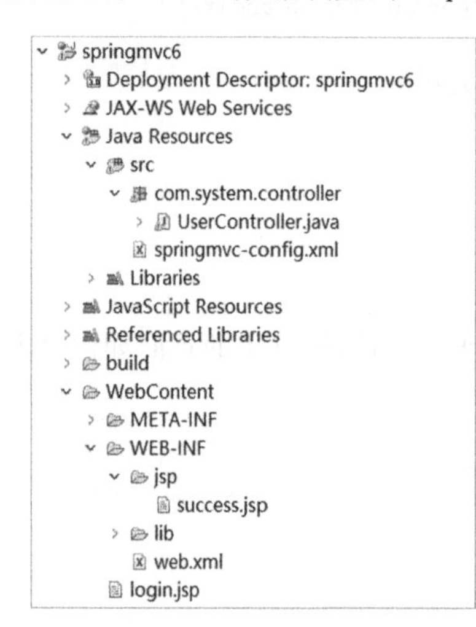

图9-14 显示springmvc6项目的信息页面

【例9-6】 基本类型。

前台页面通过URL将参数传递过来，Spring MVC的Controller进行处理，返回登录成功的页面。

(1) 创建Web应用项目。

在Eclipse中创建动态Web项目springmvc6。在lib目录中添加Spring MVC程序所需要的JAR包，包括Spring的4个核心JAR包、commons-logging的JAR包以及与Web相关的JAR包(spring-web-5.2.5.RELEASE.jar、spring-webmvc-5.2.5.RELEASE.jar和spring-aop-5.2.5.RELEASE.jar)。选中所有的JAR包，右击build path，将JAR包添加到类路径下，如图9-14所示。

(2) 创建Controller类。

在Controller类的UserController中定义了请求处理方法save1，并处理/user/save1请求。UserController类的代码如下：

```
package com.system.controller;
import org.springframework.stereotype.Controller;
import org.springframework.web.bind.annotation.RequestMapping;
@Controller
```

```
@RequestMapping("/user")
public class UserController {
    @RequestMapping("/save1")
    public String save1(String name,String password){
        System.out.println(name +"," +password);
        return "success";
    }
}
```

(3) 创建 Web 页面。

创建页面文件 login.jsp，代码如下：

```
<%@page language="java" contentType="text/html; charset=utf-8"
    pageEncoding="utf-8"%>
<!DOCTYPE html>
<html>
<head>
<meta charset="utf-8">
<title>登录页面</title>
</head>
<body>
用户登录
<form action="${pageContext.request.contextPath }/user/save1">
姓名:<input type="text" name="name"/> <br/>
密码:<input type="password" name="password"/> <br/> <br/>
<input type="submit" value="登录"/>
</form>
</body>
</html>
```

创建页面文件 success.jsp，代码如下：

```
<%@page language="java" contentType="text/html; charset=UTF-8"
    pageEncoding="UTF-8"%>
<!DOCTYPE html>
<html>
<head>
<meta charset="UTF-8">
<title>Insert title here</title>
</head>
<body>
${user.name},登录成功!
</body>
</html>
```

(4) 运行项目。

将 springmvc6 项目发布到 Tomcat 服务器，在浏览器访问地址，登录页面如图 9-15 所示，登录成功页面如图 9-16 所示。

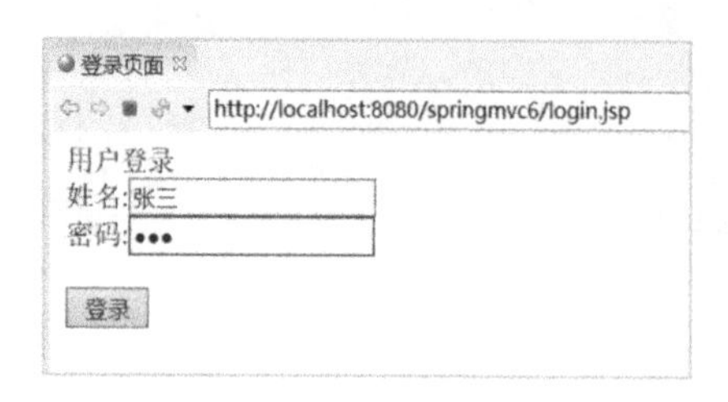

图 9-15　用户登录页面 2

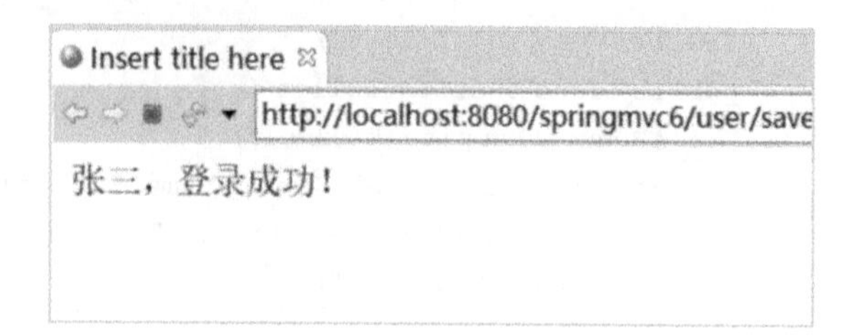

图 9-16　登录成功页面

简单类型的绑定中，方法形参中的参数名称要与页面传进来的名称一样才能完成参数的绑定。如果不一样，则可以使用注解@RequestParam 对简单的类型进行参数绑定。如果不使用注解@RequestParam，则要求 request 传入的参数名称与 controller 方法的形参名称一致，方可绑定成功。如果使用注解@RequestParam，则不用限制 request 传入的参数名称与 controller 方法的形参名称一致。通过@RequestParam 中的 required 属性指定参数是否必须传入，如果设置为 true，没有传入参数就会报错。

9.5.2　Pojo 对象类型

表单页面中，参数值和 controller 的 pojo 形参中的属性名称一致，即可将页面中的数据绑定到 pojo。也就是说，前台页面传进来的 name 要与封装的 pojo 属性名一模一样，然后就可以将该 pojo 作为形参放到 controller 方法中。

【例 9-7】 Pojo 对象类型。

修改例 9-6，添加 User 类，User 类包含与表单参数名对应的属性，以及属性的 set()和 get()方法，代码如下：

```
package com.system.pojo;

public class User {
    private String name;
    private String password;
    public String getName() {
        return name;
    }
    public void setName(String name) {
        this.name=name;
    }
    public String getPassword() {
        return password;
    }
    public void setPassword(String password) {
        this.password=password;
    }
        @Override
    public String toString() {
        return "User{" +
            "name='" +name+ '\'' +
```

```
            ", password=" +password +
            '}';
    }
}
```

修改 UserController 类，代码如下：

```
public String save2(Model model,User user){
    model.addAttribute("user", user);
    System.out.println(user.getName() +"," +user.getPassword());
    return "success";
}
```

success.jsp 文件的代码如下：

```
<%@page language="java" contentType="text/html; charset=UTF-8"
    pageEncoding="UTF-8"%>
<!DOCTYPE html>
<html>
<head>
<meta charset="UTF-8">
<title> Insert title here</title>
</head>
<body>
${user.name},登录成功!
</body>
</html>
```

可以看到，运行结果跟例 9-6 的一样。

9.5.3　包装 Pojo 对象类型

在 Spring MVC 的应用过程中，我们在后端需要将表单数据封装在一个包装 Pojo 类型中，所谓包装 Pojo 类型，就是 Pojo 对象中包含另一个 Pojo 对象。

【例 9-8】　包装 Pojo 对象类型。

前台表单页面通过 URL 将参数传递过来，由 Spring MVC 的 Controller 进行处理，并返回登录成功的页面。

(1) 创建 Web 应用项目。

在 Eclipse 中创建动态 Web 项目 springmvc7。在 lib 目录中添加 Spring MVC 程序所需要的 JAR 包，包括 Spring 的 4 个核心 JAR 包、commons-logging 的 JAR 包以及与 Web 相关的 JAR 包(spring-web-5.2.5.RELEASE.jar、spring-webmvc-5.2.5.RELEASE.jar 和 spring-aop-5.2.5.RELEASE.jar)。选中所有的 JAR 包，右击 build path，将 JAR 包添加到类路径下，如图 9-17 所示。

```
springmvc7
  Deployment Descriptor: springmvc7
  JAX-WS Web Services
  Java Resources
    src
      com.system.controller
        UserController.java
      com.system.pojo
        Receiver.java
        User.java
      springmvc-config.xml
    Libraries
  JavaScript Resources
  Referenced Libraries
  build
  WebContent
    META-INF
    WEB-INF
      jsp
        success.jsp
      lib
      web.xml
    add.jsp
```

图 9-17　springmvc7 项目结构

(2) 设计包装 Pojo 对象。

创建 User 类，封装用户信息，在 User 类中有成员变量 receiver，是另一个 Pojo 对象。代码如下：

```
package com.system.pojo;

public class User {
    private String name;
    private String password;
    private Receiver receiver;  //收件人信息
    public Receiver getReceiver() {
        return receiver;
    }
    public void setReceiver(Receiver receiver) {
        this.receiver=receiver;
    }
    public String getName() {
        return name;
    }
    public void setName(String name) {
        this.name=name;
    }
    public String getPassword() {
        return password;
    }
    public void setPassword(String password) {
        this.password=password;
    }

}
```

创建 Receiver 类，封装收件人信息，代码如下：

```
package com.system.pojo;

public class Receiver {
    private String rname;
    private String phone;
    private String address;
    public String getRname() {
        return rname;
    }
    public void setRname(String rname) {
        this.rname=rname;
    }
```

```
    public String getPhone() {
        return phone;
    }
    public void setPhone(String phone) {
        this.phone=phone;
    }
    public String getAddress() {
        return address;
    }
    public void setAddress(String address) {
        this.address=address;
    }
    @Override
    public String toString() {
        return "Receiver{" +
            "rname='" +rname +'\'' +
            ", phone='" +phone +'\'' +
            ", address='" +address +'\'' +
            '}';
    }
}
```

(3) 编写 Controller 类。

创建 UserController 类,代码如下:

```
package com.system.controller;
import org.springframework.stereotype.Controller;
import org.springframework.ui.Model;
import org.springframework.web.bind.annotation.RequestMapping;

import com.system.pojo.User;
@Controller
@RequestMapping("/user")
public class UserController {
    @RequestMapping("/save3")
    public String save3(User user){
        System.out.println("姓名:"+user.getName());
        System.out.println("密码:"+user.getPassword());
        System.out.println("收件人名称:"+user.getReceiver().getRname());
        System.out.println("收件人电话:"+user.getReceiver().getPhone());
        System.out.println("收件人地址:"+user.getReceiver().getAddress());
        return "success";
    }
}
```

(4) 设计表单。

创建 add.jsp 页面，代码如下：

```
<%@page language="java" contentType="text/html; charset=utf-8"
    pageEncoding="utf-8"%>
<!DOCTYPE html>
<html>
<head>
<meta charset="utf-8">
<title>添加页面</title>
</head>
<body>
添加收件人
<form action="${pageContext.request.contextPath }/user/save3">
姓名:<input type="text" name="name"/><br/>
密码:<input type="password" name="password"/><br/>
收件人名称:<input type="text" name="receiver.rname"/><br/>
收件人电话:<input type="text" name="receiver.phone"/><br/>
收件人地址:<input type="text" name="receiver.address"/><br/>
<input type="submit" value="添加"/>
</form>
</body>
</html>
```

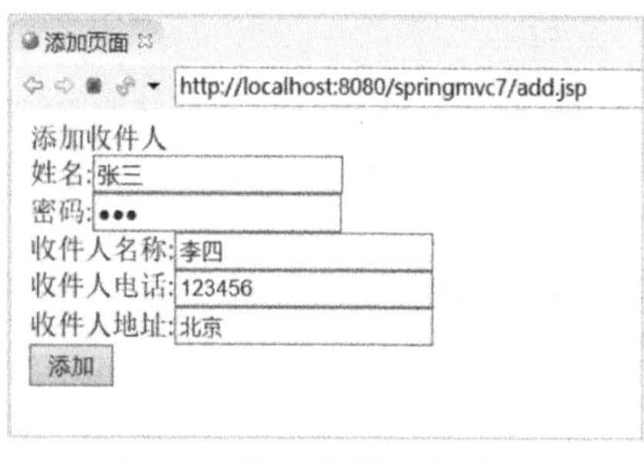

图 9-18　添加收件人的页面 1

(5) springmvc-config.xml 配置文件、web.xml 配置文件与前面的示例一样，不再赘述。success.jsp 文件显示"添加成功！"信息。

(6) 运行项目并查看结果。

添加收件人的页面如图 9-18 所示。输入表单数据后，得到登录成功的页面，如图 9-19 所示，在控制台可以看到输出的收件人信息，如图 9-20 所示。

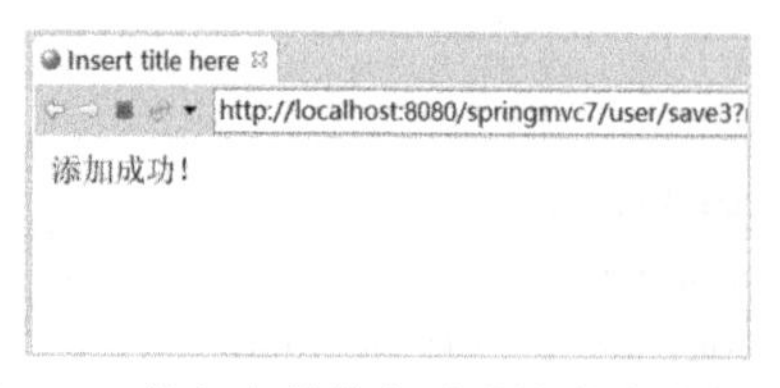

图 9-19　输入表单信息后登录成功的页面 1

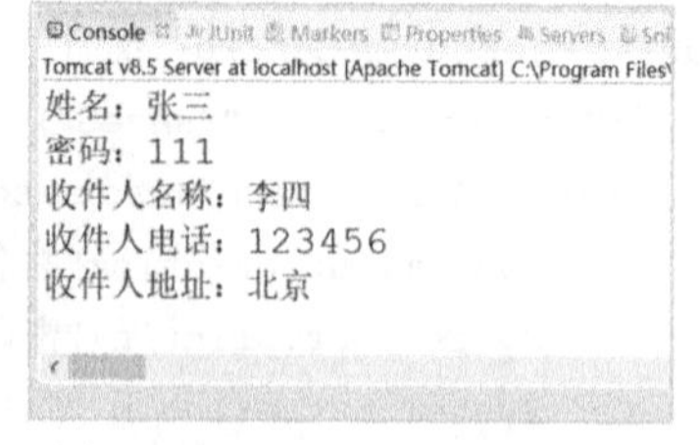

图 9-20　在控制台可以看到输出的收件人信息 1

9.5.4　List 集合类型

通常在需要批量提交数据时，可将提交的数据绑定到 list〈pojo〉中，比如，成绩录入(录入多门课的成绩，批量提交）。在例 9-8 的用户 User 对象中增加收件人信息列表 List〈Receiver〉receiver 这个复杂的类型属性，页面中的数据如何才能准确地绑定到对象上呢？

【例 9-9】 List 集合类型。

前台表单页面通过 URL 将参数传递过来，由 Spring MVC 的 Controller 进行处理，并返回添加成功的页面。

（1）创建 Web 应用项目。

在 Eclipse 中创建动态 Web 项目 springmvc8。在 lib 目录中添加 Spring MVC 程序所需要的 JAR 包，包括 Spring 的 4 个核心 JAR 包、commons-logging 的 JAR 包以及与 Web 相关的 JAR 包（spring-web-5.2.5.RELEASE.jar、spring-webmvc-5.2.5.RELEASE.jar 和 spring-aop-5.2.5.RELEASE.jar）。选中所有的 JAR 包，右击 build path，将 JAR 包添加到类路径下，如图9-21所示。

```
springmvc8
  Deployment Descriptor: springmvc8
  JAX-WS Web Services
  Java Resources
    src
      com.system.controller
        UserController.java
      com.system.pojo
        Receiver.java
        User.java
      springmvc-config.xml
    Libraries
  JavaScript Resources
  Referenced Libraries
  build
  WebContent
    META-INF
    WEB-INF
      jsp
        success.jsp
      lib
      web.xml
    add.jsp
```

图 9-21　springmvc8 项目结构

（2）修改 User 类，使用 List〈Receiver〉接收收件人信息列表，代码如下：

```
package com.system.pojo;

import java.util.List;

public class User {
    private String name;
    private String password;
    private List<Receiver>  receiver;            //收件人信息列表
    public String getName() {
        return name;
    }
    public void setName(String name) {
        this.name=name;
    }
    public String getPassword() {
        return password;
    }
    public void setPassword(String password) {
        this.password=password;
    }
    public List<Receiver>  getReceiver() {
        return receiver;
    }
    public void setReceiver(List<Receiver>  receiver) {
```

```
        this.receiver=receiver;
    }
    @Override
    public String toString() {
        return "User{" +
        "name='" +name +'\'' +
        ", password=" +password +
        ", receiver=" +receiver +
        '}';
    }
}
```

(3) 修改 UserController,读取收件人列表集合中的每一个元素,代码如下:

```
package com.system.controller;
import org.springframework.stereotype.Controller;
import org.springframework.ui.Model;
import org.springframework.web.bind.annotation.RequestMapping;

import com.system.pojo.Receiver;
import com.system.pojo.User;
@Controller
@RequestMapping("/user")
public class UserController {
    @RequestMapping("/save4")
    public String save4(User user){
        System.out.println("姓名:"+user.getName());
        System.out.println("密码:"+user.getPassword());
        for(Receiver rec:user.getReceiver()){
            System.out.println(rec);
        }
        return "success";
    }
}
```

(4) 修改 add.jsp 页面,代码如下:

```
<%@page language="java" contentType="text/html; charset=utf-8"
    pageEncoding="utf-8"%>
<!DOCTYPE html>
<html>
<head>
<meta charset="utf-8">
<title>添加页面</title>
</head>
<body>
```

```
添加收件人
<form action="${pageContext.request.contextPath }/user/save4">
姓名:<input type="text" name="name"/> <br/>
密码:<input type="password" name="password"/> <br/>
收件人名称 1:<input type="text" name="receiver[0].rname"/> <br/>
收件人电话 1:<input type="text" name="receiver[0].phone"/> <br/>
收件人地址 1:<input type="text" name="receiver[0].address"/> <br/>
收件人名称 2:<input type="text" name="receiver[1].rname"/> <br/>
收件人电话 2:<input type="text" name="receiver[1].phone"/> <br/>
收件人地址 2:<input type="text" name="receiver[1].address"/> <br/>
<input type="submit" value="添加"/>
</form>
</body>
</html>
```

receiver[0]. rname 代表给 User 对象中 List〈Receiver〉集合的第一个 Receiver 对象的 rname 属性赋值。

（5）springmvc-config. xml 配置文件、web. xml 配置文件与前面的例子一样，不再赘述。success. jsp 文件显示“添加成功!”信息。

（6）运行测试。

将 springmvc8 项目发布到 Tomcat 服务器，在浏览器输入地址，访问添加收件人的页面，如图 9-22 所示。输入表单数据后，得到登录成功的页面，如图 9-23 所示。在控制台可以看到输出的收件人信息，如图 9-24 所示。

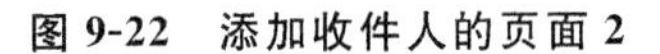
图 9-22　添加收件人的页面 2

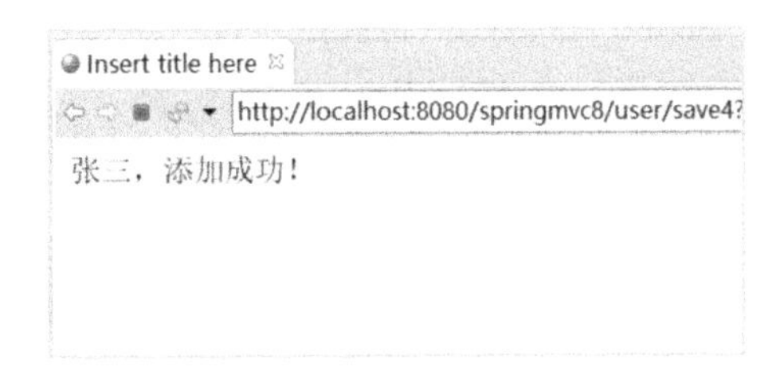

图 9-23　输入表单数据后登录成功的页面 2

```
Console  JUnit  Markers  Properties  Servers  Snippets  Problems  Coverage  Package Explorer
Tomcat v8.5 Server at localhost [Apache Tomcat] C:\Program Files\Java\jre8\bin\javaw.exe (2020年4月27日 下午4:15:09)
姓名：张三
密码：111
Receiver{rname='李四', phone='123456', address='北京'}
Receiver{rname='王五', phone='234567', address='上海'}
```

图 9-24　在控制台可以看到输出的收件人信息 2

9.5.5 Map 集合类型

9.5.4 节中利用 List 集合来封装多个收件人信息，其实把 List 集合换成 Map 集合也是可以的。

Map 的绑定其实和 List 的绑定类似，首先在包装的 pojo 中新添加一个 Map 类型的属性，前台传参的时候与 List 的不太一样，Map 的参数绑定传来的是 Map 中的 key，然后 value 会自动绑定到 Map 中的那个对象的属性中。下面看看 Spring MVC 如何使用 Map 集合类型封装表单参数。

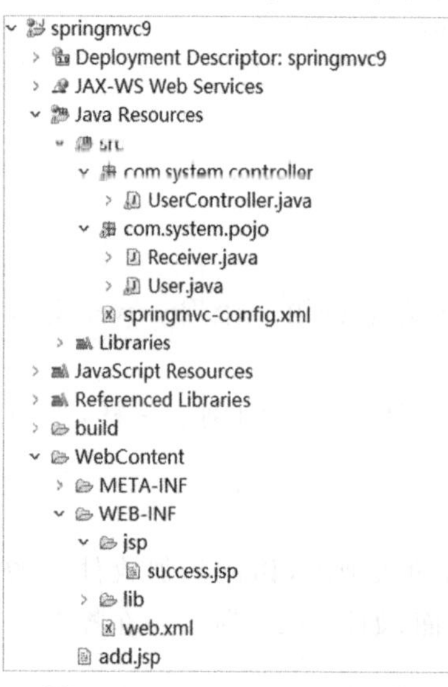

图 9-25　springmvc9 项目结构

【例 9-10】 Map 集合类型。

(1) 创建 Web 应用项目。

在 Eclipse 中创建动态 Web 项目 springmvc9。在 lib 目录中添加 Spring MVC 程序所需要的 JAR 包，包括 Spring 的 4 个核心 JAR 包、commons-logging 的 JAR 包以及与 Web 相关的 JAR 包(spring-web-5.2.5.RELEASE.jar、spring-webmvc-5.2.5.RELEASE.jar 和 spring-aop-5.2.5.RELEASE.jar)。选中所有的 JAR 包，右击 build path，将 JAR 包添加到类路径下，如图9-25所示。

(2) 创建 User 类。

User 对象使用 Map 集合来封装多个收件人信息，代码如下：

```
package com.system.pojo;

import java.util.List;
import java.util.Map;

public class User {
    private String name;
    private String password;
    private Map<String,Receiver> receiver;   //使用 Map 集合来封装收件人信息列表
    public String getName() {
        return name;
    }
    public void setName(String name) {
        this.name=name;
    }
    public String getPassword() {
        return password;
    }
    public void setPassword(String password) {
```

```
            this.password=password;
        }
        public Map<String, Receiver>  getReceiver() {
            return receiver;
        }
        public void setReceiver(Map<String, Receiver>receiver) {
            this.receiver=receiver;
        }
        @Override
        public String toString() {
            return "User{" +
                    "name='" +name +'\'' +
                    ", password=" +password +
                    ", receiver=" +receiver +
                    '}';
        }
}
```

(3) 创建 UserController 类，代码如下：

```
package com.system.controller;
import java.util.Map;

import org.springframework.stereotype.Controller;
import org.springframework.ui.Model;
import org.springframework.web.bind.annotation.RequestMapping;

import com.system.pojo.Receiver;
import com.system.pojo.User;
@Controller
@RequestMapping("/user")
public class UserController {
    @RequestMapping("/save5")
    public String save5(User user){
        System.out.println("姓名:"+user.getName());
        System.out.println("密码:"+user.getPassword());
        Map<String, Receiver>  rec=user.getReceiver();
        for(Map.Entry entry:rec.entrySet()){
            System.out.println(entry.getKey()+"--"+entry.getValue());
        }
        return "success";
    }
}
```

(4) 创建页面 add.jsp，代码如下：

```
<%@page language="java" contentType="text/html; charset=utf-8"
```

```
    pageEncoding="utf-8"%>
<!DOCTYPE html>
<html>
<head>
<meta charset="utf-8">
<title> 添加页面</title>
</head>
<body>
添加收件人
<form action="${pageContext.request.contextPath }/user/save5">
姓名:<input type="text" name="name"/> <br/>
密码:<input type="password" name="password"/> <br/>
收件人名称 1:<input type="text" name="receiver['a'].rname"/> <br/>
收件人电话 1:<input type="text" name="receiver['a'].phone"/> <br/>
收件人地址 1:<input type="text" name="receiver['a'].address"/> <br/>
收件人名称 2:<input type="text" name="receiver['b'].rname"/> <br/>
收件人电话 2:<input type="text" name="receiver['b'].phone"/> <br/>
收件人地址 2:<input type="text" name="receiver['b'].address"/> <br/>
<input type="submit" value="添加"/>
</form>
</body>
</html>
```

其中 receiver ['a']. rname 中的 a 是赋值给 Map 的 key，rname 是赋值给 Receiver 的 rname 属性。

(5) springmvc-config. xml 配置文件、web. xml 配置文件与例 9-9 的一样，不再赘述。success. jsp 文件显示“添加成功！”信息。

(6) 运行结果。

将项目发布到 Tomcat 服务器，在浏览器输入地址，添加收件人的页面如图 9-26 所示。输入表单数据后，得到登录成功的页面，如图 9-27 所示，在控制台可以看到输出的收件人信息，如图 9-28 所示。

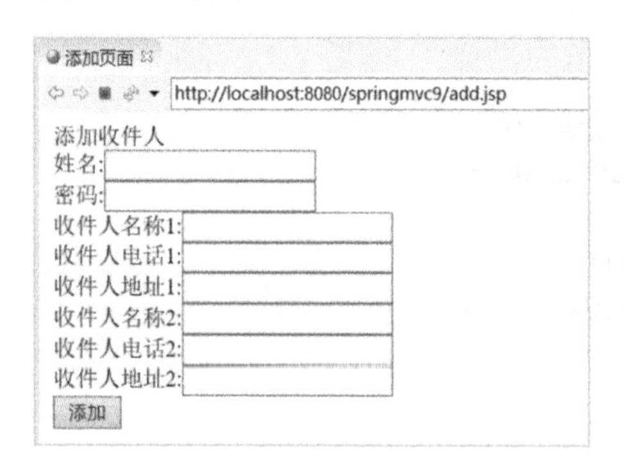

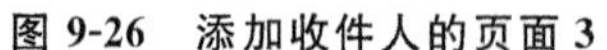
图 9-26　添加收件人的页面 3

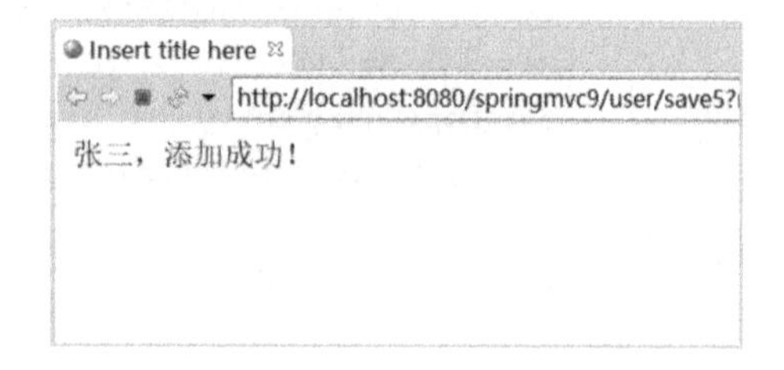

图 9-27　输入表单数据后登录成功的页面 3

关于 Spring MVC 的参数绑定的基本原理都差不多，只是针对不同的类型，绑定的方式有些区别而已。

```
Console  JUnit  Markers  Properties  Servers  Snippets  Problems  Coverage  Package Explorer
Tomcat v8.5 Server at localhost [Apache Tomcat] C:\Program Files\Java\jre8\bin\javaw.exe (2020年4月27日 下午4:01:25)
姓名：张三
密码：111
'a'--Receiver{rname='李四', phone='123456', address='北京'}
'b'--Receiver{rname='王五', phone='234567', address='上海'}
```

图 9-28　在控制台可以看到输出的收件人信息 3

9.6　Spring MVC 中文问题

为了避免出现中文乱码问题，需要在 web.xml 文件中增加编码过滤器，同时将 JSP 页面的编码设置为 UTF-8，form 表单的提交方式必须为 post，代码如下：

```
<!--避免中文乱码-->
    <filter>
        <filter-name> encodingFilter</filter-name>
        <filter-class>
            org.springframework.web.filter.CharacterEncodingFilter
        </filter-class>
    <init-param>
        <param-name> encoding</param-name>
        <param-value> UTF-8</param-value>
    </init-param>
    <init-param>
        <param-name> forceEncoding</param-name>
        <param-value> true</param-value>
    </init-param>
    </filter>
    <filter-mapping>
        <filter-name> encodingFilter</filter-name>
        <url-pattern> /* </url-pattern>
    </filter-mapping>
```

9.7　表单标签库

表单标签库中包含可以用在 JSP 页面中渲染 HTML 元素的标签。在 JSP 页面使用 Spring 表单标签库时，必须在 JSP 页面开头处声明 taglib 指令，指令代码如下：

```
<%@taglib prefix="form" uri="http://www.springframework.org/tags/form"%>
```

在表单标签库中有 form、input、password、hidden、textarea、checkbox、checkboxes、radiobutton、radiobuttons、select、option、options、errors 等标签，其作用如表 9-3 所示。

表 9-3　表单标签及其作用

名　　称	作　　用
form	渲染表单元素
input	渲染<input type="text"/>元素
password	渲染<input type="password"/>元素
textarea	渲染 textarea 元素
checkbox	渲染一个<input type="checkbox"/>元素
checkboxes	渲染多个<input type="checkbox"/>元素
radiobutton	渲染一个<input type="radio"/>元素
radiobuttons	渲染多个<input type="radio"/>元素
select	渲染一个选择元素
option	渲染一个选项元素
options	渲染多个选项元素
hidden	渲染<input type="hidden"/>元素
errors	在 span 元素中渲染字段错误

表单标签的语法格式如下：

```
<form:form modelAttribute="xxx" method="post" action="xxx">
……
</form:form>
```

表单标签除了具有 HTML 表单元素属性以外，还具有 acceptCharset、commandName、cssClass、cssStyle、htmlEscape 和 modelAttribute 等属性。

- acceptCharset：定义服务器接受的字符编码列表。
- commandName：暴露表单对象的模型属性名称，默认为 command。
- cssClass：定义应用到 form 元素的 CSS 类。
- cssStyle：定义应用到 form 元素的 CSS 样式。
- htmlEscape：true 或 false，表示是否进行 HTML 转义。
- modelAttribute：暴露 form backing object 的模型属性名称，默认为 command。

其中，commandName 和 modelAttribute 属性的功能基本一致，属性值绑定一个 JavaBean 对象。假设控制器类 UserController 的方法 inputUser 是返回 userAdd.jsp 的请求处理方法，那么 inputUser 方法的代码如下：

```
@RequestMapping(value="/input")
public String inputUser(Model model) {
    ……
    model.addAttribute("user", new User());
    return "userAdd";
```

```
}
```

userAdd.jsp 的表单标签代码如下：

```
<form:form modelAttribute="user" method="post" action="user/input">
……
</form:form>
```

注意：在 inputUser 方法中，如果没有 Model 属性 user，userAdd.jsp 页面就会抛出异常，因为表单标签无法找到在其 modelAttribute 属性中指定的 form backing object。

1. input 标签

input 标签的语法格式如下：

```
<form:input path="xxx"/>
```

该标签除了有 cssClass、cssStyle、htmlEscape 属性外，还有一个最重要的属性——path。path 属性将文本框输入值绑定到 form backing object 的一个属性。示例代码如下：

```
<form:form modelAttribute="user" method="post" action="user/save">
    <form:input path="userName"/>
</form:form>
```

上述代码将输入值绑定到 user 对象的 userName 属性。

2. password 标签

password 标签的语法格式如下：

```
<form:password path="xxx"/>
```

3. textarea 标签

textarea 基本上就是一个支持多行输入的 input 元素，语法格式如下：

```
<form:textarea path="xxx"/>
```

4. checkbox 标签

checkbox 标签的语法格式如下：

```
<form:checkbox path="xxx" value="xxx"/>
```

多个路径相同的 checkbox 标签，它们是一个选项组，允许多选，选项值绑定到一个数组属性。示例代码如下：

```
<form:checkbox path="friends" value="张三"/> 张三
<form:checkbox path="friends" value="李四"/> 李四
<form:checkbox path="friends" value="王五"/> 王五
<form:checkbox path="friends" value="赵六"/> 赵六
```

上述示例代码中，复选框的值会绑定到一个字符串数组属性 friends(String[] friends)。

5. checkboxes 标签

checkboxes 标签可渲染多个复选框，是一个选项组，等价于多个 path 相同的 checkbox

标签。它有三个非常重要的属性，即 items、itemLabel 和 itemValue。

- items：用于生成 input 元素的 Collection、Map 或 Array。
- itemLabel：为 items 属性中指定的集合对象的属性，为每个 input 元素提供 label。
- itemValue：为 items 属性中指定的集合对象的属性，为每个 input 元素提供 value。

checkboxes 标签的语法格式如下：

```
<form:checkboxes items="xxx" path="xxx"/>
```

示例代码如下：

```
<form:checkboxes items="${hobbys}" path="hobby"/>
```

上述示例代码是将 model 的属性 hobbys 的内容(集合元素)渲染为复选框。在 itemLabel 和 itemValue 省略的情况下，如果集合是数组，那么复选框的 label 和 value 相同；如果是 Map 集合，那么复选框的 label 是 Map 的值(value)，复选框的 value 是 Map 的关键字(key)。

6. radiobutton 标签

radiobutton 标签的语法格式如下：

```
<form:radiobutton path="xxx" value="xxx"/>
```

多个 path 相同的 radiobutton 标签，它们是一个选项组，只允许单选。

7. radiobuttons 标签

radiobuttons 标签可渲染多个 radio，是一个选项组，等价于多个 path 相同的 radiobutton 标签。radiobuttons 标签的语法格式如下：

```
<form:radiobuttons items="xxx" path="xxx"/>
```

该标签的 itemLabel 和 itemValue 属性与 checkboxes 标签的 itemLabel 和 itemValue 属性完全一样，但只允许单选。

8. select 标签

select 标签的选项可能来自其属性 items 指定的集合，或者来自一个嵌套的 option 标签或 options 标签。其语法格式如下：

```
<form:select path="xxx" items="xxx"/>
```

或者：

```
<form:select path="xxx" items="xxx">
<option value="xxx"> xxx</option>
</form:select>
```

或者：

```
<form:select path="xxx">
    <form:options items="xxx"/>
</form:select>
```

该标签的 itemLabel 和 itemValue 属性与 checkboxes 标签的 itemLabel 和 itemValue 属性完全一样。

9. options 标签

options 标签生成一个 select 标签的选项列表，因此需要和 select 标签一同使用，具体用法参见 select 标签。

10. hidden 标签

hidden 标签的语法格式如下：

```
<form:hidden path="xxx"/>
```

该标签与 input 标签的用法基本一致，只不过它不可显示，不支持 cssClass 和 cssStyle 属性。

11. errors 标签

errors 标签渲染一个或者多个 span 元素，每个 span 元素包含一个错误消息。它可以用于显示一个特定的错误消息，也可以显示所有的错误消息。其语法格式如下：

```
<form:errors path="*"/>
```

或者：

```
<form:errors path="xxx"/>
```

其中："*"表示显示所有的错误消息；"xxx"表示显示由"xxx"指定的特定错误消息。

【例 9-11】 表单标签综合。

步骤如下。

（1）创建 Web 应用项目。

在 Eclipse 中创建动态 Web 项目 springmvc10。在 lib 目录中添加 Spring MVC 程序所需要的 JAR 包，包括 Spring 的 4 个核心 JAR 包、commons-logging 的 JAR 包以及与 Spring MVC 有关的包（spring-web-5.2.5.RELEASE.jar、spring-webmvc-5.2.5.RELEASE.jar、spring-aop-5.2.5.RELEASE.jar 和 jstl-1.2.jar）。选中所有的 JAR 包，右击 build path，将 JAR 包添加到类路径下，如图 9-29 所示。

```
springmvc10
  Deployment Descriptor: springmvc10
  JAX-WS Web Services
  Java Resources
    src
      com.system.controller
        UserController.java
      com.system.pojo
        User.java
      springmvc-config.xml
    Libraries
  JavaScript Resources
  Referenced Libraries
  build
  WebContent
    META-INF
    WEB-INF
      jsp
        user.jsp
        users.jsp
      lib
      web.xml
```

图 9-29　springmvc10 项目结构

（2）创建 User 类。

User.java 的代码如下所示：

```
package com.system.pojo;

public class User {
private String username;
    private String password;
```

```
    private String address;
    private boolean receivePaper;
    private String [] favoriteFrameworks;
    private String gender;
    private String favoriteNumber;
    private String country;
    private String [] skills;

    public String getUsername() {
        return username;
    }
    public void setUsername(String username) {
        this.username=username;
    }

    public String getPassword() {
        return password;
    }
    public void setPassword(String password) {
        this.password=password;
    }
    public String getAddress() {
        return address;
    }
    public void setAddress(String address) {
        this.address=address;
    }
    public boolean isReceivePaper() {
        return receivePaper;
    }
    public void setReceivePaper(boolean receivePaper) {
        this.receivePaper=receivePaper;
    }
    public String[] getFavoriteFrameworks() {
        return favoriteFrameworks;
    }
    public void setFavoriteFrameworks(String[] favoriteFrameworks) {
        this.favoriteFrameworks=favoriteFrameworks;
    }
    public String getGender() {
        return gender;
    }
```

```
    public void setGender(String gender) {
        this.gender=gender;
    }
    public String getFavoriteNumber() {
        return favoriteNumber;
    }
    public void setFavoriteNumber(String favoriteNumber) {
        this.favoriteNumber=favoriteNumber;
    }
    public String getCountry() {
        return country;
    }
    public void setCountry(String country) {
        this.country=country;
    }
    public String[] getSkills() {
        return skills;
    }
    public void setSkills(String[] skills) {
        this.skills=skills;
    }
}
```

(3) 创建 UserController 类。

UserController.java 的代码如下所示：

```
package com.system.controller;

import java.util.ArrayList;
import java.util.HashMap;
import java.util.List;
import java.util.Map;

import org.springframework.stereotype.Controller;
import org.springframework.web.bind.annotation.ModelAttribute;
import org.springframework.web.bind.annotation.RequestMapping;
import org.springframework.web.bind.annotation.RequestMethod;
import org.springframework.web.servlet.ModelAndView;
import com.system.pojo.User;
import org.springframework.ui.ModelMap;

@Controller
public class UserController {
```

```
@RequestMapping(value="/user", method=RequestMethod.GET)
    public ModelAndView user() {
        User user=new User();
        user.setFavoriteFrameworks((new String[]{"Spring MVC","Struts 2"}));
        user.setGender("M");
        ModelAndView modelAndView=new ModelAndView("user","command", user);
        return modelAndView;
    }

    @RequestMapping(value="/addUser", method=RequestMethod.POST)
    public String addUser(@ModelAttribute("SpringWeb")User user,
        ModelMap model) {
        model.addAttribute("username", user.getUsername());
        model.addAttribute("password", user.getPassword());
        model.addAttribute("address", user.getAddress());
        model.addAttribute("receivePaper", user.isReceivePaper());
        model.addAttribute("favoriteFrameworks", user.getFavoriteFrameworks());
        model.addAttribute("gender", user.getGender());
        model.addAttribute("favoriteNumber", user.getFavoriteNumber());
        model.addAttribute("country", user.getCountry());
        model.addAttribute("skills", user.getSkills());
        return "users";
    }

    @ModelAttribute("webFrameworkList")
    public List<String>getWebFrameworkList()
    {
        List<String>webFrameworkList=new ArrayList<String>();
        webFrameworkList.add("Spring MVC");
        webFrameworkList.add("Struts 1");
        webFrameworkList.add("Struts 2");
        webFrameworkList.add("Apache Hadoop");
        return webFrameworkList;
    }

    @ModelAttribute("numbersList")
    public List<String>getNumbersList()
    {
        List<String>numbersList=new ArrayList<String>();
        numbersList.add("1");
        numbersList.add("2");
        numbersList.add("3");
```

```
            numbersList.add("4");
            return numbersList;
        }

        @ModelAttribute("countryList")
        public Map<String, String> getCountryList()
        {
            Map<String, String>  countryList=new HashMap<String, String>();
            countryList.put("US", "United States");
            countryList.put("CH", "China");
            countryList.put("SG", "Singapore");
            countryList.put("MY", "Malaysia");
            return countryList;
        }

        @ModelAttribute("skillsList")
        public Map<String, String> getSkillsList()
        {
            Map<String, String> skillList=new HashMap<String, String>();
            skillList.put("Hibernate", "Hibernate");
            skillList.put("Spring", "Spring");
            skillList.put("Apache Hadoop", "Apache Hadoop");
            skillList.put("Struts", "Struts");
            return skillList;
        }
    }
```

user()方法在 ModelAndView 对象中传递了一个名称为"command"的空对象,因为如果要在 JSP 中使用〈form:form〉标签,Spring 框架需要一个名称为"command"的对象文件。当调用 user()方法时,会返回 user.jsp 视图。

addUser()方法将在 URL/addUser 上调用 POST 方法。将根据提交的信息准备模型对象。最后将从服务方法返回"users"视图,这将渲染 users.jsp 页面。

(4) 创建页面 user.jsp,代码如下:

```
<%@page language="java" contentType="text/html; charset=utf-8"
        pageEncoding="utf-8"%>
<%@taglib uri="http://www.springframework.org/tags/form" prefix="form"%>
<!DOCTYPE html>
<html>
<head>
<meta charset="utf-8">
<title> Insert title here</title>
```

```
</head>
<body>
<h2> 用户信息</h2>
    <form:form method="POST" action="${pageContext.request.contextPath}/addUser">
        <table>
            <tr>
                <td><form:label path="username">用户名:</form:label></td>
                <td><form:input path="username"/></td>
            </tr>
            <tr>
                <td><form:label path="password">密码:</form:label></td>
                <td><form:password path="password"/></td>
            </tr>
            <tr>
                <td><form:label path="address">地址:</form:label></td>
                <td><form:textarea path="address" rows="5" cols="30"/></td>
            </tr>
            <tr>
                <td><form:label path="receivePaper">是否订阅:</form:label></td>
                <td><form:checkbox path="receivePaper"/></td>
            </tr>
            <tr>
                <td> <form:label path="favoriteFrameworks">喜欢的框架/技术:
                     </form:label></td>
                <td><form:checkboxes items="${webFrameworkList}"
                    path="favoriteFrameworks"/></td>
            </tr>
            <tr>
                <td><form:label path="gender">性别:</form:label></td>
                <td><form:radiobutton path="gender" value="M" label=
                     "男"/><form:radiobutton
                     path="gender" value="F" label="女"/></td>
            </tr>
            <tr>
                <td><form:label path="favoriteNumber">喜欢的数字:
                     </form:label></td>
                <td><form:radiobuttons path="favoriteNumber"
                    items="${numbersList}"/></td>
            </tr>
            <tr>
                <td><form:label path="country">所在国家:</form:label></td>
                <td><form:select path="country">
```

```
                    <form:option value="NONE"label="请选择..."/>
                    <form:options items="${countryList}"/>
                </form:select></td>
            </tr>
            <tr>
            <td><form:label path="skills"> 技术:</form:label></td>
            <td> <form:select path="skills" items="${skillsList}"
                multiple="true"/></td>
        </tr>
            <tr>
                <td colspan="2"><input type="submit" value="提交"/></td>
            </tr>
        </table>
    </form:form>
</body>
</html>
```

这里使用〈form:input/〉标签来渲染一个HTML文本框，如下：

```
<form:input path="name"/>
```

它将生成以下HTML内容：

```
<input id="name" name="name" type="text" value=""/>
```

使用〈form:password/〉标签来呈现HTML密码框，如下：

```
<form:password path="password"/>
```

它将呈现以下HTML内容：

```
<input id="password" name="password" type="password" value=""/>
```

使用〈form:textarea/〉标签来呈现HTML密码框，如下：

```
<form:textarea path="address" rows="5" cols="30"/>
```

它将呈现以下HTML内容：

```
<textarea id="address" name="address" rows="5" cols="30">
```

使用〈form:checkbox/〉标签来呈现HTML密码框，如下：

```
<form:checkbox path="receivePaper"/>
```

它将呈现以下HTML内容：

```
<input id="receivePaper1" name="receivePaper" type="checkbox" value="true"/>
<input type="hidden" name="_receivePaper" value="on"/>
```

使用〈form:checkboxes/〉标签来呈现HTML多个复选框，如下：

```
<form:checkboxes items="${webFrameworkList}" path="favoriteFrameworks" />
```

它将呈现以下HTML内容：

```
<span>
<input id="favoriteFrameworks1" name="favoriteFrameworks" type=
    "checkbox" value="Spring MVC" checked="checked"/>
<label for="favoriteFrameworks1">Spring MVC</label>
</span>
<span>
<input id="favoriteFrameworks2" name="favoriteFrameworks" type=
    "checkbox" value="Struts 1"/>
<label for="favoriteFrameworks2">Struts 1</label>
</span>
<span>
<input id="favoriteFrameworks3" name="favoriteFrameworks" type=
    "checkbox" value="Struts 2" checked="checked"/>
<label for="favoriteFrameworks3">Struts 2</label>
</span>
<span>
<input id="favoriteFrameworks4" name="favoriteFrameworks" type=
    "checkbox" value="Apache Hadoop"/>
<label for="favoriteFrameworks4"> Apache Hadoop</label>
</span>
<input type="hidden" name="_favoriteFrameworks" value="on"/>
```

使用〈form:radiobutton/〉标签来呈现HTML密码框，如下：

```
<form:radiobutton path="gender" value="M" label="男" />
<form:radiobutton path="gender" value="F" label="女" />
```

它将呈现以下HTML内容：

```
<input id="gender1" name="gender" type="radio" value="M" checked=
    "checked"/><label for="gender1">男</label>
<input id="gender2" name="gender" type="radio" value="F"/><label for=
    "gender2">女</label>
```

使用〈form:radiobuttons/〉标签来呈现HTML密码框，如下：

```
<form:radiobuttons path="favoriteNumber" items="${numbersList}"/>
```

它将呈现以下HTML内容：

```
<span>
<input id="favoriteNumber1" name="favoriteNumber" type="radio" value="1"/>
<label for="favoriteNumber1">1</label>
</span>
<span>
```

```
<input id="favoriteNumber2" name="favoriteNumber" type="radio" value="2"/>
<label for="favoriteNumber2">2</label>
</span>
<span>
<input id="favoriteNumber3" name="favoriteNumber" type="radio" value="3"/>
<label for="favoriteNumber3">3</label>
</span>
<span>
<input id="favoriteNumber4" name="favoriteNumber" type="radio" value="4"/>
<label for="favoriteNumber4">4</label>
</span>
```

使用〈form:select/〉、〈form:option/〉和〈form:options/〉标签来呈现 HTML 下拉选项，如下：

```
<form:select path="country">
    <form:option value="NONE" label="Select"/>
    <form:options items="${countryList}"/>
</form:select>
```

它将呈现以下 HTML 内容：

```
<select id="country" name="country">
    <option value="NONE"> 请选择...</option>
    <option value="US"> United States</option>
    <option value="CH"> China</option>
    <option value="MY"> Malaysia</option>
    <option value="SG"> Singapore</option>
</select>
```

使用〈form:select/〉及其属性 multiple="true"标签来呈现 HTML 列表多选框，如下：

```
<form:select path="skills" items="${skillsList}" multiple="true"/>
```

它将呈现以下 HTML 内容：

```
<select id="skills" name="skills" multiple="multiple">
    <option value="Struts"> Struts</option>
    <option value="Hibernate"> Hibernate</option>
    <option value="Apache Hadoop"> Apache Hadoop</option>
    <option value="Spring"> Spring</option>
</select>
<input type="hidden" name="_skills" value="1"/>
```

（5）创建页面 users.jsp，代码如下：

```
<%@page language="java" contentType="text/html; charset=utf-8"
    pageEncoding="utf-8"%>
<%@taglib uri="http://www.springframework.org/tags/form" prefix="form"%>
```

```
<!DOCTYPE html>
<html>
<head>
<meta charset="utf-8">
<title> Insert title here</title>
</head>
<body>
<h2> 提交用户信息</h2>
    <table>
        <tr>
            <td> 用户名:</td>
            <td>${username}</td>
        </tr>
        <tr>
            <td> 密码:</td>
            <td>${password}</td>
        </tr>
        <tr>
            <td> 地址:</td>
            <td>${address}</td>
        </tr>
        <tr>
            <td> 是否订阅:</td>
            <td>${receivePaper}</td>
        </tr>
        <tr>
            <td> 喜欢的技术/框架:</td>
            <td>
                <%
                    String[] favoriteFrameworks=
                    (String[]) request.getAttribute("favoriteFrameworks");
                    for (String framework : favoriteFrameworks) {
                        out.println(framework);
                    }
                %>
            </td>
        </tr>
        <tr>
            <td> 性别:</td>
            <td>${(gender=="M"? "男" : "女")}</td>
        </tr>
        <tr>
```

```
            <td> 喜欢的数字:</td>
            <td>${favoriteNumber}</td>
        </tr>
        <tr>
            <td> 国家:</td>
            <td>${country}</td>
        </tr>
        <tr>
            <td> 技术:</td>
            <td>
                <%
                    String[] skills= (String[]) request.getAttribute("skills");
                    for (String skill : skills) {
                        out.println(skill);
                    }
                %>
            </td>
        </tr>
    </table>
</body>
</html>
```

（6）创建配置文件。

springmvc-config. xml 配置文件、web. xml 配置文件与前面的示例一样，不再赘述。

（7）运行测试。

将 springmvc10 项目发布到 Tomcat 服务器，访问 URL 地址 http://localhost:8080/springmvc10/user，看到如图 9-30 所示的结果。提交所需信息后，点击“提交”按钮提交表单，看到如图 9-31 所示的结果。

图 9-30　springmvc10 表单的页面

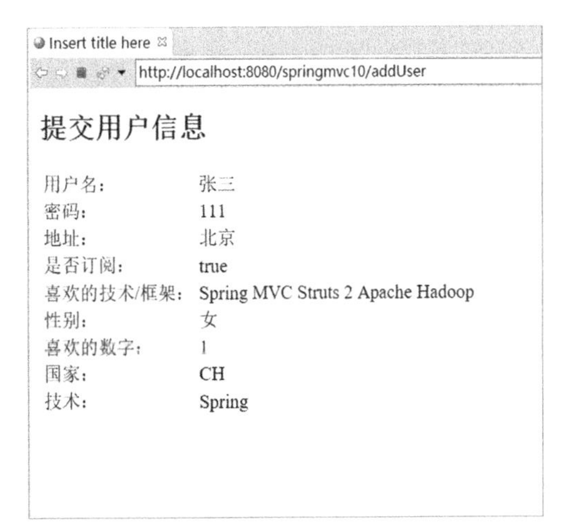

图 9-31　提交用户信息后显示的结果页面

【例 9-12】 errors 标签和验证器的使用。

本例使用 errors 标签和自定义 Spring 验证器完成登录的验证功能，并依次创建下列文件。

（1）Student.java 的代码如下所示：

```
package com.system.pojo;
public class Student {
    private Integer age;
    private String name;
    private Integer id;

    public void setAge(Integer age) {
        this.age=age;
    }
    public Integer getAge() {
        return age;
    }

    public void setName(String name) {
        this.name=name;
    }
    public String getName() {
        return name;
    }

    public void setId(Integer id) {
        this.id=id;
    }
    public Integer getId() {
        return id;
    }
}
```

（2）StudentValidator.java 的代码如下所示：

```
package com.system.controller;
import org.springframework.validation.Errors;
import org.springframework.validation.ValidationUtils;
import org.springframework.validation.Validator;

public class StudentValidator implements Validator {

    @Override
    public boolean supports(Class<?>clazz) {
        return Student.class.isAssignableFrom(clazz);
```

```
    }

    @Override
    public void validate(Object target, Errors errors) {
        ValidationUtils.rejectIfEmptyOrWhitespace(errors,
        "name", "required.name","Field name is required.");
    }
}
```

创建自定义 Spring 验证器实现 org. springframework. validation. Validator 接口，该接口有两个接口方法，如下：

```
boolean supports(Class<?> class)
void validate(Object object,Errors errors)
```

当 supports()方法返回 true 时，验证器可以处理指定的 Class。validate()方法的功能是验证目标对象 object，并将验证错误消息存入 Errors 对象。

往 Errors 对象存入错误消息的方法是 reject()或 rejectValue()，这两个方法的部分重载方法如下：

```
void reject(String errorCode)
void reject(String errorCode,String defaultMessage)
void rejectValue(String filed,String errorCode)
void rejectValue(String filed,String errorCode,String defaultMessage)
```

一般情况下，只需要给 reject()或 rejectValue()方法一个错误代码，Spring MVC 框架就会在消息属性文件中查找错误代码，获取相应的错误消息。具体示例如下：

```
if(goods.getGprice()>100 || goods.getGprice()<0){
    errors.rejectValue("gprice","gprice.invalid");     //gprice.invalid为错误代码
}
```

(3) StudentController. java 的代码如下所示：

```
package com.yiibai.springmvc;
import org.springframework.beans.factory.annotation.Autowired;
import org.springframework.beans.factory.annotation.Qualifier;
import org.springframework.stereotype.Controller;
import org.springframework.ui.Model;
import org.springframework.validation.BindingResult;
import org.springframework.validation.Validator;
import org.springframework.validation.annotation.Validated;
import org.springframework.web.bind.WebDataBinder;
import org.springframework.web.bind.annotation.InitBinder;
import org.springframework.web.bind.annotation.ModelAttribute;
import org.springframework.web.bind.annotation.RequestMapping;
import org.springframework.web.bind.annotation.RequestMethod;
```

```
import org.springframework.web.servlet.ModelAndView;
import com.system.pojo.Student;
@Controller
public class StudentController {

    @Autowired
    @Qualifier("studentValidator")
    private Validator validator;

    @InitBinder
    private void initBinder(WebDataBinder binder) {
        binder.setValidator(validator);
    }

    @RequestMapping(value="/addStudent", method=RequestMethod.GET)
    public ModelAndView student() {
        return new ModelAndView("addStudent", "command", new Student());
    }

    @ModelAttribute("student")
    public Student createStudentModel() {
        return new Student();
    }

    @RequestMapping(value="/addStudent", method=RequestMethod.POST)
    public String addStudent(@ModelAttribute("student") @Validated Student student,
        BindingResult bindingResult, Model model) {

        if (bindingResult.hasErrors()) {
            return "addStudent";
        }
        model.addAttribute("name", student.getName());
        model.addAttribute("age", student.getAge());
        model.addAttribute("id", student.getId());

        return "result";
    }
}
```

这里的第一个服务方法 student()已经在 ModelAndView 对象中传递了一个名称为"command"的空 Student 对象，因为如果在 JSP 文件中使用〈form:form〉标签，那么 Spring 框架需要一个名称为"command"的对象。所以，当调用 student()方法时，会返回 student.

jsp 视图。

第二个服务方法 addStudent()将根据 URL 地址/addStudent 上的 POST 方法请求时调用。根据提交的信息准备模型对象。最后从服务方法返回“result”视图，这时将呈现 result. jsp视图。

(4) addStudent. jsp 的代码如下所示：

```
<%@page contentType="text/html; charset=UTF-8"%>
<%@taglib uri="http://www.springframework.org/tags/form" prefix="form"%>
<html>
<head>
<title> Spring MVC 表单错误处理</title>
</head>
<style>
.error {
    color: #ff0000;
}

.errorStyle {
    color: #000;
    background-color: #ffEEEE;
    border: 3px solid #ff0000;
    padding: 8px;
    margin: 16px;
}
</style>
<body>

    <h2> 学生信息</h2>
    <form:form method="POST" action="/springmvctest/addStudent"
        commandName="student">
        <form:errors path="*" cssClass="errorStyle" element="div"/>
        <table>
            <tr>
                <td><form:label path="name">姓名:</form:label></td>
                <td><form:input path="name"/></td>
                <td><form:errors path="name" cssClass="error" /></td>
            </tr>
            <tr>
                <td><form:label path="age">年龄:</form:label></td>
                <td><form:input path="age" /></td>
            </tr>
            <tr>
                <td><form:label path="id">编号:</form:label></td>
                <td><form:input path="id"/></td>
            </tr>
            <tr>
                <td colspan="2"><input type="submit" value="提交"/></td>
            </tr>
```

```
        </table>
    </form:form>
</body>
</html>
```

这里使用〈form:errors /〉标签来呈现 HTML 隐藏字段域，例如：

```
<form:errors path="*" cssClass="errorblock" element="div"/>
```

将呈现所有输入验证的错误消息。

也可使用带有 path="name"的〈form:errors /〉标签来渲染 name 字段的错误消息：

```
<form:errors path="name" cssClass="error" />
```

将呈现名称字段验证的错误消息。

(5) result.jsp 的代码如下所示：

```
<%@page contentType="text/html; charset=UTF-8"%>
<%@taglib uri="http://www.springframework.org/tags/form" prefix="form"%>
<html>
<head>
    <title> Spring MVC 表单错误处理</title>
</head>
<body>

<h2> Submitted Student Information</h2>
    <table>
    <tr>
        <td> 姓名:</td>
        <td>${name}</td>
    </tr>
    <tr>
        <td> 年龄:</td>
        <td>${age}</td>
    </tr>
    <tr>
        <td> 编号:</td>
        <td>${id}</td>
    </tr>
</table>
</body>
</html>
```

完成创建源和配置文件后，发布应用程序到 Tomcat 服务器。

启动 Tomcat 服务器，访问地址 http://localhost:8080/springmvctest/addStudent，可以看到如图 9-32 所示的表单结果。提交所需信息后，点击“提交”按钮提交表单，可以看到如图 9-33 所示的结果页面。

图 9-32　表单页面

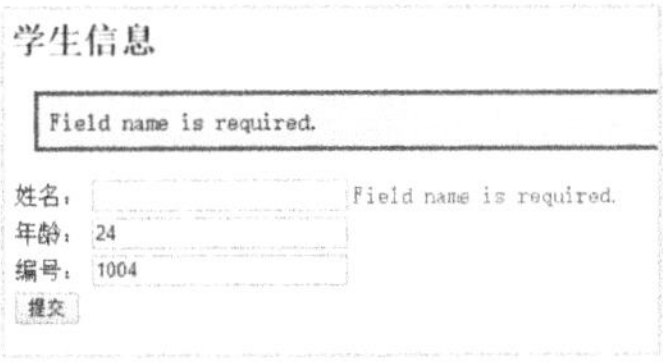

图 9-33　结果页面

9.8　拦截器

当开发网站时可能有这样的需求:某些页面只希望几个特定的用户浏览。对于这样的访问控制权限,应该如何实现呢?拦截器就可以实现上述需求。Spring MVC 的拦截器(interceptor)与 Java Servlet 的过滤器(filter)类似,它主要用于拦截用户的请求并进行相应的处理,通常应用在权限验证、记录请求信息的日志、判断用户是否登录等功能上。

1. 拦截器的定义

在 Spring MVC 框架中定义拦截器时,需要对拦截器进行定义和配置。定义拦截器可以通过两种方式:一种是通过实现 HandlerInterceptor 接口或继承 HandlerInterceptor 接口的实现类来定义;另一种是通过实现 WebRequestInterceptor 接口或继承 WebRequestInterceptor 接口的实现类来定义。

下面以实现 HandlerInterceptor 接口的定义方式为例讲解自定义拦截器的使用方法,代码如下:

```
package interceptor;
import javax.servlet.http.HttpServletRequest;
import javax.servlet.http.HttpServletResponse;
import org.springframework.web.servlet.HandlerInterceptor;
import org.springframework.web.servlet.ModelAndView;
public class TestInterceptor implements HandlerInterceptor {
    @Override
    public void afterCompletion(HttpServletRequest request,
        HttpServletResponse response, Object handler, Exception ex)
        throws Exception {
        System.out.println("afterCompletion 方法在控制器的处理请求方法执行完成后执
                            行,即视图渲染结束之后执行");
    }
    @Override
    public void postHandle(HttpServletRequest request,
                            HttpServletResponse response, Object handler,
                            ModelAndView modelAndView) throws Exception {
        System.out.println("postHandle 方法在控制器的处理请求方法调用之后、解析视图之
                            前执行");
    }
```

```
    @Override
    public boolean preHandle(HttpServletRequest request,
            HttpServletResponse response, Object handler) throws Exception {
        System.out.println("preHandle方法在控制器的处理请求方法调用前执行");
        return false;
    }
}
```

在上述拦截器的定义中实现了HandlerInterceptor接口，并实现了接口中的三个方法。这三个方法的描述如下。

preHandle方法：该方法在控制器的处理请求方法调用前执行，其返回值表示是否中断后续操作，返回true表示继续向下执行，返回false表示中断后续操作。

postHandle方法：该方法在控制器的处理请求方法调用之后、解析视图之前执行，可以通过此方法对请求域中的模型和视图做进一步的修改。

afterCompletion方法：该方法在控制器的处理请求方法执行完成后执行，即视图渲染结束后执行，可以通过此方法做一些资源清理、记录日志信息等工作。

2. 拦截器的配置

要让自定义的拦截器生效，需在Spring MVC的配置文件中进行配置，配置示例代码如下：

```
<!--配置一组拦截器-->
<mvc:interceptors>
    <!--配置一个全局拦截器拦截所有的请求-->
    <bean class="interceptor.TestInterceptor"/>
    <mvc:interceptor>
        <!--配置拦截器作用的路径-->
        <mvc:mapping path="/**"/>
        <!--配置不需要拦截器作用的路径-->
        <mvc:exclude-mapping path=""/>
        <!--定义<mvc:interceptor> 元素中表示匹配指定路径的请求才进行拦截-->
        <bean class="interceptor.Interceptor1"/>
    </mvc:interceptor>
    <mvc:interceptor>
        <!--配置拦截器作用的路径-->
        <mvc:mapping path="/gotoTest"/>
        <!--定义在<mvc: interceptor> 元素中表示匹配指定路径的请求才进行拦截-->
        <bean class="interceptor.Interceptor2"/>
    </mvc:interceptor>
</mvc:interceptors>
```

在上述示例代码中，〈mvc:interceptors〉元素用于配置一组拦截器，其子元素〈bean〉定义的是全局拦截器，即拦截所有的请求。

〈mvc:interceptor〉元素中定义的是指定路径的拦截器，其子元素〈mvc:mapping〉用于配置拦截器作用的路径，该路径在其属性path中定义。

上述代码中，path的属性值“/ * * ”表示拦截所有路径，“/gotoTest”表示拦截所有以“/gotoTest”结尾的路径。如果在请求路径中包含不需要拦截的内容，则可以通过〈mvc:exclude-mapping〉子元素进行配置。

注意：〈mvc:interceptor〉元素的子元素必须按照〈mvc:mapping.../〉、〈mvc:exclude-mapping.../〉、〈bean.../〉的顺序配置。

9.9　文件上传与下载

1. 文件上传的实现方法

Spring MVC框架的文件上传是基于commons-fileupload组件的文件上传，只是Spring MVC框架在原有文件上传组件上做了进一步封装，简化了文件上传的代码实现，取消了不同上传组件上的编程差异。

由于Spring MVC框架的文件上传是基于commons-fileupload组件的文件上传，因此需要将与commons-fileupload组件相关的JAR(commons-fileupload-1.3.1.jar和commonsio-2.4.jar)复制到Spring MVC应用的WEB-INF/lib目录下。

commons是Apache开放源代码组织中的一个Java子项目，该项目包括文件上传、命令行处理、数据库连接池、XML配置文件处理等模块。fileupload就是其中用来处理基于表单文件上传的子项目，commons-fileupload组件的性能优良，并支持任意大小文件的上传。

commons-fileupload组件可以从“http://commons.apache.org/proper/commons-fileupload/”下载。下载它的Binares压缩包(commons-fileupload-1.3.1-bin.zip)，解压缩后的目录中有两个子目录，分别是lib和site。

在lib目录下有一个JAR文件(commons-fileupload-1.3.1.jar)，该文件是commons-fileupload组件的类库。在site目录中是commons-fileupload组件的文档，也包括API文档。

commons-fileupload组件依赖于Apache的另外一个项目——commons-io，该组件可以从“http://commons.apache.org/proper/commons-io/”下载，本书采用的版本是2.4。下载它的Binaries压缩包(commons-io-2.4-bin.zip)，解压缩后的目录中有四个JAR文件，其中有一个commons-io-2.4.jar文件，该文件是commons-io的类库。

标签〈input type="file"/〉会在浏览器中显示一个输入框和一个按钮，输入框可供用户填写本地文件的文件名和路径名，按钮可以让浏览器打开一个文件选择框供用户选择文件。

文件上传的表单例子如下：

```
<form method="post" action="upload" enctype="multipart/form-data">
    <input type="file" name="myfile"/>
</form>
```

表单的enctype属性指定的是表单数据的编码方式，该属性有以下三个值。

application/x-www-form-urlencoded：这是默认的编码方式，它只处理表单域里的value

属性值。

multipart/form-data:该编码方式以二进制流的方式来处理表单数据,并将文件域指定文件的内容封装到请求参数里。

text/plain:该编码方式只有当表单的 action 属性为“mailto:”URL 的形式时才能使用,主要适用于直接通过表单发送邮件的方式。

在 Spring MVC 框架中上传文件时,将与文件相关的信息及操作封装到 MultipartFile 接口中,因此开发者只需要使用 MultipartFile 类型声明模型类的一个属性即可对被上传文件进行操作,如表 9-4 所示。

表 9-4 MultipartFile 接口

名称	作用
byte[] getBytes()	以字节数组的形式返回文件的内容
String getContentType()	返回文件的内容类型
InputStream getInputStream()	返回一个 InputStream,从中读取文件的内容
String getName()	返回请求参数的名称
String getOriginalFilename()	返回客户端提交的原始文件名称
long getSize()	返回文件的大小,单位为字节
boolean isEmpty()	判断被上传文件是否为空
void transferTo(File destination)	将上传文件保存到目标目录下

2. 文件下载的实现方法

实现文件下载有以下两种方法。

- 通过超链接实现下载。
- 利用程序编码实现下载。

通过超链接实现下载虽然简单,但暴露了下载文件的真实位置,并且只能下载存放在 Web 应用程序所在目录下的文件。

利用程序编码实现下载可以增加安全访问控制,还可以从任意位置提供下载的数据,可以将文件存放到 Web 应用程序以外的目录中,也可以将文件保存到数据库中。

利用程序编码实现下载需要设置两个报头。

(1) Web 服务器需要告诉浏览器其所输出内容的类型不是普通文本文件或 HTML 文件,而是一个要保存到本地的下载文件,这需要设置 Content-Type 报头的值为 application/xmsdownload。

(2) Web 服务器希望浏览器不直接处理相应的实体内容,而是由用户选择将相应的实体内容保存到一个文件中,因此需要设置 Content-Disposition 报头。

Content-Disposition 报头指定了接收程序处理数据内容的方式,在 HTTP 应用中只有 attachment 是标准方式,attachment 表示要求用户干预。在 attachment 后面还可以指定 filename 参数,该参数是服务器建议浏览器将实体内容保存到文件中的文件名称。

设置报头的示例如下:

```
response.setHeader("Content-Type", "application/x-msdownload");
response.setHeader("Content-Disposition", "attachment;filename="+filename);
```

9.10 小结

本章重点介绍了Spring MVC注解的使用、Spring MVC参数传递、转发与重定向的区别、类型转换和格式转换；然后介绍了Spring MVC对基本类型、Pojo对象类型、包装Pojo对象类型、List集合类型、Map集合类型等请求参数进行封装，以及中文乱码问题；最后介绍了表单标签库中的各种标签。读者通过本章的学习，应能熟悉Spring MVC的注解方式、参数传递的方式、熟悉Spring MVC部署的方法，为下一步的学习做好准备。

习 题 9

1. Spring MVC常用的注解有哪些？
2. Spring MVC默认支持的绑定参数类型有哪些？
3. Spring MVC支持哪些基本类型的自动转换？
4. 什么是Spring MVC中的参数绑定？
5. Spring MVC中的参数绑定是如何实现的？

第 10 章　MyBatis 基础

学习目标

- MyBatis 开发环境的搭建；
- MyBatis 原理；
- MyBatis 的开发流程。

10.1　MyBatis 概述

MyBatis 的前身是 Apache 的开源框架 iBatis。MyBatis 是一个基于 Java 的持久层框架。MyBatis 提供的持久层框架包括 SQL Maps 和 Data Access Objects(DAO)，它消除了几乎所有的 JDBC 代码和参数的手工设置以及结果集的检索。

MyBatis 使用简单的 XML 或注解用于配置和原始映射，将接口和 Java 的 POJOs(plain old Java objects，普通的 Java 对象)映射成数据库中的记录。

1. MyBatis 与 JDBC

下面看看传统的 JDBC 中存在的问题。

- Java 数据库连接(JDBC)，使用时创建，不使用时立即释放，这样对数据库进行频繁的连接开启和关闭，会造成数据库资源的浪费，影响数据库的性能。
- 将 SQL 语句硬编码到 Java 代码中，如果 SQL 语句需要修改，则要重新编译 Java 代码，这样不利于系统维护。
- 向 PreparedStatement 中设置参数，对占位符对应位置设置参数值，硬编码到 Java 代码中，这样不利于系统维护。
- 从 ResutSet 中遍历结果集数据时，存在硬编码，将获取表的字段进行硬编码，如果表的字段修改了，则代码也需要修改，这样不利于系统维护。

MyBatis 的优势包含以下两方面。

- MyBatis 可以让开发者将主要精力放在 SQL 上，通过 MyBatis 提供的映射方式可以很灵活地写出满足需要的 SQL 语句，换句话说，MyBatis 可以向 PreparedStatement 中的输入参数自动进行输入映射，将查询结果集灵活映射成 Java 对象。
- MyBatis 是支持定制化 SQL、存储过程以及高级映射的优秀的持久层框架。MyBatis 避免了几乎所有的 JDBC 代码和手动设置参数以及获取结果集。MyBatis 可以使用简单的 XML 或注解用于配置和原始映射，将接口和 Java 的实体映射成数据库中的记录。

2. MyBatis 与 Hibernate

目前，Java 的持久层框架产品有许多，常见的有 Hibernate。下面对 MyBatis 与 Hibernate进行比较。

(1) SQL优化方面。

Hibernate不需要编写大量的SQL,就可以完全映射,提供了日志、缓存、级联(级联比MyBatis强大)等特性,此外还提供了HQL(Hibernate query language)对POJO进行操作,使用十分方便,但会多消耗性能。

MyBatis手动编写SQL,支持动态SQL、处理列表、动态生成表名、存储过程。工作量相对大些。

(2) 开发方面。

MyBatis是一个半自动映射的框架,因为MyBatis需要手动匹配POJO、SQL和映射关系,所以它需要我们提供SQL去运行。

Hibernate是一个全表映射的框架,只需提供POJO和映射关系即可。基本不需要编写SQL就可以通过映射关系来操作数据库。由于无需SQL,所以,当多表关联超过三个的时候,通过Hibernate的级联性能就会下降,开发管理系统、ERP等这些性能下降的用户可以接受,但是在互联网时代,要求高响应,响应过慢极度影响用户的体验感,从而丢失用户。

(3) 配置文件。

Hibernate需要主配置文件:数据库连接信息,方言,映射文件信息。

实体类配置文件:类和表之间的映射关系。

MyBatis需要主配置文件:数据库连接信息,映射文件信息。

SQL映射文件:将执行的SQL进行关联映射。

Hibernate的优势主要在于以下几个方面。

- Hibernate的DAO层开发比MyBatis的简单,MyBatis需要维护SQL和结果映射。
- Hibernate对对象的维护和缓存要比MyBatis的好,对增、删、改、查的对象的维护更方便。
- Hibernate数据库的移植性很好,MyBatis数据库的移植性不好,不同的数据库需要写不同的SQL。
- Hibernate有更好的二级缓存机制,可以使用第三方缓存。MyBatis本身提供的缓存机制不佳。

总的来说,MyBatis是一个小巧、方便、高效、简单、直接、半自动化的持久层框架,而Hibernate是一个强大、方便、高效、复杂、间接、全自动化的持久层框架。

因此,对于性能要求不太苛刻的系统,比如管理系统、ERP等推荐使用Hibernate;而对于性能要求高、响应快、灵活的系统,则推荐使用MyBatis。在移动互联网时代,MyBatis成了目前互联网Java持久框架的首选。

但MyBatis也存在一些缺点,如下。

- 编写SQL语句时工作量很大,尤其当字段多、关联表多时,更是如此。
- SQL语句依赖于数据库,导致数据库的移植性差,不能更换数据库。
- 框架比较简陋,功能尚有不足,虽然简化了数据绑定代码,但是整个底层数据库查询还是要自己编写,工作量比较大,且不太容易适应快速数据库的修改。
- 二级缓存机制不佳。

10.2 MyBatis 开发环境的搭建

下载 MyBatis 需要的 jar 包，如图 10-1 所示。

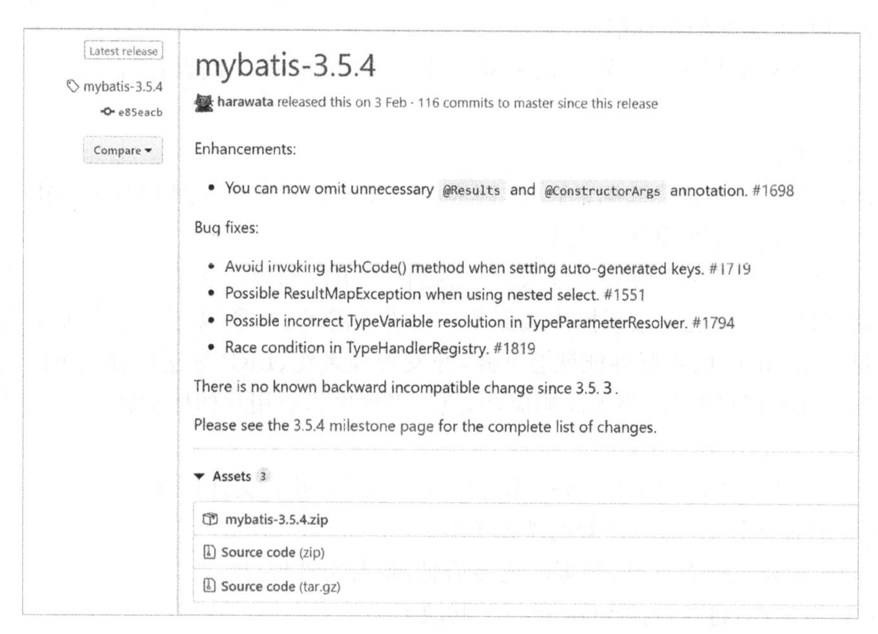

图 10-1 MyBatis jar 包

MyBatis 的下载网址：https://github.com/mybatis/mybatis-3/releases。

下载时只需选择 mybatis-3.5.4.zip 即可，解压后得到如图 10-2 所示的目录。

再下载对应数据库的 JDBC 驱动的 jar 包。MyBatis 的目录如图 10-2 所示。

lib 文件夹下的 JAR 是 MyBatis 的依赖包，如图 10-3 所示。

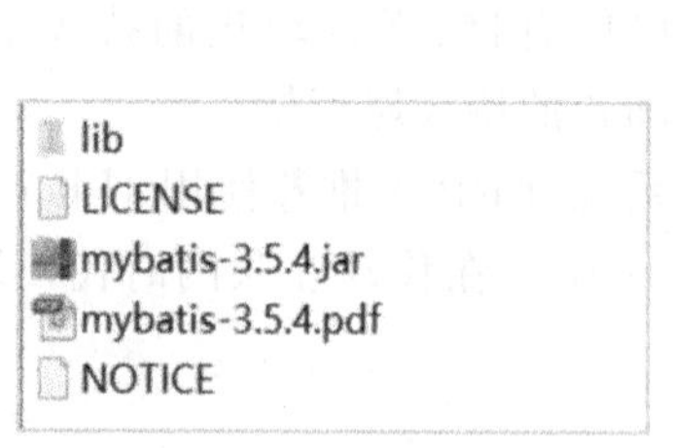

图 10-2 MyBatis 的目录

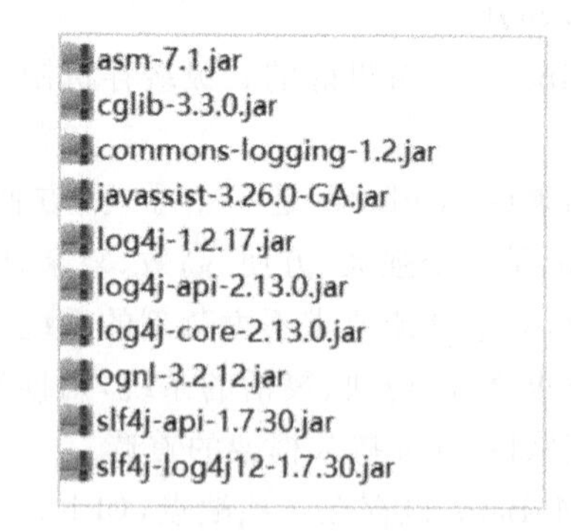

图 10-3 MyBatis 的依赖包

各包的用途如下。

- asm-7.1.jar 字节码解析包，被 cglib 依赖。
- cglib-3.3.0.jar 动态代理的实现。
- commons-logging-1.2.jar 日志包。

- javassist-3.26.0-GA.jar 字节码解析包。
- log4j-1.2.17.jar 日志包。
- log4j-api-2.13.0.jar 日志。
- log4j-core-2.13.0.jar 日志。
- ognl-3.2.12.jar 日志。
- slf4j-api-1.7.30.jar 日志。
- slf4j-log4j12-1.7.30.jar 日志。

在使用 MyBatis 框架时，需要将它的核心包和依赖包引入应用程序中。如果是 Web 应用，只需将核心包和依赖包复制到/WEB-INF/lib 目录中。

10.3 MyBatis 原理

10.3.1 架构图

MyBatis 的功能架构可以分为三层，如图 10-4 所示。

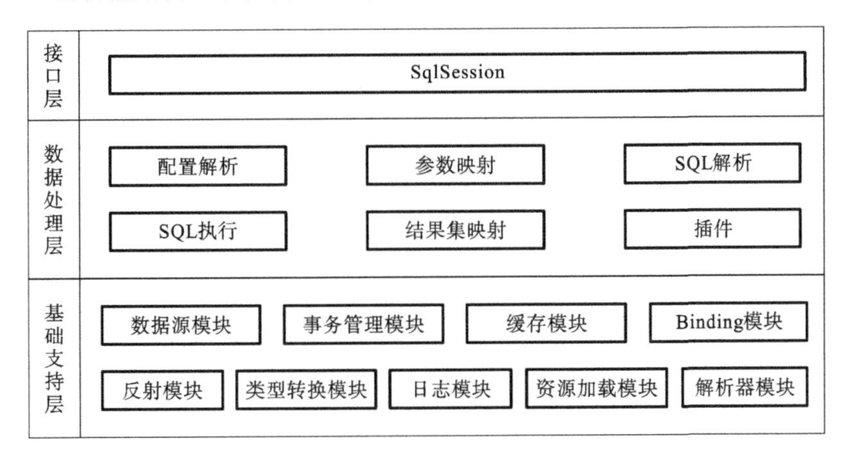

图 10-4 MyBatis 功能架构

1. 接口层

接口层的核心就是 SqlSession 接口，该接口定义了 MyBatis 提供给应用程序调用的 API，即与上层应用交互的通道。开发人员通过这些本地的 API 来操作数据库。接口层一接收到调用请求，就会调用数据处理来完成具体的数据处理任务。

MyBatis 和数据库交互有两种方式：使用传统的 MyBatis 提供的 API 方式、使用 Mapper 代理的方式。

2. 数据处理层

数据处理层负责具体的配置解析、SQL 解析、SQL 执行、结果集映射和参数映射等任务，其主要目的是根据调用的请求完成一次数据库的操作。

(1) 配置解析。

在 MyBatis 初始化过程中，会加载 mybatis-config.xml 配置文件、映射配置文件以及解析 Mapper 接口中的配置信息，解析后的配置信息会形成相应的对象并保存到 Configuration 对象中。之后根据形成的对象创建 SqlSessionFactory 对象。待 MyBatis 初始化完成后，可以通过 SqlSessionFactory 创建 SqlSession 对象并开始执行数据库操作。

（2）SQL 解析与 scripting 模块。

MyBatis 实现的动态 SQL 语句，几乎可以编写出所有满足需要的 SQL。

MyBatis 中的 scripting 模块会根据用户传入的参数，解析映射文件中定义的动态 SQL 节点，形成数据库能执行的 SQL 语句。

（3）SQL 执行。

SQL 语句的执行涉及多个组件，其中比较重要的是 Executor、StatementHandler、ParameterHandler 和 ResultSetHandler。Executor 主要维护一级缓存和二级缓存，并提供事务管理的相关操作，它会将数据库的相关操作委托给 StatementHandler 完成。StatementHandler 首先通过 ParameterHandler 完成 SQL 语句的实参绑定，然后通过 java. sql. Statement 对象执行 SQL 语句并得到结果集，最后通过 ResultSetHandler 完成结果集映射，得到结果对象并返回。

（4）插件。

MyBatis 提供了插件接口，用户可以通过自定义插件的方式对 MyBatis 进行扩展。

3. 基础支持层

基础支持层负责最基础的功能支撑，包括连接管理、事务管理、配置加载和缓存处理，这些都是共用的东西，将它们抽取出来作为最基础的组件。该层为上层的数据处理层提供最基础的支撑。

（1）反射模块。

MyBatis 中的反射模块对 Java 原生的反射进行了很好的封装，提供了简易的 API，方便上层调用，并且对反射操作进行了一系列优化，比如，缓存了类的元数据(MetaClass)和对象的元数据(MetaObject)，提高了反射操作的性能。

（2）类型转换模块。

MyBatis 的别名机制是为了简化配置文件，该机制是类型转换模块的主要功能之一。类型转换模块的另一个功能是实现 JDBC 类型与 Java 类型间的转换。该功能在 SQL 语句绑定实参和映射查询结果集时都会涉及。当 SQL 语句绑定实参时，会将数据的 Java 类型转换成 JDBC 类型；在映射结果集时，会将数据的 JDBC 类型转换成 Java 类型。

（3）日志模块。

Java 世界里，有很多优秀的日志框架，如 Log4j、Log4j2、slf4j 等。MyBatis 除了提供详细的日志输出信息，还能够集成多种日志框架，其日志模块的主要功能就是集成第三方日志框架。

（4）资源加载模块。

该模块主要封装了类加载器，确定了类加载器的使用顺序，并提供了加载类文件和其他资源文件的功能。

（5）解析器模块。

该模块有两个主要功能：一个是封装了 XPath，为 MyBatis 初始化时解析 mybatis-config.xml配置文件以及为映射配置文件提供支持；另一个为处理动态SQL语句中的占位符提供支持。

（6）数据源模块。

在数据源模块中，MyBatis自身提供了相应的数据源实现，也提供了与第三方数据源集成的接口。数据源是开发中的常用组件之一，很多开源的数据源都提供了丰富的功能，如连接池、检测连接状态等。选择性能优秀的数据源组件，对于提升ORM框架以及整个应用的性能都是非常重要的。

（7）事务管理模块。

一般来说，MyBatis与Spring框架集成，由Spring框架管理事务。但MyBatis自身对数据库事务进行了抽象，提供了相应的事务接口和简单实现。

（8）缓存模块。

MyBatis中有一级缓存和二级缓存，这两级缓存都依赖于缓存模块中的实现。但是需要注意，这两级缓存与MyBatis以及整个应用运行在同一个JVM中，共享同一块内存，如果这两级缓存中的数据量较大，则可能会影响系统中的其他功能，所以需要缓存大量数据时，可以优先考虑使用Redis、Memcache等缓存产品。

（9）Binding模块。

当调用SqlSession相应方法执行数据库操作时，需要制定映射文件中定义的SQL节点，如果SQL中出现了拼写错误，那么只能在运行时才能发现。为了能尽早地发现这种错误，MyBatis通过Binding模块将用户自定义的Mapper接口与映射文件关联起来，系统可以通过调用自定义的Mapper接口中的方法执行相应的SQL语句完成数据库的操作，从而避免上述问题。注意，在开发中，我们只是创建了Mapper接口，而并没有编写实现类，这是因为MyBatis自动为Mapper接口创建了动态代理对象。有时，自定义的Mapper接口可以完全代替映射配置文件，比如动态SQL语句等，因此还是写在映射配置文件中更好。

10.3.2　主要构件

MyBatis的主要构件及其关系如表10-1所示。

表10-1　MyBatis的主要构件及其关系

名　　称	含　　义
SqlSession	作为MyBatis工作的主要顶层API，表示与数据库交互的会话，实现必要的数据库增、删、改、查等功能
Executor	MyBatis执行器，是MyBatis调度的核心，负责SQL语句的生成和查询缓存的维护
StatementHandler	封装了JDBC Statement操作，如设置参数、将Statement结果集转换成List集合
ParameterHandler	负责将用户传递的参数转换成JDBC Statement所需要的参数
ResultSetHandler	负责将JDBC返回的ResultSet结果集对象转换成List类型的集合
TypeHandler	负责Java数据类型和JDBC数据类型之间的映射和转换

续表

名　　称	含　　义
MappedStatement	MappedStatement 维护了一个<select|update|delete|insert>节点的封装
SqlSource	负责根据用户传递的 parameterObject 动态地生成 SQL 语句，将信息封装到 BoundSql 对象中并返回
BoundSql	表示动态生成的 SQL 语句以及相应的参数信息
Configuration	MyBatis 所有的配置信息都维持在 Configuration 对象中

10.3.3 工作流程

在学习 MyBatis 程序之前，读者需要了解一下 MyBatis 的工作原理，以便于理解程序。MyBatis 的工作原理如图 10-5 所示。

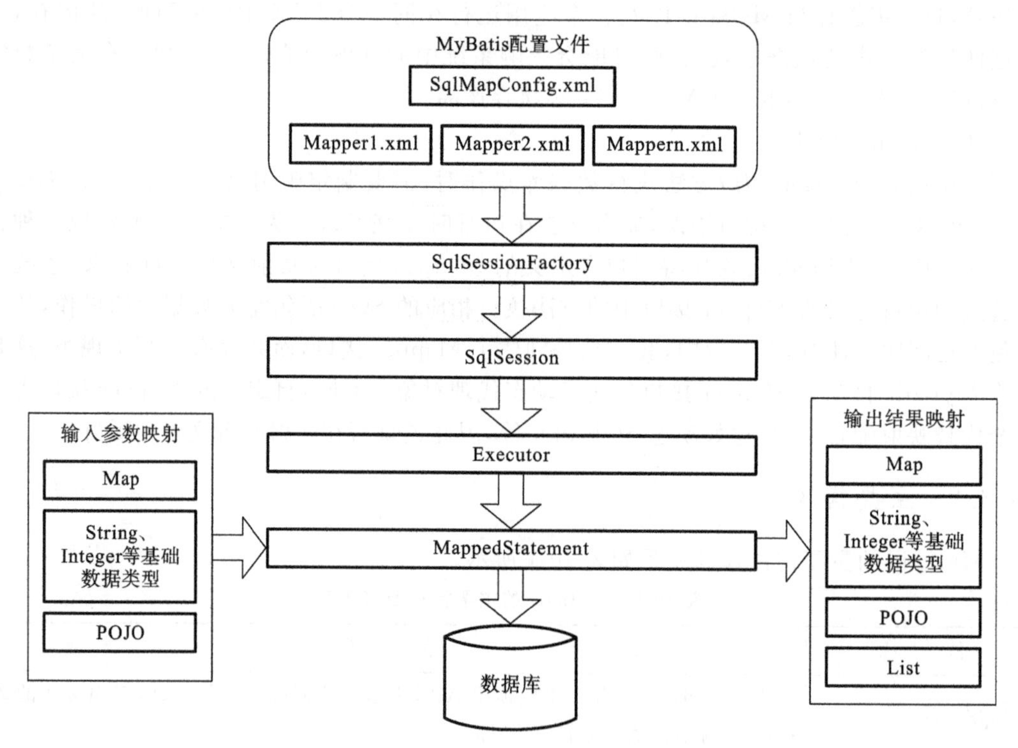

图 10-5　MyBatis 框架的执行流程图

下面对图 10-5 中的每步流程进行说明。

(1) 读取 MyBatis 配置文件：mybatis-config. xml 为 MyBatis 的全局配置文件，配置了 MyBatis 的运行环境等信息，如数据库连接信息。

(2) 加载映射文件：映射文件即 SQL 映射文件，该文件中配置了操作数据库的 SQL 语句，需要在 MyBatis 配置文件 mybatis-config. xml 中加载。mybatis-config. xml 文件可以加载多个映射文件，每个文件对应数据库中的一张表。

(3) 构造会话工厂：通过 MyBatis 的环境等配置信息构建会话工厂 SqlSessionFactory。

(4) 创建会话对象：由会话工厂创建 SqlSession 对象，该对象中包含执行 SQL 语句的所有方法。代表一次数据库连接，可以直接发送 SQL 执行，也可以通过调用 Mapper 访问数据库。

(5) Executor 执行器：MyBatis 底层定义了一个 Executor 接口来操作数据库，它将根据 SqlSession 传递的参数动态地生成需要执行的 SQL 语句，同时负责查询缓存的维护。

(6) MappedStatement 对象：在 Executor 接口的执行方法中有一个 MappedStatement 类型的参数，该参数是对映射信息的封装，用于存储要映射的 SQL 语句的 id、参数等信息。

(7) 输入参数映射：输入参数类型可以是 Map、List 等集合类型，也可以是基本数据类型和 POJO 类型。输入参数映射的过程类似于 JDBC 对 preparedStatement 对象设置参数的过程。

(8) 输出结果映射：输出结果类型可以是 Map、List 等集合类型，也可以是基本数据类型和 POJO 类型。输出结果映射的过程类似于 JDBC 对结果集的解析过程。

10.4　MyBatis 开发流程

【例 10-1】 MyBatis 入门。

(1) 准备数据库，代码如下：

```
create database mybatis;
use mybatis;
create table t_user
(
    id int primary key AUTO_INCREMENT,
    username varchar(50),
    password varchar(50),
    sex varchar(2),
    birthday date,
    address varchar(50),
);
```

输入几条记录，如图 10-6 所示。

(2) 创建 Web 应用项目。

导入 MyBatis 的 jar 包到 WEB-INF/lib 目录下，如图 10-7 所示。

(3) 创建日志文件。

编写导入的 log4j. properties 数据库配置文件(本例用的是 MySQL 数据库)。

在 src 下新建 log4j. properties 文件，代码如下：

```
#Global logging configuration
log4j.rootLogger=ERROR, stdout
#MyBatis logging configuration...
log4j.logger.com.itheima=DEBUG
#Console output...
log4j.appender.stdout=org.apache.log4j.ConsoleAppender
log4j.appender.stdout.layout=org.apache.log4j.PatternLayout
log4j.appender.stdout.layout.ConversionPattern=%5p [%t] -%m%n
```

id	username	password	sex	birthday	address
1	张三	123	女	1990-01-01	武汉
2	tom	123	男	2012-01-01	beijing

图 10-6　数据库表

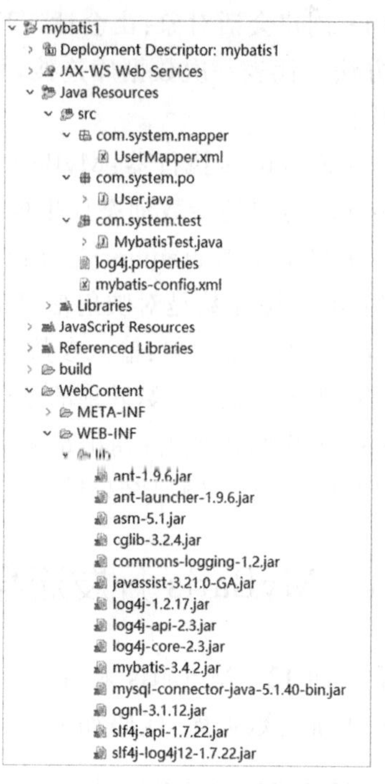

图 10-7　mybatis1 项目结构

(4) 创建持久化类 User。

创建 com. system. po 包，在包中创建 POJO 类，也就是实体类，代码如下：

```
package com.system.po;

import java.sql.Date;

public class User {
    private int id;
    private String username;
    private String password;
    private String sex;
    private Date birthday;
    private String address;
    public int getId() {
        return id;
    }
    public void setId(int id) {
        this.id=id;
    }
    public String getUsername() {
        return username;
    }
    public void setUsername(String username) {
```

```
        this.username=username;
    }
    public String getPassword() {
        return password;
    }
    public void setPassword(String password) {
        this.password=password;
    }
    public String getSex() {
        return sex;
    }
    public void setSex(String sex) {
        this.sex=sex;
    }
    public Date getBirthday() {
        return birthday;
    }
    public void setBirthday(Date birthday) {
        this.birthday=birthday;
    }
    public String getAddress() {
        return address;
    }
    public void setAddress(String address) {
        this.address=address;
    }
    public String toString() {
        return "User [id=" +id +", username=" +username +", sex=
            " +sex +", birthday=" +birthday +", address=" +address +"]";
    }
}
```

(5) 创建映射文件 UserMapper. xml。

下面创建映射文件,新建包 com. system. mapper,在包下创建一个名为 UserMapper. xml 的文件,代码如下:

```
<?xml version="1.0" encoding="UTF-8"?>
<!DOCTYPE mapper PUBLIC "-//mybatis.org//DTD Mapper 3.0//EN"
    "http://mybatis.org/dtd/mybatis-3-mapper.dtd">
<!--namespace 表示命名空间-->
<mapper namespace="com.system.mapper.UserMapper">
    <!--根据客户编号获取客户信息-->
    <select id="getUserById" parameterType="Integer"
        resultType="com.system.po.User">
        select * from t_user where id=#{id}
```

```
    </select>
</mapper>
```

〈mapper〉元素中的属性 namespace 所对应的是一个接口的全限定名，于是 MyBatis 上下文就可以通过它找到对应的接口。

〈select〉元素表明这是一条查询语句，属性 id 标识了这条 SQL 语句，属性 parameterType＝"Integer"说明传递给 SQL 的是一个 Integer 型的参数，而 resultType＝"com.system.po.User"表示返回的是一个 User 类型的值。

Select 语句中的＃{id}表示传递进去的参数。

我们并没有配置 SQL 执行后与 User 的对应关系，它是如何映射的呢？

其实这里采用的是一种被称为自动映射的功能，MyBatis 在默认情况下提供自动映射，只要 SQL 返回的列名能与 POJO 对应起来即可。MyBatis 就可以把 SQL 查询的结果通过自动映射的功能映射成为一个 POJO。

（6）创建 MyBatis 的配置文件。

在 mybatis-config.xml 文件下配置 MyBatis 的运行环境、数据源、事务等。映射文件虽然写好了，但是，MyBatis 框架不知道映射文件的存在，没有办法将映射文件读入系统。这时就需要在 mybatis-config.xml 文件中加载映射文件了，代码如下：

```
<?xml version="1.0" encoding="UTF-8"?>
<!DOCTYPE configuration PUBLIC "-//mybatis.org//DTD Config 3.0//EN"
    "http://mybatis.org/dtd/mybatis-3-config.dtd">
<configuration>
    <!--1.配置环境，默认的环境 id 为 mysql-->
    <environments default="mysql">
        <!--1.2.配置 id 为 mysql 的数据库环境-->
        <environment id="mysql">
            <!--使用 JDBC 的事务管理-->
            <transactionManager type="JDBC"/>
            <!--数据库连接池-->
            <dataSource type="POOLED">
              <property name="driver" value="com.mysql.jdbc.Driver"/>
              <property name="url"
                              value="jdbc:mysql://localhost:3306/mybatis" />
              <property name="username" value="root" />
              <property name="password" value="root" />
            </dataSource>
        </environment>
    </environments>
    <!--2.配置 Mapper 的位置-->
    <mappers>
<mapper resource="com/system/mapper/UserMapper.xml" />
    </mappers>
</configuration>
```

（7）创建测试类。

在项目中右击 Builder Path→Add Library 添加 JUnit 库，如图 10-8 所示。

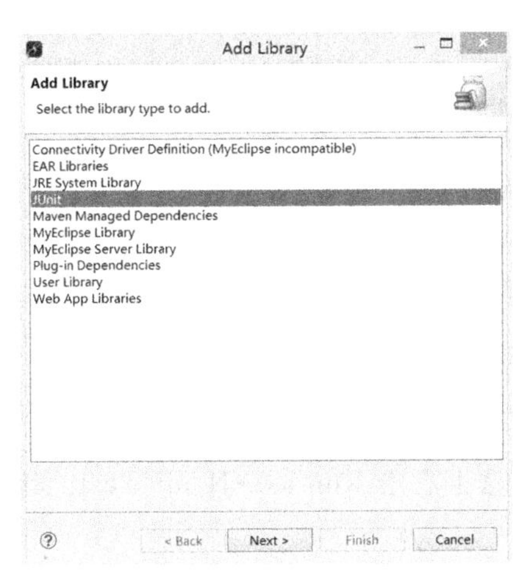

图 10-8　添加 JUnit 库

新建 com. system. test 包，在包中编写 MybatisTest 类，编写测试方法 getUserByIdTest()完成从数据库中读取一条记录，代码如下：

```
package com.system.test;
import java.io.InputStream;
import org.apache.ibatis.io.Resources;
import org.apache.ibatis.session.SqlSession;
import org.apache.ibatis.session.SqlSessionFactory;
import org.apache.ibatis.session.SqlSessionFactoryBuilder;
import org.junit.Test;
import com.system.po.User;
/**
 *入门程序测试类
 */
public class MybatisTest {
    /**
     *根据客户编号查询客户信息
     */
    @Test
    public void getUserByIdTest() throws Exception {
        //1.读取配置文件
        String resource="mybatis config.xml";
        InputStream inputStream=
                    Resources.getResourceAsStream(resource);
        //2.根据配置文件构建 SqlSessionFactory
        SqlSessionFactory sqlSessionFactory=
                    new SqlSessionFactoryBuilder().build(inputStream);
```

```
        //3.通过 SqlSessionFactory 创建 SqlSession
        SqlSession sqlSession=sqlSessionFactory.openSession();
        //4.SqlSession 执行映射文件中定义的 SQL,并返回映射结果
        User user=sqlSession.selectOne("com.system.mapper"
                +".UserMapper.getUserById",1);
        //打印输出结果
        System.out.println(user.toString());
        //5.关闭 SqlSession
        sqlSession.close();
    }
}
```

(8) 运行测试。

在带有@Test 注解的方法上右击 Run as→JUnit Test。运行测试方法,运行结果如图 10-9 所示。

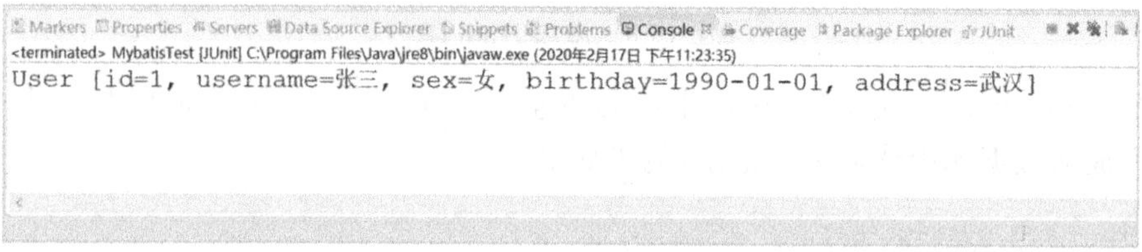

```
Markers  Properties  Servers  Data Source Explorer  Snippets  Problems  Console  Coverage  Package Explorer  JUnit
<terminated> MybatisTest [JUnit] C:\Program Files\Java\jre8\bin\javaw.exe (2020年2月17日 下午11:23:35)
User [id=1, username=张三, sex=女, birthday=1990-01-01, address=武汉]
```

图 10-9　运行结果

10.5 小结

本章重点介绍了 MyBatis 的特点及其开发环境的搭建、MyBatis 的功能架构和各个组件的作用,并通过一个开发实例展示了 MyBatis 的具体应用。通过本章的学习,读者能够运用 MyBatis 框架完成对常见数据库的操作,实现基本的数据库编程。

习　题　10

1. 简述传统 JDBC 的劣势。
2. 简述 MyBatis 的功能架构。

第 11 章　MyBatis 关键技术

学习目标

- 核心 API；
- 配置文件和映射文件；
- 单表操作；
- 级联查询；
- 动态 SQL。

11.1　核心 API

MyBatis 的核心组件分为 4 个部分，其核心组件之间的关系如图 11-1 所示。

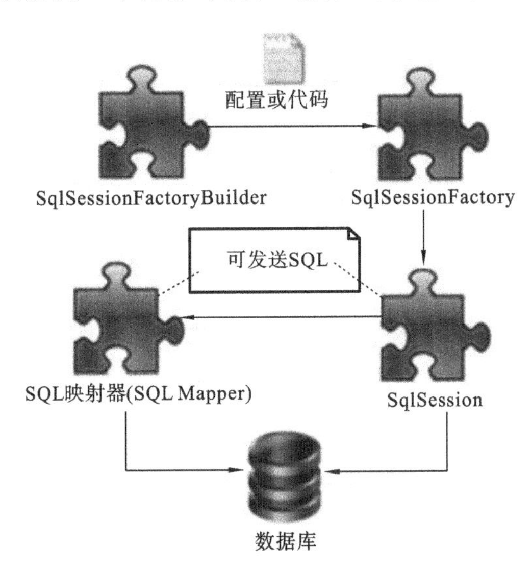

图 11-1　MyBatis 的核心组件

1. SqlSessionFactoryBuilder

SqlSessionFactoryBuilder(构造器)会根据配置或代码来生成 SqlSessionFactory，采用的是分步构建的 Builder 模式。

SqlSessionFactoryBuilder 负责构建 SqlSessionFactory，并且提供多个 build()方法的重载，允许利用不同的资源来构建 SqlSessionFactory 实例，如下：

```
public SqlSessionFactory build(Reader reader)
public SqlSessionFactory build(Reader reader, String environment)
```

```
public SqlSessionFactory build(Reader reader, Properties properties)
public SqlSessionFactory build(Reader reader, String environment,
    Properties properties)
public SqlSessionFactory build(InputStream inputStream)
public SqlSessionFactory build(InputStream inputStream, String environment)
public SqlSessionFactory build(InputStream inputStream, Properties properties)
public SqlSessionFactory build(InputStream inputStream,String environment,
    Properties properties)
public SqlSessionFactory build(Configuration config)
```

其中最为常用的实例如下：

```
public SqlSessionFactory build(Reader reader)
public SqlSessionFactory build(InputStream inputStream)
```

将 MyBatis 核心配置文件以流对象的形式传递给框架后，再根据配置文件中的配置去构建持久层环境。

通过上述分析，发现配置信息可以采用三种方式提供给 SqlSessionFactoryBuilder 的 build()方法，分别是 InputStream(字节流)、Reader(字符流)、Configuration(类)。由于字节流与字符流都属于读取配置文件的方式，因此从配置信息的来源可以很容易想到构建一个 SqlSessionFactory 有两种方式：读取 XML 配置文件构建方式和编程构建方式。下面采用读取 XML 配置文件的方式来构建 SqlSessionFactory。

SqlSessionFactoryBuilder 的特点是：用过即丢。一旦构建了 SqlSessionFactory 对象，类就不再需要存在了。因此 SqlSessionFactoryBuilder 的最佳范围就是存在于方法体内，也就是局部变量。

2. SqlSessionFactory

每个基于 MyBatis 的应用都以一个 SqlSessionFactory 的实例为中心。SqlSessionFactory 的实例可以通过 SqlSessionFactoryBuilder 获得。而 SqlSessionFactoryBuilder 则可以从 XML 配置文件中获得，或者通过 Java 的方式构建出 SqlSessionFactory 的实例。SqlSessionFactory一旦被构建，就应该在应用的运行期间一直存在，建议使用单例模式或者静态单例模式。一个 SqlSessionFactory 对应配置文件中的一个环境(environment)，如果你要使用多个数据库，就要配置多个环境且分别对应一个 SqlSessionFactory。

在 MyBatis 中，既可以通过读取 XML 配置文件方式构建 SqlSessionFactory，也可以通过 Java 代码方式构建 SqlSessionFactory。

(1) 读取 XML 配置文件方式。

读取 XML 配置文件方式是一种常用方式，使用 XML 构建 SqlSessionFactory 的代码如下：

```
//读取配置文件
InputStream inputStream=Resources.getResourceAsStream("mybatis-config.xml");
//根据配置文件构建 SqlSessionFactory
SqlSessionFactory sqlSessionFactory=
```

```
    new SqlSessionFactoryBuilder().build(inputStream);
```

mybatis-config.xml 配置文件的内容包含对 MyBatis 系统的核心配置、获取数据库连接实例的数据源和决定事务范围与控制的事务管理器,代码如下:

```
<?xml version="1.0" encoding="UTF-8"?>
<!DOCTYPE configuration PUBLIC "-//mybatis.org//DTD Config 3.0//EN"
    "http://mybatis.org/dtd/mybatis-3-config.dtd">
<configuration>
    <!--1.配置环境,默认的环境 id 为 mysql-->
    <environments default="mysql">
        <!--1.2 配置 id 为 mysql 的数据库环境-->
        <environment id="mysql">
            <!--使用 JDBC 的事务管理-->
            <transactionManager type="JDBC"/>
            <!--数据库连接池-->
            <dataSource type="POOLED">
                <property name="driver" value="com.mysql.jdbc.Driver"/>
                <property name="url"
                    value="jdbc:mysql://localhost:3306/mybatis"/>
                <property name="username" value="root"/>
                <property name="password" value="root"/>
            </dataSource>
        </environment>
    </environments>
    <!--2.配置 Mapper 的位置-->
    <mappers>
        <mapper resource="com/system/mapper/UserMapper.xml"/>
    </mappers>
</configuration>
```

(2) Java 代码方式。

第二种配置方式是通过 Java 代码来配置,代码如下:

```
DataSource dataSource=BlogDataSourceFactory.getBlogDataSource();
TransactionFactory transactionFactory=new JdbcTransactionFactory();
Environment environment=new Environment(
    "development",transactionFactory, dataSource);
Configuration configuration=new Configuration(environment);
configuration.addMapper(BlogMapper.class);
SqlSessionFactory sqlSessionFactory=
    new SqlSessionFactoryBuilder().build(configuration);
```

相比读取 XML 配置文件方式,Java 代码方式会有一些限制,比如修改了配置文件后需要重新编译,注解方式没有 XML 配置项多等。所以,大多数情况下业界一般选择读取 XML 配置文件方式。但到底选择哪种方式好,这要取决于自己团队的需要。比如,项目的

SQL 语句不复杂，也不需要一些高级的 SQL 特性，那么 Java 代码方式会更简洁一些；反之，则可以选择读取 XML 配置文件的方式。

SqlSessionFactory 对象一旦创建，就会在整个应用运行期间始终存在。没有理由去销毁或再创建它，并且在应用运行期间也不建议多次创建 SqlSessionFactory 对象。因此 SqlSessionFactory 的最佳作用域是 Application，即随着应用的生命周期一同存在。那么这种"存在于整个应用运行期间，并且同时只存在一个对象实例"模式就是所谓的单例模式（指在应用运行期间有且仅有一个实例）。

3. SqlSession

SqlSession 是一个接口，它有两个实现类，分别是 DefaultSqlSession（默认使用）和 SqlSessionManager。DefaultSqlSession 是在单线程环境下使用的，而 SqlSessionManager 是在多线程环境下使用的。SqlSession 通过内部存放的执行器（Executor）来对数据进行增删改查（CRUD）操作。此外，SqlSession 不是线程安全的，因为每次操作完数据库后要调用 close 才能将其关闭。官方建议通过 try-finally 可保证总是关闭 SqlSession。SqlSession 的作用类似于一个 JDBC 操作中的 Connection 对象，代表着一个连接资源的启用。

SqlSession 对应着一次数据库会话。由于数据库会话不是永久的，因此 SqlSession 的生命周期也不是永久的。相反，在每次访问数据库时都需要创建它（注意：并不是说在 SqlSession里只能执行一次 SQL，而是可以执行多次，但是若关闭了 SqlSession，那么就需要重新创建它）。创建 SqlSession 的方法只有一个，那就是 SqlSessionFactory 对象的 openSession()方法，如下：

```
SqlSession sqlSession=SqlSessionFactory.openSession();
```

每个线程都有自己的 SqlSession 实例，SqlSession 实例不能被共享，也不是线程安全的。因此最佳的作用域范围是请求或者方法作用域。

SqlSession 控制数据库事务的方法，如下所示。

```
//定义 SqlSession
SqlSession sqlSession=null;
try {
    //打开 SqlSession 会话
    sqlSession=SqlSessionFactory.openSession();
    // some code...
    sqlSession.commit();          //提交事务
} catch (IOException e) {
    sqlSession.rollback();        //回滚事务
}finally{
    //在 finally 语句中确保资源被顺利关闭
    if(sqlSession ! =null){
        sqlSession.close();
    }
}
```

这里使用 commit()方法提交事务，或者使用 rollback()方法回滚事务。因为它代表着一个数据库的连接资源，使用后要及时关闭它，如果不关闭，数据库的连接资源就会很快被耗费光，整个系统就会陷入瘫痪状态，所以使用 finally 语句以确保其顺利关闭。

SqlSession 有下面两种使用方式。

一种是通过 SQLSession 实例来直接执行已映射的 SQL 语句。

MyBatis 通过 mapper 文件的 namespace 和子元素的 id 来查找相应的 SQL 语句，从而执行查询操作：

```
userList=sqlSession.selectList("com. dao.UserMapper.getUserList");
```

另一种是基于 mapper 接口方式操作数据。

例如，创建绑定映射语句的接口 UserMapper. java，并提供接口方法 getUserList()，该接口称为映射器。

```
userList=sqlSession.getMapper(UserMapper.class).getUserList();
```

SqlSession 是持久化对象，里面几乎包含所有 CRUD 操作，SqlSession 的常用方法如表 11-1 所示。

表 11-1　SqlSession 的常用方法

方　法	含　义
int insert(String statement)	插入方法。参数 statement 表示 mapper(映射)文件中定义的〈insert〉标签的 id，返回执行 SQL 语句时受影响的行数
int insert(String statement, Object parameter)	插入方法。参数 statement 表示 mapper(映射)文件中定义的〈insert〉标签的 id 属性；参数 parameter 表示执行插入 SQL 语句操作时所需要的参数，通常是对象或 Map，返回执行 SQL 语句时受影响的行
int update(String statement)	更新方法。参数 statement 表示 mapper(映射)文件中定义的〈update〉标签的 id，返回执行 SQL 语句时受影响的行数
int update(String statement, Object parameter)	更新方法。参数 statement 表示 mapper(映射)文件中定义的〈update〉标签的 id 属性；参数 parameter 表示执行更新 SQL 语句操作时所需的参数，通常是对象或 Map，返回执行 SQL 语句操作时受影响的行
int delete(String statement)	删除方法。参数 statement 是 mapper(映射)文件中定义的〈delete〉标签的 id 属性，返回执行 SQL 语句操作时受影响的行数
int delete(String statement, Object parameter)	删除方法。参数 statement 表示 mapper(映射)文件中定义的〈delete〉标签的 id 属性；参数 parameter 表示执行删除 SQL 语句操作时所需的参数，通常是对象或 Map，返回执行 SQL 语句时受影响的行
〈T〉 T selectOne(String statement)	查询方法。参数 statement 表示 mapper(映射)文件中定义的〈select〉标签的 id 属性，返回执行 SQL 语句时查询结果的泛型对象，只能用于查询结果是单条数据的操作

续表

方　法	含　义
〈T〉 T selectOne(String statement,Object parameter)	查询方法。参数 statement 表示 mapper(映射)文件中定义的〈select〉标签的 id 属性;参数 parameter 表示执行查询 SQL 语句操作时所需的参数,通常是对象或 Map,返回执行 SQL 语句查询结果的泛型对象,只能用于查询结果是单条数据的操作
〈E〉 List〈E〉 selectList(String statement)	查询方法。参数 statement 表示 mapper(映射)文件中定义的〈select〉标签的 id 属性,返回执行 SQL 语句查询结果的泛型对象的集合,能用于查询结果是单条或多条数据的操作
〈E〉 List〈E〉 selectList(String statement,Object parameter)	查询方法。参数 statement 表示 mapper(映射)文件中定义的〈select〉标签的 id 属性;参数 parameter 表示执行查询 SQL 语句时所需的参数,通常是对象或 Map,返回执行 SQL 语句查询结果的泛型对象的集合,能用于查询结果是单条或多条数据的操作
〈E〉 List〈E〉 selectList(String statement,Object parameter,RowBounds rowBounds)	查询方法。参数 statement 表示 mapper(映射)文件中定义的〈select〉标签的 id 属性;参数 parameter 表示执行查询 SQL 语句时所需的参数,通常是对象或 Map;rowBounds 参数用于分页,它有两个属性,其中 offset 表示查询的当前页数,limit 表示当前页显示多少条数据,返回执行 SQL 语句查询结果的泛型对象的集合,能用于查询结果是单条或多条数据的操作
〈K,V〉 Map〈K,V〉 selectMap(String statement, String mapKey)	查询方法。参数 statement 表示 mapper(映射)文件中定义的〈select〉标签的 id 属性;mapKey 表示返回数据的其中一个列名,执行 SQL 语句时查询会被封装成一个 Map 集合返回,K 就是参数 mapKey 传入的列名,V 是封装的对象
〈K,V〉 Map〈K,V〉 selectMap(String statement,Object parameter,String mapKey	查询方法。参数 statement 表示 mapper(映射)文件中定义的〈select〉标签的 id 属性;参数 parameter 表示执行查询 SQL 语句时所需的参数,通常是对象或 Map,mapKey 是返回数据的其中一个列名,执行 SQL 语句时查询会被封装成一个 Map 集合返回,K 就是参数 mapKey 传入的列名,V 是封装的对象
〈K,V〉 Map〈K,V〉 selectMap(String statement,Object parameter, String mapKey, RowBounds rowBounds)	查询方法。参数 statement 表示 mapper(映射)文件中定义的〈select〉标签的 id 属性;参数 parameter 表示执行查询 SQL 语句时所需的参数,通常是对象或 Map;mapKey 是返回数据的其中一个列名;参数 rowBounds 用于分页,它有两个属性,其中 offset 表示查询的当前页数,limit 表示当前页显示多少条数据,执行 SQL 语句时查询会被封装成一个 Map 集合返回,K 就是参数 mapKey 传入的列名,V 是封装的对象
void select(String statement, ResultHandler handler)	查询方法。参数 statement 表示 mapper(映射)文件中定义的〈select〉标签的 id 属性;ResultHandler 对象用来处理查询返回的复杂结果集,通常用于多表联查

续表

方　　法	含　　义
void select(String statement, Object parameter, ResultHandler handler)	查询方法。参数 statement 表示 mapper(映射)文件中定义的〈select〉标签的 id 属性;参数 parameter 表示执行查询 SQL 语句时所需要的参数,通常是对象或 Map;ResultHandler 对象用来处理查询返回的复杂结果集,通常用于多表联查
void select(String statement, Object parameter, RowBounds rowBounds, ResultHandler handler)	查询方法。参数 statement 表示 mapper(映射)文件中定义的〈select〉标签的 id 属性;参数 parameter 表示执行查询 SQL 语句时所需要的参数,通常是对象或 Map;rowBounds 参数用于分页,它有两个属性,其中 offset 表示查询的当前页数,limit 表示当前页显示多少条数据;ResultHandler 对象用来处理查询返回的复杂结果集,通常用于多表联查
void commit()	提交事务
void rollback()	回滚事务
void close()	关闭 SqlSession 对象
Connection getConnection()	获取 JDBC 的数据库连接对象
〈T〉 T getMapper(Class〈T〉 type)	返回 Mapper 接口的代理对象,该对象关联了 SqlSession 对象,开发者可以通过该对象直接调用方法操作数据库。参数 type 是 Mapper 的接口类型。MyBatis 官方手册建议通过 Mapper 对象访问 MyBatis

4. SQL Mapper

SQL Mapper(映射器)是 MyBatis 新设计的组件,由一个 Java 接口和 XML 文件(或注解)构成,需要给出对应的 SQL 和映射规则。它负责发送 SQL 去执行,并返回结果。

11.2　配置文件

11.2.1　配置文件简介

MyBatis 配置文件并不复杂,其所有的元素如下:

```
<?xml version="1.0" encoding="utf-8"?>
<!DOCTYPE configuration PUBLIC "-//mybatis.org//DTD Config 3.0//EN"
"http://mybatis.org/dtd/mybatis-3-config.dtd">
<configuration> <!--配置-->
    <properties/> <!--属性-->
    <settings/> <!--设置-->
    <typeAliases/> <!--类型命名-->
    <typeHandlers/> <!--类型处理器-->
    <objectFactory/> <!--对象工厂-->
    <plugins/> <!--插件-->
```

```
    <environments> <!--配置环境-->
        <environment> <!--环境变量-->
            <transactionManager/> <!--事务管理器-->
            <dataSource/> <!--数据源-->
        </environment>
    </environments>
    <databaseIdProvider/> <!--数据库厂商标识-->
    <mappers/> <!--映射器-->
</configuration>
```

需要注意的是，MyBatis 配置项的顺序不能颠倒。如果颠倒了它们的顺序，那么在 MyBatis 启动阶段就会发生异常，导致程序无法运行。

11.2.2 〈properties〉元素

使用 property 子元素将数据库连接的相关配置进行改写，如下所示：

```
<properties>
    <property name="jdbc.driver" value="com.mysql.jdbc.Driver"/>
    <property name="jdbc.url" value="jdbc:mysql://localhost:3306/mybatis"/>
    <property name="jdbc.username" value="root"/>
    <property name="jdbc.password" value="root"/>
</properties>
```

使用 properties 文件是比较普遍的方法，一方面这个文件比较简单，其逻辑就是键值对应，我们可以配置多个键值放在一个 properties 文件中，也可以把多个键值放到多个 properties 文件中，这些都是允许的，以方便日后维护和修改。我们创建一个文件 jdbc. properties 放到 classpath 的路径下，代码如下所示：

```
jdbc.driver=com.mysql.jdbc.Driver
jdbc.url=jdbc:mysql://localhost:3306/mybatis
jdbc.username=root
jdbc.password=root
```

在 MyBatis 中通过〈properties〉的属性 resource 来引入 properties 文件，如下：

```
<properties resource="jdbc.properties"/>
```

也可以按 ${database. username}的方法引入 properties 文件的属性参数到 MyBatis 的配置文件中。这时通过维护 properties 文件就可以维护我们的配置内容了。

11.2.3 〈settings〉元素

在 MyBatis 中，〈settings〉是最复杂的配置元素，它能深刻影响 MyBatis 底层的运行，但是在大部分情况下使用默认值便可以运行，所以在大部分情况下不需要大量配置它，只需要修改一些常用的规则即可，比如自动映射、驼峰命名规则映射、级联规则、是否启动缓存、执行器(Executor)类型等。settings 元素的示例如下：

```
<settings>
    <setting name="cacheEnabled" value="true"/>
    <setting name="lazyLoadingEnabled" value="true"/>
    <setting name="multipleResultSetsEnabled" value="true"/>
    <setting name="useColumnLabel" value="true"/>
    <setting name="useGeneratedKeys" value="false"/>
    <setting name="autoMappingBehavior" value="PARTIAL"/>
    <setting name="autoMappingUnknownColumnBehavior" value="WARNING"/>
    <setting name="defaultExecutorType" value="SIMPLE"/>
    <setting name="defaultStatementTimeout" value="25"/>
    <setting name="defaultFetchSize" value="100"/>
    <setting name="safeRowBoundsEnabled" value="false"/>
    <setting name="mapUnderscoreToCamelCase" value="false"/>
    <setting name="localCacheScope" value="SESSION"/>
    <setting name="jdbcTypeForNull" value="OTHER"/>
    <setting name="lazyLoadTriggerMethods" value="equals,clone,hashCode,
        toString"/>
</settings>
```

settings 配置项的说明如表 11-2 所示。

表 11-2　settings 配置项的说明

配　置　项	作　　用	配 置 选 项	默认值
cacheEnabled	该配置会影响所有映射器中配置缓存的全局开关	true|false	true
lazyLoadingEnabled	延迟加载的全局开关。当开启时，所有关联对象都会延迟加载。在特定关联关系中，可通过设置 fetchType 属性来覆盖该项的开关状态	true|false	false
aggressiveLazyLoading	当启用时，对任意延迟属性的调用会使带有延迟加载属性的对象完整加载；反之，每种属性将会按需加载	true|felse	false (true in 〈=3.4.1)
multipleResult-SetsEnabled	是否允许单一语句返回多结果集（需要兼容驱动）	true|false	true
useColumnLabel	使用列标签代替列名。不同的驱动会有不同的表现，具体可参考相关驱动文档或通过测试这两种不同的模式来观察所用驱动的结果	true|false	true
useGeneratedKeys	允许 JDBC 支持自动生成主键，且需要驱动兼容。如果设置为 true，则这个设置强制使用自动生成主键，尽管一些驱动不能兼容，但仍可正常工作（比如 Derby）	true|false	false

续表

配 置 项	作 用	配 置 选 项	默认值
autoMappingBehavior	指定 MyBatis 应如何自动映射列到字段或属性。NONE 表示取消自动映射;PARTIAL 表示只会自动映射,没有定义嵌套结果集和映射结果集;FULL 会自动映射任意复杂的结果集(无论是否嵌套)	NONE、PARTIAL、FULL	PARTIAL
autoMappingUnknown-ColumnBehavior	指定自动映射当中未知列(或未知属性类型)时的行为。默认是不处理,只有当日志级别达到 WARNING 级别或者以下,才会显示相关日志,如果处理失败,则会抛出 SqlSession-Exception异常	NONE、WARNING、FAILING	NONE
defaultExecutorType	配置默认的执行器。SIMPLE 表示普通的执行器;REUSE 表示会重用预处理语句(prepared statements);BATCH 表示执行器将重用语句并执行批量更新	SIMPLE、REUSE、BATCH	SIMPLE
defaultStatement-Timeout	设置超时时间,它用于决定驱动等待数据库响应的秒数	任何正整数	Not set (null)
defaultFetchSize	设置数据库驱动程序默认返回的条数限制,此参数可以重新设置	任何正整数	Not set (null)
safeRowBoundsEnabled	允许在嵌套语句中使用分页(Row-Bounds)。如果允许,则设置为 false	true|false	false
safeResult-HandlerEnabled	允许在嵌套语句中使用结果处理器(ResultHandler)。如果允许,则设置为 false	true|false	true
mapUnderscore-ToCamelCase	是否开启自动驼峰命名规则映射,即从经典数据库列名 A_COLUMN 到经典 Java 属性名 aColumn 的类似映射	true|false	false
localCacheScope	MyBatis 利用本地缓存机制(local cache)防止循环引用(circular reference)和加速重复嵌套查询。 默认值为 SESSION,这种情况下会缓存一个会话中执行的所有查询。若设置值为 STATE-MENT ,本地会话仅用在语句执行上,对相同 SqlSession 的不同调用将不会共享数据	SESSION|STATEMENT	SESSION
jdbcTypeForNull	当没有为参数提供特定的 JDBC 类型时,为空值就指定 JDBC 类型。某些驱动需要指定列的 JDBC 类型,大多数情况直接用一般类型即可,比如 NULL、VARCHAR 或 OTHER	NULL、VARCHAR、OTHER	OTHER

续表

配　置　项	作　　用	配置选项	默认值
lazyLoadTrigger-Methods	指定哪个对象的方法触发一次延迟加载	用逗号分隔的方法列表	equals、clone、hashCode、toString
defaultScripting-Language	指定动态 SQL 生成的默认语言	一个类型别名或完全限定类名	org. apache. ibatis. script. ing. xmltags. XMLDynamic-LanguageDriver
callSettersOnNulls	指定当结果集中的值为 null 时，是否调用映射对象的 setter(map 对象时为 put)方法，这对于 Map. kcySet()依赖或 null 值初始化时有用。注意，基本类型(int、boolean 等)不能设置成 null	true|false	false
logPrefix	指定 MyBatis 增加到日志名称的前缀	任何字符串	Not set
logImpl	指定 MyBatis 所用日志的具体实现，未指定时将自动查找	SLF4J|LOG4J|LOG4J2|JDK_LOGGING|COMMONS_LOGGING|ST DOUT_LOGGING|NO_LOGGING	Not set
proxyFactory	指定 MyBatis 创建具有延迟加载功能的对象所用到的代理工具	CGLIB|JAVASSIST	JAVASSIST (MyBatis 版本为 3.3 及以上)
vfsImpl	指定 VFS 的实现类	提供 VFS 类的全限定名，如果有多个，则可以使用逗号分隔	Not set
useActualParamName	允许使用方法参数中声明的实际名称引用参数。要使用此功能，项目必须被编译为 Java 8 参数的选择(从版本 3.4.1 开始可以使用)	true|false	true

settings 的配置项很多，但是真正用到的较少，我们把常用的配置项研究清楚就可以了，比如关于缓存的 cacheEnabled、关于级联的 lazyLoadingEnabled 和 aggressiveLazyLoading、关于自动映射的 autoMappingBehavior 和 mapUnderscoreToCamelCase、关于执行器类型的 defaultExecutorType 等。

11.2.4 〈typeAliases〉元素

〈typeAliases〉元素的作用是配置类型别名，通过与 MyBatis 的 SQL 映射文件相关联，减少输入多余的完整类名，以简化操作，如下：

```
<typeAliases>
    <typeAlias type="com.po.User" alias="user"/>
</typeAliases>
```

〈typeAliases〉元素对整个包的设置如下：

```
<typeAliases>
    <package name="com.po"/>
</typeAliases>
```

〈typeAliases〉元素已经为许多常见的 Java 类型内建了相应的类型别名。它们都是大小写不敏感的，因此需要注意的是由基本类型名称重复导致的特殊处理，如表 11-3 所示。

表 11-3 MyBatis 类型别名

别　名	映射的类型	别　名	映射的类型
_byte	byte	double	Double
_long	long	float	Float
_short	short	boolean	Boolean
_int	int	date	Date
_integer	int	decimal	BigDecimal
_double	double	bigdecimal	BigDecimal
_float	float	object	Object
_boolean	boolean	map	Map
string	String	hashmap	HashMap
byte	Byte	list	List
long	Long	arraylist	ArrayList
short	Short	collection	Collection
int	Integer	iterator	Iterator
integer	Integer		

11.2.5 〈typeHandlers〉元素

〈typeHandlers〉元素的作用是当 MyBatis 对 PreparedStatement 设入一个参数或者从 ResultSet 返回一个值的时候，类型句柄会将值转化为相匹配的 Java 类型。

你可以重写类型句柄或者创建自己的方式来处理不支持或者非标准的类型。只需要简单地实现 org. mybaits. type 包里的 TypeHandler，并且映射到一个 Java 类型，然后再选定一个 JDBC 类型。例如：

```
<typeHandlers>
    <typeHandler handler="com.typeHandler.TestTypeHandler"/>
</typeHandlers>
```

无论是 MyBatis 在预处理语句(PreparedStatement)中设置一个参数，还是从结果集中取出一个值，都会用类型处理器将获取的值以合适的方式转换成 Java 类型。表 11-4 描述了一些默认的类型处理器。

表 11-4　默认的类型处理器

类型处理器	Java 类型	JDBC 类型
BooleanTypeHandler	java.lang.Boolean、boolean	数据库兼容的 BOOLEAN
ByteTypeHandler	java.lang.Byte、byte	数据库兼容的 NUMERIC 或 BYTE
ShortTypeHandler	java.lang.Short、short	数据库兼容的 NUMERIC 或 SHORT INTEGER
IntegerTypeHandler	java.lang.Integer、int	数据库兼容的 NUMERIC 或 INTEGER
LongTypeHandler	java.lang.Long、long	数据库兼容的 NUMERIC 或 LONG INTEGER
FloatTypeHandler	java.lang.Float、float	数据库兼容的 NUMERIC 或 FLOAT
DoubleTypeHandler	java.lang.Double、double	数据库兼容的 NUMERIC 或 DOUBLE
BigDecimalTypeHandler	java.math.BigDecimal	数据库兼容的 NUMERIC 或 DECIMAL
StringTypeHandler	java.lang.String	CHAR、VARCHAR
ClobTypeHandler	java.lang.String	CLOB、LONGVARCHAR
NStringTypeHandler	java.lang.String	NVARCHAR、NCHAR
NClobTypeHandler	java.lang.String	NCLOB
ByteArrayTypeHandler	byte[]	数据库兼容的字节流类型
BlobTypeHandler	byte[]	BLOB、LONGVARBINARY
DateTypeHandler	java.util.Date	TIMESTAMP
DateOnlyTypeHandler	java.util.Date	DATE
TimeOnlyTypeHandler	java.util.Date	TIME
SqlTimestampTypeHandler	java.sql.Timestamp	TIMESTAMP
SqlDateTypeHandler	java.sql.Date	DATE
SqlTimeTypeHandler	java.sql.Time	TIME
ObjectTypeHandler	Any	OTHER 或未指定类型
EnumTypeHandler	Enumeration Type	VARCHAR，任何兼容的字符串类型，存储枚举的名称(而不是索引)
EnumOrdinalTypeHandler	Enumeration Type	任何兼容的 NUMERIC 或 DOUBLE 类型，存储枚举的索引(而不是名称)

11.2.6 〈objectFactory〉元素

当创建结果集时，MyBatis 会使用一个对象工厂来完成创建这个结果集的实例。默认情况下，MyBatis 会使用其定义的对象工厂 DefaultObjectFactory（org. apache. ibatis. reflection. factory. DefaultObjectFactory）来完成相应的工作。

MyBatis 允许注册自定义的 ObjectFactory 接口。如果自定义，则需要实现接口 org. apache. ibatis. reflection. factory. ObjectFactory，并给予配置。在配置文件中对它进行配置的代码如下：

```
<ObjectFactory type="com. objectFactory.MyObjectFactory">
    <property name=""  value=""/>
</ObjectFactory>
```

11.2.7 〈plugins〉元素

MyBatis 允许在已映射语句执行过程中的某一点进行拦截调用。默认情况下，MyBatis 允许使用插件进行拦截调用，主要包括以下几种。

- Executor（update、query、flushStatements、commit、rollback、getTransaction、close、isClosed）；
- ParameterHandler（getParameterObject、setParameters）；
- ResultSetHandler（handleResultSets、handleOutputParameters）；
- StatementHandler（prepare、parameterize、batch、update、query）；

这些类中方法的细节可以通过查看每个方法的签名来发现，或者直接查看 MyBatis 发行包中的源代码。假设你想做的不只是监控方法的调用，那么还应该很好地了解正在重写的方法的行为。因为如果在试图修改或重写已有方法行为的时候，你很可能在破坏 MyBatis的核心模块。这些都是更底层的类和方法，所以使用插件的时候要特别小心。

通过 MyBatis 提供的强大机制，使用插件非常简单，只需实现 Interceptor 接口，并指定想要拦截的方法签名即可。

11.2.8 〈environments〉元素

在 MyBatis 中，运行环境主要的作用是配置数据库信息，它可以配置多个数据库，但一般只需要配置其中一个就可以了。〈environments〉元素下面又可分为两个可配置的元素：事务管理器（transactionManager）和数据源（dataSource）。配置环境的代码如下：

```
<environments default="development">
    <environment id="development">
        <transactionManager type="JDBC"/>
        <dataSource type="POOLED">
            <property name="driver" value="${database.driver}"/>
            <property name="url"
                value="${database.url}"/>
```

```
            <property name="username" value="${database.username}"/>
            <property name="password" value="${database.password}"/>
        </dataSource>
    </environment>
</environments>
```

transactionManager 提供两个实现类，并且要实现接口 Transaction(org. apache. ibatis. transaction. Transaction)。它的主要工作是提交(commit)、回滚(rollback)和关闭(close)数据库的事务。MyBatis 为 Transaction 提供两个实现类：JdbcTransaction 和 ManagedTransaction。

environments 的主要作用是配置数据库，在 MyBatis 中，数据库通过 PooledDataSource-Factory、UnpooledDataSource-Factory 和 JndiDataSourceFactory 三个工厂类来提供，前两个类对应产生 PooledDataSource、UnpooledDataSource 类对象，而 JndiDataSourceFactory 则会根据 JNDI 的信息获取外部容器实现的数据库连接对象。

无论如何，这三个工厂类最后生成的产品都会是一个实现了 DataSource 接口的数据库连接对象。

由于存在三种数据源，所以可以按照下面的形式配置它们。

```
<dataSource type="UNPOOLED">
<dataSource type="POOLED">
<dataSource type="JNDI">
```

1. UNPOOLED

UNPOOLED 采用非数据库池的管理方式，每次请求都会打开一个新的数据库连接，所以创建会比较慢。在一些对性能没有很高要求的场合可以使用它。

对有些数据库而言，使用连接池并不重要，那么这个配置就很重要。UNPOOLED 类型的数据源可以配置以下几种属性。

- driver：数据库驱动名，比如 MySQL 的 com. mysql. jdbc. Driver。
- url：连接数据库的 URL。
- username：用户名。
- password：密码。
- defaultTransactionIsolationLevel：默认的连接事务隔离级别。

传递属性给数据库驱动也是一个可选项，注意属性的前缀为“driver.”，例如 driver. encoding=UTF8。它会通过 DriverManager. getConnection(url，driverProperties)方法传递值为 UTF8 的 encoding 属性给数据库驱动。

2. POOLED

这种数据源的实现是利用“池”的概念将 JDBC 连接对象组织起来，避免了创建新的连接实例时所必需的初始化和认证时间。这是一种使得并发 Web 应用快速响应请求的流行处理方式。

除了上述提到 UNPOOLED 下的属性外，还会有更多属性用来配置 POOLED 的数据源。

● poolMaximumActiveConnections：表示在任意时间可以存在的活动（也就是正在使用）的连接数量，默认值为10。

● poolMaximumIdleConnections：表示在任意时间可能存在的空闲连接数。

● poolMaximumCheckoutTime：表示在被强制返回之前，池中连接被检出（checked out）的时间，默认值为20000毫秒（即20秒）。

● poolTimeToWait：这是一个底层设置，如果获取连接要花费相当长的时间，则它会给连接池打印状态日志并重新尝试获取一个连接（避免在误配置的情况下一直“安静地”失败），默认值为20000毫秒（即20秒）。

● poolPingQuery：表示发送到数据库的侦测查询，用来检验连接是否处在正常工作秩序中，并准备接收请求。默认为"NO PING QUERY SET"，这会导致大多数数据库驱动失败时带有一个恰当的错误消息。

● poolPingEnabled：表示是否启用侦测查询。若开启，则必须使用一条可执行的SQL语句设置poolPingQuery属性（最好是一条速度非常快的SQL语句），默认值为false。

● poolPingConnectionsNotUsedFor：表示配置poolPingQuery的使用频度。这可以被设置成匹配具体的数据库连接超时时间，以避免不必要的侦测，默认值为0（即所有连接每一时刻都被侦测——当然，仅当poolPingEnabled为true时适用）。

3. JNDI

这个数据源的实现是为了能在如EJB或应用服务器这类容器中使用，容器可以集中或在外部配置数据源，然后放置一个JNDI上下文的引用。这种数据源的配置只需要以下两个属性。

● initial_context：这个属性用来在InitialContext中寻找上下文（即initialContext.lookup(initial_context)）。这是一个可选属性，如果忽略，那么data_source属性将会直接以InitialContext为背景再次寻找。

● data_source：这是引用数据源实例位置的上下文的路径。提供initial_context配置时，会在其返回的上下文中查找，没有提供时则直接在InitialContext中查找。

11.2.9 〈mappers〉元素

这个元素有几种用法，都是在映射代理mapper.xml文件时使用。

(1) 使用resource逐个映射，resource指向的是相对于类路径下的目录：

```
<mappers>
    <mapper resource="UserMapper.xml"/>
</mappers>
```

(2) 〈mapper url=" "/〉使用完全限定路径，如下：

```
<mapper url="file:///D:\workspace\mybatis1\config\sqlmap\User.xml" />
```

(3) 〈mapper class=" "/〉使用mapper接口类路径。此种方法要求mapper接口的名称和mapper映射文件的名称相同，且放在同一个目录中。

```
<mapper class="com.mapper.UserMapper"/>
```

(4) 使用 package 包名映射，其包下的 mapper.xml 文件都被注册，此种方法要求 mapper 接口的名称和 mapper 映射文件的名称相同，且放在同一个目录中。

```
<mappers>
    <package name="com.mapper"/>
</mappers>
```

这些配置会告诉 MyBatis 去哪里查找映射文件，剩下的细节应该是每个 SQL 映射文件了。

11.3 映射文件

MyBatis 的真正强大在于它有映射语句，这也是它的魔力所在。由于 MyBatis 的功能异常强大，所以映射器的 XML 文件就显得相对简单。如果将 MyBatis 的代码与具有相同功能的 JDBC 代码进行比较，则会立即发现省去了约 95% 的代码。MyBatis 就是针对 SQL 构建的，并且比普通的方法做得更好。

SQL 映射文件包含以下几个顶级元素(按照它们应该被定义的顺序)。

- cache：给定命名空间的缓存配置。
- cache-ref：其他命名空间缓存配置的引用。
- resultMap：是最复杂也是最强大的元素，用来描述如何从数据库结果集中加载对象。
- sql：可被其他语句引用的可重用语句块。
- insert：映射插入语句。
- update：映射更新语句。
- delete：映射删除语句。
- select：映射查询语句。

11.3.1 〈select〉元素

查询语句是 MyBatis 中最常用的元素之一，若只把数据保存到数据库中的价值并不大，还要能重新取出来才有用，因此大多数应用也是查询比修改频繁。对每个插入、更新或删除操作，通常对应多个查询操作。这是 MyBatis 的基本原则之一，也是将焦点和努力放到查询和结果映射的原因。简单查询的 select 元素是非常简单的，比如：

```
<select id="selectPerson" parameterType="int" resultType="hashmap">
    SELECT * FROM PERSON WHERE ID=#{id}
</select>
```

这个语句被称为 selectPerson，接受一个 int(或 Integer)类型的参数，并返回一个 hashmap 类型的对象，其中的键是列名，值便是结果行中的对应值。

#{id}是告诉 MyBatis 创建一个预处理语句参数，通过 JDBC，这样的参数在 SQL 中会由一个"?"来标识，并被传递到一条新的预处理语句中，代码如下：

```
String selectPerson="SELECT *  FROM PERSON WHERE ID=?";
```

```
PreparedStatement ps=conn.prepareStatement(selectPerson);
ps.setInt(1,id);
```

需要单独的 JDBC 的代码来提取结果并将它们映射到对象实例中，这就是 MyBatis 节省时间的地方。我们要深入了解参数和结果映射，细节部分下面再进行介绍。

select 元素的结构如下：

```
<select
    id="selectPerson"
    parameterType="int"
    parameterMap="deprecated"
    resultType="hashmap"
    resultMap="personResultMap"
    flushCache="false"
    useCache="true"
    timeout="10000"
    fetchSize="256"
    statementType="PREPARED"
    resultSetType="FORWARD_ONLY">
```

〈select〉元素常用属性的含义如表 11-5 所示。

表 11-5 〈select〉元素的常用属性

属性名称	描　述
id	它与 Mapper 的命名空间组合起来使用，是唯一标识符，可供 MyBatis 调用
parameterType	表示传入 SQL 语句的参数类型的全限定名或别名。它是一个可选属性，MyBatis 能推断出具体传入语句的参数
resultType	SQL 语句执行后返回的类型(全限定名或者别名)。如果是集合类型，则返回的是集合元素的类型，返回时可以使用 resultType 或 resultMap 之一
resultMap	它是映射集的引用，与〈resultMap〉元素一起使用，返回时可以使用 resultType 或 resultMap 之一
flushCache	用于设置在调用 SQL 语句后是否要求 MyBatis 清空之前查询的本地缓存和二级缓存，默认值为 false，如果设置为 true，则任何时候只要 SQL 语句被调用，都将清空本地缓存和二级缓存
useCache	启动二级缓存的开关，默认值为 true，表示将查询结果存入二级缓存中
timeout	用于设置超时参数，单位为秒(s)，超时将抛出异常
fetchSize	获取记录的总条数设定
statementType	告诉 MyBatis 使用哪个 JDBC 的 Statement 工作，取值为 STATEMENT(Statement)、PREPARED(PreparedStatement)、CALLABLE(CallableStatement)

续表

属性名称	描　述
resultSetType	这是针对 JDBC 的 ResultSet 接口而言的，其值可设置为 FORWARD_ONLY（只允许向前访问）、SCROLL_SENSITIVE（双向滚动，但不能及时更新）、SCROLLJNSENSITIVE（双向滚动，能及时更新）

1. 使用 Map 接口传递多个参数

在实际开发中，查询 SQL 语句经常需要多个参数，例如多条件查询。当传递多个参数时，〈select〉元素的 parameterType 属性值的类型是什么呢？在 MyBatis 中，允许 Map 接口通过键值对传递多个参数。

假设数据操作接口中有一个实现查询陈姓男性用户信息功能的方法，如下：

```
public List<MyUser>  selectAllUser(Map<String,Object>  param);
```

此时，传递给映射器的是一个 Map 对象，使用该对象在 SQL 文件中设置对应的参数，对应 SQL 文件的代码如下：

```
<!--查询陈姓男性用户信息-->
<select id="selectAllUser" resultType="com.mybatis.po.MyUser">
    select* from user
    where uname like concat('%',#{u_name},'%')
    and usex=#{u_sex}
</select>
```

在上述 SQL 文件中，参数名 u_name 和 u_sex 是 Map 的 key。

对应控制类 UserController 的代码片段如下：

```
@Controller("UserController")
public class UserController {
    private UserDao userDao;
    public void test(){
        ……
        //查询多个用户
        Map<String,Object>  map=new HashMap<>();
        map.put("u_name","陈");
        map.put("u_sex","男");
        List<MyUser>  list=userDao.seleceAllUser(map);
        for(MyUser myUser : list) {
            System.out.println(myUser);
        }
        ……
    }
}
```

Map 是一个键值对应的集合，使用者要通过阅读它的键才能了解其作用。另外，使用

Map不能限定其传递的数据类型，所以业务性不强，可读性较差。如果SQL语句很复杂，参数很多，使用Map将很不方便。MyBatis还提供了使用JavaBean传递多个参数的形式。

2. 使用JavaBean传递多个参数

假如有POJO类SeletUserParam，其代码如下：

```
package com.pojo;

public class SeletUserParam {
    private String u_name;
    private String u_sex;
    //此处省略 setter 和 getter 方法
}
```

对应Dao接口中的selectAllUser方法的代码如下：

```
public List<MyUser>  selectAllUser(SelectUserParam param);
```

对应SQL映射文件UserMapper.xml中的"查询陈姓男性用户信息"的代码修改如下：

```
<select id="selectAllUser" resultType=
    "com.po.MyUser" parameterType="com.pojo.SeletUserParam">
    select* from user
    where uname like concat('%',#{u_name},'%')
    and usex=#{u_sex}
    </select>
```

对应UserController的"查询多个用户"的代码片段修改如下：

```
SeletUserParam su=new SelectUserParam();
su.setU_name("陈");
su.setU_sex("男");
List<MyUser> list=userDao.selectAllUser(su);
for (MyUser myUser : list) {
     System.out.println(myUser);
}
```

应用中是选择Map还是选择JavaBean传递多个参数，应根据实际情况而定，如果参数较少，建议选择Map；如果参数较多，建议选择JavaBean。

11.3.2 〈insert〉、〈update〉、〈delete〉元素

数据变更语句insert、update和delete的实现非常接近，它们的结构如下：

```
<insert
    id="insertAuthor"
    parameterType="domain.blog.Author"
    flushCache="true"
    statementType="PREPARED"
```

```
    keyProperty=""
    keyColumn=""
    useGeneratedKeys=""
    timeout="20">

<update
    id="updateAuthor"
    parameterType="domain.blog.Author"
    flushCache="true"
    statementType="PREPARED"
    timeout="20">

<delete
    id="deleteAuthor"
    parameterType="domain.blog.Author"
    flushCache="true"
    statementType="PREPARED"
    timeout="20">
```

〈insert〉、〈update〉、〈delete〉元素的常用属性如表 11-6 所示。

表 11-6　〈insert〉、〈update〉、〈delete〉元素的常用属性

属　　性	描　　述
id	命名空间中的唯一标识符，可被用来代表这条语句
parameterType	将要传入语句的参数的全限定类名或别名。这个属性是可选的，因为 MyBatis 可以通过 TypeHandler 推断出具体传入语句的参数，默认值为 unset
flushCache	将其设置为 true，任何时候只要语句被调用，都会导致本地缓存和二级缓存都会被清空，默认值为 true(对应插入、更新和删除语句)
timeout	这个设置是在抛出异常之前，驱动程序等待数据库返回请求结果的秒数，默认值为 unset(依赖驱动)
statementType	STATEMENT、PREPARED 或 CALLABLE 中的一个。这会让 MyBatis 分别使用 Statement、PreparedStatement 或 CallableStatement，默认值为 PREPARED
useGeneratedKeys	(仅对 insert 和 update 有用)会让 MyBatis 使用 JDBC 的 getGeneratedKeys 方法来取出由数据库内部生成的主键(比如像 MySQL 和 SQL Server 这样的关系数据库管理系统的自动递增字段)，默认值为 false
keyProperty	(仅对 insert 和 update 有用)唯一标记一个属性，MyBatis 会通过 getGeneratedKeys 的返回值或者通过 insert 语句的 selectKey 子元素设置它的键值，默认值为 unset。如果希望得到多个生成的列，也可以是逗号分隔的属性名称列表

续表

属　　性	描　　述
keyColumn	（仅对 insert 和 update 有用）通过生成的键值设置表中的列名，这个设置仅在某些数据库（像 PostgreSQL）中是必须的，当主键列不是表中的第一列的时候需要设置。如果希望得到多个生成的列，也可以是逗号分隔的属性名称列表
databaseId	如果配置了 databaseIdProvider，则 MyBatis 会加载所有不带 databaseId 或匹配当前 databaseId 的语句；如果带或者不带的语句都有，则不带的会被忽略

inscrt、update 和 delete 语句执行后返回一个整数，表示影响了数据库的记录行数。配置示例代码如下：

```
<!--添加一个用户，成功后将主键值返回给 uid(po 的属性)-->
<insert id="addUser" parameterType="com.po. User" keyProperty=
    "uid" useGeneratedKeys="true">
    insert into user (uname,usex) values(#{uname},#{usex})
</insert>
<!--修改一个用户-->
<update id="updateUser" parameterType="com.po. User">
    update user set uname=#{uname},usex=#{usex} where uid=#{uid}
</update>
<!--删除一个用户-->
<delete id="deleteUser" parameterType="Integer">
    delete from user where uid=#{uid}
</delete>
```

11.3.3 〈sql〉元素

〈sql〉元素的作用在于可以定义 SQL 语句的一部分（代码片段），以方便后面的 SQL 语句引用它，例如反复使用的列名。

在 MyBatis 中，只需使用〈sql〉元素编写一次便能在其他元素中引用它。配置示例代码如下：

```
<sql id="comColumns"> id,uname,usex</sql>
<select id="selectUser" resultType="com.po.MyUser">
    select <include refid="comColumns">  from user
</select>
```

在上述代码中，使用〈include〉元素的 refid 属性引用了自定义的代码片段。

11.3.4 〈resultMap〉元素

〈resultMap〉元素表示结果映射集，是 MyBatis 中最重要也是最强大的元素，主要用来定义映射规则、级联的更新以及定义类型转化器等。〈resultMap〉元素的设计就是简单语句不需要明确的结果映射，而复杂语句需要描述它们的关系。

〈resultMap〉元素包含了一些子元素，结构如下：

```
<resultMap id="" type="">
    <constructor> <!--类再实例化时用来注入结果到构造方法-->
        <idArg/> <!--ID参数，结果为ID-->
        <arg/> <!--注入构造方法的一个普通结果-->
    </constructor>
    <id/> <!--用于表示哪个列是主键-->
    <result/> <!--注入到字段或JavaBean属性的普通结果-->
    <association property=""/> <!--用于一对一关联-->
    <collection property=""/> <!--用于一对多、多对多关联-->
    <discriminator javaType=""> <!--使用结果值来决定使用哪个结果映射-->
        <case value=""/> <!--基于某些值的结果映射-->
    </discriminator>
</resultMap>
```

- 〈resultMap〉元素的type属性表示需要的POJO，id属性是resultMap的唯一标识。
- 子元素〈constructor〉用于配置构造方法（当POJO未定义无参数的构造方法时使用）。
- 子元素〈id〉用于表示哪个列是主键。
- 子元素〈result〉用于表示POJO和数据表普通列的映射关系。
- 子元素〈association〉、〈collection〉和〈discriminator〉用在级联的情况下。

一条查询SQL语句执行后将返回结果，其结果可以使用Map存储，也可以使用POJO存储。

你已经看到简单映射语句的示例，但没有明确的resultMap的示例。比如：

```
<!--查询所有用户信息并保存到Map中-->
<select id="selectAllUserMap" resultType="map">
    select * from user
</select>
```

在对应的Controller类中调用接口方法，查询所有用户信息并保存到Map中，代码如下：

```
List<Map<String, Object> > lmp=userDao.selectAllUserMap();
for (Map<String, Object> map : lmp) {
    System.out.println(map);
}
```

11.4　单表操作

MyBatis对单张数据表的操作有以下几种。

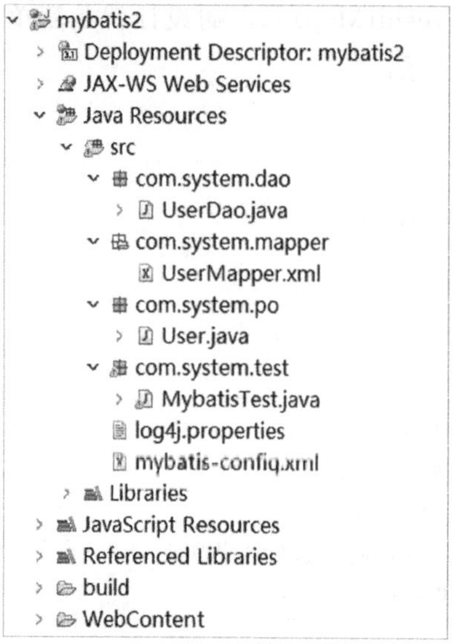

```
mybatis2
  Deployment Descriptor: mybatis2
  JAX-WS Web Services
  Java Resources
    src
      com.system.dao
        UserDao.java
      com.system.mapper
        UserMapper.xml
      com.system.po
        User.java
      com.system.test
        MybatisTest.java
      log4j.properties
      mybatis-config.xml
    Libraries
  JavaScript Resources
  Referenced Libraries
  build
  WebContent
```

图 11-2　mybatis2 项目结构

- 查询用户数据(读取用户列表)。
- 增加用户数据。
- 更新用户数据。
- 删除用户数据。

接下来通过一个例子看看 MyBatis 如何完成常见的增删改查(CRUD)操作。

【例 11-1】　MyBatis 增删改查(CRUD)操作。

(1) 创建 mybatis2 项目，并导入包，创建 User 类、日志文件，内容跟例 10-1 一样。项目结构如图 11-2 所示。

(2) 创建 UserDao 类。

创建 com. system. dao 包，并在该包下创建 UserDao 类，其中包含对数据表的增、删、改、查四种操作的方法，代码如下：

```
package com.system.dao;

import java.util.List;
import com.system.po.User;
public interface UserDao {
public List<User>  getUserList();
    public void insertUser(User user);
    public void updateUser(User user);
    public void deleteUser(int userId);
    public User getUserById(int id);
}
```

(3) 修改 UserMapper. xml。

这里我们分别对应增、删、改、查的操作(每一个操作的 id 对应 UserDao 接口的方法)，其内容如下：

```
<?xml version="1.0" encoding="UTF-8"? >
<!DOCTYPE mapper PUBLIC "-//mybatis.org//DTD Mapper 3.0//EN"
    "http://mybatis.org/dtd/mybatis-3-mapper.dtd">
<mapper namespace="com.system.mapper.UserDaor">
    <!--根据客户编号获取客户信息-->
    <select id="getUserById" parameterType="int"
        resultType="com.system.po.User">
        select * from t_user where id=#{id}
    </select>

    <!--获取客户信息列表-->
```

```
    <select id="getUserList" resultType="com.system.po.User">
        select* from t_user
    </select>

    <!--插入客户信息-->
    <insert id="insertUser" parameterType="User">
        insert into t_user(username,password,sex,birthday,address)
        values(#{username},#{password},#{sex},#{birthday},#{address})
    </insert>

    <!--更新客户信息-->
    <update id="updateUser" parameterType="User">
        update t_user
        set username=#{username},password=#{password},sex=#{sex},
        birthday=#{birthday},address=#{address}
        where id=#{id}
    </update>

<!--删除客户信息-->
    <delete id="deleteUser" parameterType="int">
        delete from t_user where id=#{id}
    </delete>
</mapper>
```

(4) 创建映射文件 mybatis-config. xml，代码如下：

```
<?xml version="1.0" encoding="UTF-8"?>
<!DOCTYPE configuration PUBLIC "-//mybatis.org//DTD Config 3.0//EN"
    "http://mybatis.org/dtd/mybatis-3-config.dtd">
<configuration>
    <typeAliases>
        <package name="com.system.po"/>
    </typeAliases>
        <!--1.配置环境,默认的环境 id 为 mysql-->
        <environments default="mysql">
            <!--1.2.配置 id 为 mysql 的数据库环境-->
            <environment id="mysql">
                <!--使用 JDBC 的事务管理-->
                <transactionManager type="JDBC"/>
                <!--数据库连接池-->
                <dataSource type="POOLED">
                    <property name="driver" value="com.mysql.jdbc.Driver"/>
                    <property name="url"
                        value="jdbc:mysql://localhost:3306/mybatis" />
                    <property name="username" value="root"/>
```

```
                <property name="password" value="123456"/>
            </dataSource>
        </environment>
    </environments>
    <!--2.配置 Mapper 的位置-->
    <mappers>
        <mapper resource="com/system/mapper/UserMapper.xml"/>
    </mappers>
</configuration>
```

(5) 创建测试类,代码如下:

```
package com.system.test;

import java.io.Reader;
import java.sql.Date;
import java.util.List;

import org.apache.ibatis.io.Resources;
import org.apache.ibatis.session.SqlSession;
import org.apache.ibatis.session.SqlSessionFactory;
import org.apache.ibatis.session.SqlSessionFactoryBuilder;
import org.junit.Test;
import com.system.po.User;
import com.system.dao.UserDao;
/**
 *单表增、删、改、查测试类
 */
public class MybatisTest {
    private static SqlSessionFactory sqlSessionFactory;
    private static Reader reader;

    static {
        try {
            //1.读取配置文件
            reader=Resources.getResourceAsReader("mybatis-config.xml");
            //2.根据配置文件构建 SqlSessionFactory
            sqlSessionFactory=new SqlSessionFactoryBuilder().build(reader);
        } catch (Exception e) {
          e.printStackTrace();
        }
    }

    public static SqlSessionFactory getSession() {
        return sqlSessionFactory;
```

```
    }

    /**
     *@param args
     */
    public static void main(String[] args){
        //3.通过 SqlSessionFactory 创建 SqlSession
        SqlSession session=sqlSessionFactory.openSession();
        try {
            //查询数据
            getUserList(session);
            //插入数据
            //testInsert(session);
            //更新数据
            //testUpdate(session);
            //删除数据
            //testDelete(session);
        } finally {
            session.close();
        }
}

public static void testInsert(SqlSession session)
{
    try
    {
        //获取 Mapper
        UserDao userMapper=session.getMapper(UserDao.class);

        System.out.println("Test insert start");
        //执行插入
        User user=new User();
        user.setUsername("Tom");
        user.setPassword("555");
        user.setSex("男");
        user.setBirthday(Date.valueOf("1995-10-10"));
        user.setAddress("上海");
        userMapper.insertUser(user);
        //提交事务
        session.commit();

        //显示插入之后的 User 信息
        System.out.println("After insert");
        getUserList(session);
```

```
            System.out.println("Test insert finished");
        }
        catch (Exception e)
        {
            e.printStackTrace();
        }
    }

    //获取用户列表
    public static void getUserList(SqlSession session) {
        try {
            //SqlSession session=sqlSessionFactory.openSession();
            UserDao iuser=session.getMapper(UserDao.class);
            //显示 User 信息
            System.out.println("Test Get start");
            printUsers(iuser.getUserList());
            System.out.println("Test Get finished");
        } catch (Exception e) {
            e.printStackTrace();
        }
    }

    public static void testUpdate(SqlSession session)
    {
        try
        {
            //SqlSession session=sqlSessionFactory.openSession();
            UserDao iuser=session.getMapper(UserDao.class);
            System.out.println("Test update start");
            printUsers(iuser.getUserList());
            //执行更新
            User user=iuser.getUserById(1);
            user.setUsername("Mary");
            iuser.updateUser(user);
            //提交事务
            session.commit();
            //显示更新之后的 User 信息
            System.out.println("After update");
            printUsers(iuser.getUserList());
            System.out.println("Test update finished");
        }catch (Exception e)
        {
```

```
            e.printStackTrace();
        }
    }

    //删除用户信息
    public static void testDelete(SqlSession session)
    {
        try
        {
            //SqlSession session=sqlSessionFactory.openSession();
            UserDao iuser=session.getMapper(UserDao.class);
            System.out.println("Test delete start");
            //显示删除之前的User信息
            System.out.println("Before delete");
            printUsers(iuser.getUserList());
            //执行删除
            iuser.deleteUser(2);
            //提交事务
            session.commit();
            //显示删除之后的User信息
            System.out.println("After delete");
            printUsers(iuser.getUserList());
            System.out.println("Test delete finished");
        }catch (Exception e)
        {
            e.printStackTrace();
        }
    }

    /**
     *
     *打印用户信息到控制台
     *
     *@param users
     */
    private static void printUsers(final List<User>  users) {
        for (User user : users) {
             System.out.println(user.toString());
        }
    }

}
```

(6) 运行结果。

在 main()方法中，只运行 getUserList(session)测试方法，以完成数据表的查询操作。查询记录的结果如图 11-3 所示。

```
Test Get start
User [username=张三, sex=女, birthday=1990-01-01, address=武汉]
Test Get finished
```

图 11-3　查询记录的结果

在 main()方法中，只运行 testInsert(session)测试方法，以完成数据表的插入操作。插入记录的结果如图 11-4 所示。

```
Test insert start
After insert
Test Get start
User [username=张三, sex=女, birthday=1990-01-01, address=武汉]
User [username=Tom, sex=男, birthday=1995-10-10, address=上海]
Test Get finished
Test insert finished
```

图 11-4　插入记录的结果

在 main()方法中，只运行 testUpdate(session)测试方法，以完成数据表的更新操作。更新记录的结果如图 11-5 所示。

```
Test update start
User [username=张三, sex=女, birthday=1990-01-01, address=武汉]
User [username=Tom, sex=男, birthday=1995-10-10, address=上海]
After update
User [username=Mary, sex=女, birthday=1990-01-01, address=武汉]
User [username=Tom, sex=男, birthday=1995-10-10, address=上海]
Test update finished
```

图 11-5　更新记录的结果

在 main()方法中，只运行 testDelete(session)测试方法，以完成数据表的删除操作。删除记录的结果如图 11-6 所示。

现在所有的插入、删除、更新、查询操作都介绍完成。值得注意的是，在插入、更新、删除的时候需要调用 session. commit()来提交事务，这样才会真正对数据库进行操作提交保存，否则操作没有提交到数据中。至此，简单的单表操作已经介绍完成，接下来讲解多表联合查询和结果集的选取。

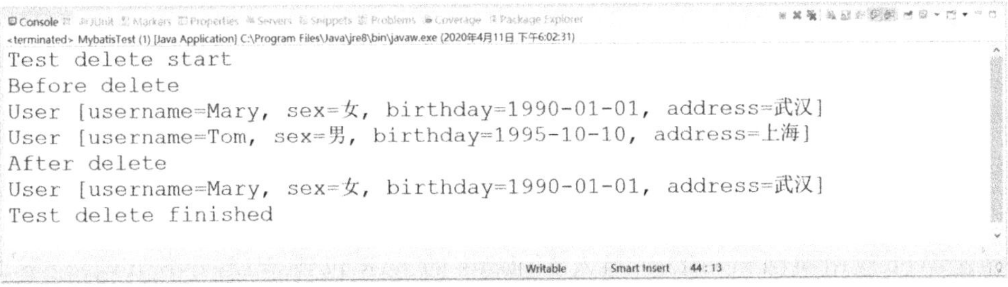

```
<terminated> MybatisTest (1) [Java Application] C:\Program Files\Java\jre8\bin\javaw.exe (2020年4月11日 下午6:02:31)
Test delete start
Before delete
User [username=Mary, sex=女, birthday=1990-01-01, address=武汉]
User [username=Tom, sex=男, birthday=1995-10-10, address=上海]
After delete
User [username=Mary, sex=女, birthday=1990-01-01, address=武汉]
Test delete finished
```

图 11-6　删除记录的结果

11.5　级联查询

级联是在 resultMap 标签中配置的。级联不是必需的，级联的好处是获取关联数据十分便捷，但是级联过多会增加系统的复杂度，同时降低系统的性能，此增彼减。因此，当记录超过三层时，就不要考虑使用级联了，因为这样会造成多个对象的关联，导致系统的耦合、负载加强，难以维护。

MyBatis 中的级联分两种。

- 一对一（association）。
- 一对多（collection）。

MyBatis 没有实现多对多级联，这是因为多对多级联可以通过两个一对多级联进行替换。

11.5.1　一对一关联查询

〈resultMap〉元素的子元素〈association〉可以处理“has-one”（一对一）级联关系。

在〈association〉元素中通常使用以下属性。

- property：指定映射到实体类的对象属性。如果 JavaBean 的属性与给定的名称匹配，就会使用匹配的名字；否则，MyBatis 将搜索给定名称的字段。
- column：指定表中对应的字段（即查询返回的列名）。与传递给 resultSet. getString(columnName)的参数名称相同。
- javaType：指定映射到实体对象属性的类型。
- select：指定引入嵌套查询的子 SQL 语句，该属性用于关联映射中的嵌套查询。

【例 11-2】　一对一关联查询。

以员工和部门为例，一个员工有一个部门编号，员工表的部门编号和部门表的部门编号是一对一的关系，下面我们看看如何使用 MyBatis 将这个关系表达出来。

（1）准备数据库。

创建数据库表 tbl_employee 和表 tbl_dept，输入表记录，分别如图 11-7 和图 11-8 所示。

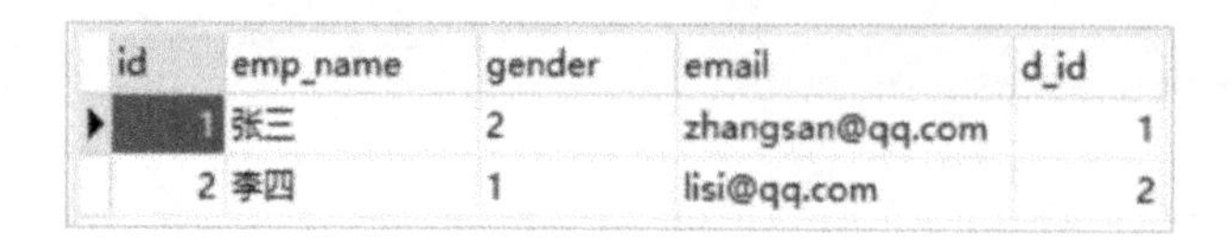

id	emp_name	gender	email	d_id
1	张三	2	zhangsan@qq.com	1
2	李四	1	lisi@qq.com	2

图 11-7　tbl_employee 表

id	dept_name
1	开发部
2	测试部

图 11-8　tbl_dept 表

(2) 创建 Web 应用项目。

创建 Web 应用项目 mybatis3，导入 MyBatis 的 JAR 包到 WEB-INF/lib 目录下，同时使用 BuilderPath→AddLibrary 添加 JUnit 库，如图 11-9 所示。

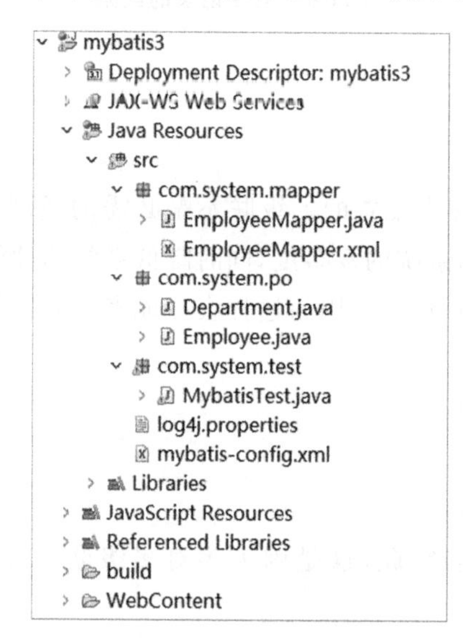

图 11-9　mybatis3 项目结构

(3) 创建日志文件。

编写导入的 log4j. properties 数据库配置文件(本例使用的是 MySQL 数据库)。

在 src 下新建 log4j. properties 文件，代码如下：

```
#Global logging configuration
log4j.rootLogger=ERROR, stdout
#MyBatis logging configuration...
log4j.logger.com.itheima=DEBUG
#Console output...
log4j.appender.stdout=org.apache.log4j.ConsoleAppender
log4j.appender.stdout.layout=org.apache.log4j.PatternLayout
log4j.appender.stdout.layout.ConversionPattern=%5p [%t] - %m%n
```

(4) 创建持久化类 User。

创建 com. system. po 包，并在该包中创建 Employee 类，代码如下：

```
package com.system.po;

import org.apache.ibatis.type.Alias;
```

```
@Alias("emp")
public class Employee {
    private Integer id;
    private String empName;
    private String email;
    private String gender;
    private Department dept;
    public Employee(Integer id, String empName, String email, String gender) {
        super();
        this.id=id;
        this.empName=empName;
        this.email=email;
        this.gender=gender;
    }
    public Integer getId() {
        return id;
    }
    public void setId(Integer id) {
        this.id=id;
    }
    public String getEmpName() {
        return empName;
    }
    public void setEmpName(String empName) {
        this.empName=empName;
    }
    public String getEmail() {
        return email;
    }
    public void setEmail(String email) {
        this.email=email;
    }
    public String getGender() {
        return gender;
    }
    public void setGender(String gender) {
        this.gender=gender;
    }
    public Department getDept() {
        return dept;
    }
    public void setDept(Department dept) {
        this.dept=dept;
    }
```

```
    @Override
    public String toString() {
        return "Employee [id="+id+", empName=
            "+empName+", gender="+gender+", email="+email+"]";
    }
}
```

创建 Department 类,代码如下:

```
package com.system.po;

public class Department {
    private Integer id;
    private String departmentName;
    public Integer getId() {
        return id;
    }
    public void setId(Integer id) {
        this.id=id;
    }
    public String getDepartmentName() {
        return departmentName;
    }
    public void setDepartmentName(String departmentName) {
        this.departmentName=departmentName;
    }
    @Override
    public String toString() {
        return "Department [id="+id+",departmentName=
            "+departmentName+"]";
    }
}
```

(5) 创建映射文件。

新建包 com. system. mapper,并新建文件 EmployeeMapper. java,代码如下:

```
package com.system.mapper;

import com.system.po.Employee;

public interface EmployeeMapper {
    public Employee getEmpById(Integer id);
    public Employee getEmpAndDept(Integer id);
}
```

新建文件 EmployeeMapper. xml,代码如下:

```
<?xml version="1.0" encoding="UTF-8"?>
<!DOCTYPE mapper
PUBLIC "-//mybatis.org//DTD Mapper 3.0//EN"
"http://mybatis.org/dtd/mybatis-3-mapper.dtd">
<mapper namespace="com.system.mapper.EmployeeMapper">

  <!--使用 association 定义单个对象的封装规则-->
    <resultMap type="com.system.po.Employee" id="MyDifEmp">
        <id column="id" property="id"/>
        <result column="emp_name" property="empName"/>
        <result column="gender" property="gender"/>
        <result column="email" property="email"/>
        <association property="dept" javaType="com.system.po.Department">
            <id column="did" property="id"/>
            <result column="dept_name" property="departmentName"/>
        </association>
        </resultMap>

        <select id="getEmpAndDept" resultMap="MyDifEmp">
            SELECT e.id id,e.emp_name emp_name,e.gender gender,e.email email,
                e.d_id d_id, d.id did,d.dept_name dept_name from tbl_employee e,tbl_
                dept d
            where e.d_id=d.id and e.id=#{id}
        </select>
</mapper>
```

(6) 创建 MyBatis 的配置文件。

在 mybatis-config. xml 文件下配置 MyBatis 的运行环境、数据源、事务等，代码如下：

```
<?xml version="1.0" encoding="UTF-8"?>
<!DOCTYPE configuration PUBLIC "-//mybatis.org//DTD Config 3.0//EN"
    "http://mybatis.org/dtd/mybatis-3-config.dtd">
<configuration>
    <typeAliases>
        <package name="com.system.po"/>
    </typeAliases>
    <!--1.配置环境，默认的环境 id 为 mysql-->
    <environments default="mysql">
        <!--1.2.配置 id 为 mysql 的数据库环境-->
        <environment id="mysql">
            <!--使用 JDBC 的事务管理-->
            <transactionManager type="JDBC"/>
            <!--数据库连接池-->
            <dataSource type="POOLED">
                <property name="driver" value="com.mysql.jdbc.Driver"/>
                <property name="url" value="jdbc:mysql://localhost:3306/mybatis"/>
```

```
            <property name="username" value="root"/>
            <property name="password" value="root"/>
          </dataSource>
      </environment>
  </environments>
  <!--2.配置 Mapper 的位置-->
  <mappers>
      <mapper resource="com/system/mapper/EmployeeMapper.xml"/>
  </mappers>
</configuration>
```

（7）创建测试类。

新建 com. system. test 包，并在该包中创建类 MybatisTest，类中编写测试方法 test()，代码如下：

```
package com.system.test;

import java.io.IOException;
import java.io.InputStream;
import java.util.List;

import org.apache.ibatis.io.Resources;
import org.apache.ibatis.session.SqlSession;
import org.apache.ibatis.session.SqlSessionFactory;
import org.apache.ibatis.session.SqlSessionFactoryBuilder;
import org.junit.Test;
import com.system.po.Employee;
import com.system.mapper.EmployeeMapper;
/**
 * 单表增、删、改、查操作测试类
 */
public class MybatisTest {
    @Test
    public void test() throws IOException{
        String resource="mybatis-config.xml";
        InputStream inputStream=
                        Resources.getResourceAsStream(resource);
        //2.根据配置文件构建 SqlSessionFactory
        SqlSessionFactory sqlSessionFactory=
            new SqlSessionFactoryBuilder().build(inputStream);
        SqlSession openSession=sqlSessionFactory.openSession();

        try{
            EmployeeMapper mapper=openSession.getMapper(EmployeeMapper.class);
            Employee empAndDept=mapper.getEmpAndDept(2);
            System.out.println(empAndDept);
            System.out.println(empAndDept.getDept());
```

```
        }finally{
            openSession.commit();
        }
    }

    private SqlSessionFactory getSqlSessionFactory() {
        //TODO Auto-generated method stub
        return null;
    }}
```

(8) 运行结果。

一对一关联查询的运行结果如图 11-10 所示。

```
Console  JUnit  Markers  Properties  Servers  Snippets  Problems  Coverage  Package Explorer
<terminated> MybatisTest (2) [JUnit] C:\Program Files\Java\jre8\bin\javaw.exe (2020年4月12日 下午10:43:16)
Employee [id=2, empName=李四,gender=女,email=lisi@qq.com]
Department [id=2,departmentName=测试部]
Writable    Smart Insert    44 : 1
```

图 11-10　一对一关联查询的运行结果

11.5.2　一对多关联查询

B 一对多 A 只需在 resultMap 标签中配置 collection 标签即可,代码如下:

```
<resultMap type="B" id="getB">
    <result property="Bid" column="Bid"/>
    <collection property="AList" column="Bid" javaType="list" select="getAListByBid"/>
</resultMap>
```

collection 元素的作用与 association 元素的作用相似。

其中,javaType 表示完整的 Java 类名或别名(参考上面的内置别名列表)。如果映射到一个 JavaBean,那么 MyBatis 通常会自行检测到。然而,如果映射到一个 HashMap,那么应该明确指定 javaType 来确保所需行为。

【例 11-3】 一对多关联查询。

以用户和订单为例,一个用户可以拥有多个订单,用户对订单是一对多的关系,如何使用 MyBatis 将这个关系表达出来呢? 开发步骤与例 11 2 相似,下面只写出主要步骤。

准备数据库,创建 Web 应用项目 mybatis4,导入 MyBatis 的 JAR 包到 WEB-INF/lib 目录下,同时使用 Builder-Path→AddLibrary 添加 JUnit 库,项目结构如图 11-11 所示。

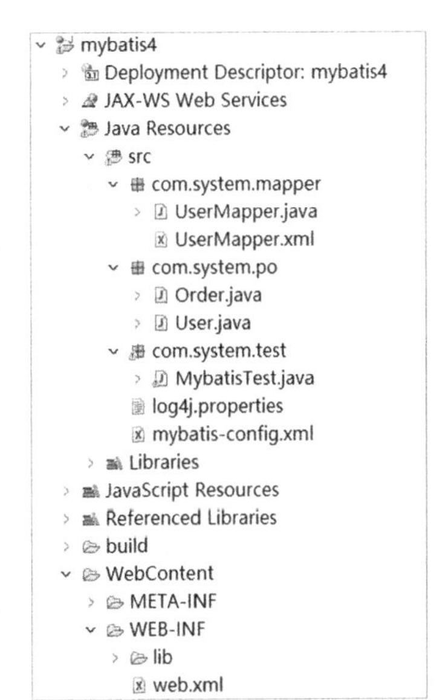

图 11-11　mybatis4 项目结构

（1）设计 POJO 类，建立关系。

在 User 类中添加 List〈Order〉订单集合属性，用于关联用户的所有订单，代码如下：

```
package com.system.po;
import java.util.List;
public class User {
private Integer id;
    private String username;
    private String password;
    private List<Order>  orders;
    public List<Order>  getOrders() {
        return orders;
    }
    public void setOrders(List<Order>  orders) {
        this.orders=orders;
    }
    public Integer getId() {
        return id;
    }
    public void setId(Integer id) {
        this.id=id;
    }
    public String getUsername() {
        return username;
    }
    public void setUsername(String username) {
        this.username=username;
    }
    public String getPassword() {
        return password;
    }
    public void setPassword(String password) {
        this.password=password;
    }
}
```

订单 Order 类的代码如下：

```
package com.system.po;
public class Order {
private Integer id;
    private String orderno;
    private Double amount;
    private User user;
    public Integer getId() {
```

```
        return id;
    }
    public void setId(Integer id) {
        this.id=id;
    }
    public String getOrderno() {
        return orderno;
    }
    public void setOrderno(String orderno) {
        this.orderno=orderno;
    }
    public Double getAmount() {
        return amount;
    }
    public void setAmount(Double amount) {
        this.amount=amount;
    }
    public User getUser() {
        return user;
    }
    public void setUser(User user) {
        this.user=user;
    }
}
```

（2）编写 UserMapper 接口方法，代码如下：

```
package com.system.mapper;

import java.util.List;
import com.system.po.User;
public interface UserMapper {
    public List<User>  findAllUsers();
}
```

（3）创建映射文件 UserMapper.xml，代码如下：

```
<?xml version="1.0" encoding="UTF-8"?>
<!DOCTYPE mapper
PUBLIC "-//mybatis.org//DTD Mapper 3.0//EN"
"http://mybatis.org/dtd/mybatis-3-mapper.dtd">
<mapper namespace="com.system.mapper.UserMapper">
    <!--一对多映射-->
    <resultMap id="UserResultMap" type="com.system.po.User">
        <id property="id" column="id"/>
        <result property="username" column="username"/>
        <result property="password" column="password"/>
```

```
        <!--关联查询用户的所有订单-->
        <collection property="orders" column="id" ofType="com.system.po.Order">
            <id property="id" column="oid"/>
            <result property="orderno" column="orderno"/>
            <result property="amount" column="amount"/>
        </collection>
    </resultMap>
    <select id="findAllUsers" resultMap="UserResultMap">
        SELECT
          u.*,
          o.id oid,
          o.orderno orderno,
          o.amount amount
        FROM t_user u
          LEFT JOIN t_order o
            ON o.user_id=u.id
    </select>
</mapper>
```

collection 表示一对多映射属性。

property 表示 User 类的 orders 集合属性名称。

column 表示外键字段名称。

ofType 这个元素是用来区别 JavaBean 属性(或者字段)类型和集合所包括的类型，表示 orders 集合中的元素类型，就是 Order 类的全限定名。

通过 resultMap 将数据取出来放在对应的对象属性里。

(4) 编写测试类。

核心代码如下：

```
//创建 Mapper 代理对象
UserMapper usermapper=openSession.getMapper(UserMapper.class);
//调用方法
List<User>  list=usermapper.findAllUsers();
System.out.println(list);
```

本节我们介绍了 MyBatis 的级联查询，最重要的是要掌握一对多和多对一，理解〈collection〉和〈association〉标签，这两个标签在级联查询中极为重要。

11.6 动态 SQL

MyBatis 最强大的特性之一就是它的动态 SQL 语句功能。使用传统的 JDBC 的方法，相信大家在组合复杂 SQL 语句的时候，需要去拼接，稍不注意，哪怕少了一个空格，都会导致错误。MyBatis 的动态 SQL 语句功能正是为了解决这种问题的，其通过 if、choose、when、otherwise、trim、where、set、foreach 标签，可组成非常灵活的 SQL 语句，从而提高开发人员的效率。

动态SQL元素与使用JSTL或其他基于XML的文本处理器相似。在MyBatis之前的版本中,有时间了解大量的元素。借助功能强大的基于OGNL的表达式,MyBatis 3替换了之前的大部分元素;大大精简了元素种类,现在要学习的元素种类比原来的一半还要少。可以方便在SQL语句中实现某些逻辑。总体来说,MyBatis的动态SQL语句主要有以下几类。

(1) if语句:简单的条件判断语句。

(2) choose(when、otherwize):相当于Java语言中的switch,与JSTL中的choose类似。

(3) trim:表示对包含的内容加上prefix(前缀)或者suffix(后缀)。

(4) where:主要用来简化SQL语句中的where条件判断,能智能地处理and or,不必担心导致语法错误。

(5) set:主要用于更新时。

(6) foreach:在实现mybatis in语句查询时特别有用。

MyBatis的动态SQL元素与JSTL或XML文本处理器相似,常用的元素有〈if〉、〈choose〉、〈when〉、〈otherwise〉、〈trim〉、〈where〉、〈set〉、〈foreach〉和〈bind〉等。

11.6.1 〈if〉元素

在com. system. mapper包的UserMapper. xml文件中添加如下SQL映射语句:

```
<!--使用if元素根据条件动态查询用户信息-->
<select id="selectUserByIf" resultType="com.system.po.User" parameterType=
    "com.system.po. User">
    select * from t_user where 1=1
    <if test=" username! =null and username! = "">
        and username like concat('%',#{ username },'%')
    </if >
    <if test="sex !=null and sex! = "">
        and sex=#{sex}
    </if>
</select>
```

如果传入的username、sex不为空,那么SQL才会拼接and后面的语句。

在com. system. dao包的UserDao接口中添加如下数据操作接口方法:

```
public List<User>  selectUserByIf(User user);
```

在测试类中添加调用数据操作接口方法,代码如下:

```
//使用if元素查询用户信息
User ifmu=new User();
ifmu.setUsername("张");
ifmu.setSex("女");
List<User>  listByif=userDao.selectUserByIf(ifmu);
for (User myUser:listByif) {
```

```
    System.out.println(myUser);
}
```

11.6.2 〈choose〉、〈when〉、〈otherwise〉元素

有时候我们并不想应用所有的条件，而只是想从多个选项中选择一个。使用 if 标签时，只要 test 中的表达式为 true，就会执行 if 标签中的条件。MyBatis 提供了 choose 元素。if 标签是与(and)的关系，而 choose 是或(or)的关系。

choose 标签是按顺序判断其内部 when 标签中的 test 条件是否成立，如果有一个成立，则 choose 结束。当 choose 中所有 when 的条件都不满足时，则执行 otherwise 中的 SQL。类似于 Java 中的 switch 语句，choose 为 switch，when 为 case，otherwise 则为 default。

在 com. system. mapper 包的 UserMapper. xml 文件中添加如下 SQL 映射语句：

```
<!--使用 choose、when、otherwise 元素根据条件动态查询用户信息-->
<select id="selectUserByChoose" resultType=" com.system.po.User " parameterType=
    "com.system.po.User">
    select * from t_user where 1=1
    <choose>
        <when test=" username! =null and username! ="">
            and username like concat('%',#{ username },'%')
        </when>
        <when test=" sex! =null and sex! ="">
            and sex=#{ sex }
        </when>
        <otherwise>
            and id>10
        </otherwise>
    </choose>
</select>
```

choose 会从上到下选择一个 when 标签的 test 为 true 的 SQL 执行。choose 相当于 Java 语言中的 switch，与 JSTL 中的 choose 类似。when 元素表示当 when 中的条件满足时就输出其中的内容，跟 Java 中的 switch 差不多的是按照条件的顺序，当 when 中有条件满足时，就会跳出 choose，即所有的 when 和 otherwise 条件中只有一个会输出，当所有的条件都不满足时，就输出 otherwise 中的内容。

在 com. system. dao 包的 UserDao 接口中添加如下数据操作接口方法：

```
public List<User>  selectUserByChoose(User user);
```

在测试类中添加调用数据操作接口方法，代码如下：

```
//使用 choose 元素查询用户信息
User choosemu=new User();
choosemu. setUsername ("");
choosemu. setSex ("");
```

```
List<User>  listByChoose=UserDao.selectUserEyChoose(choosemu);
for (User myUser:listByChoose) {
    System.out.println(User);
}
```

11.6.3 〈trim〉元素

〈trim〉元素的主要功能是可以在自己包含的内容前加上某些前缀，也可以在其后加上某些后缀，与之对应的属性是 prefix 和 suffix。可以把包含首部的某些内容覆盖，即忽略，也可以把尾部的某些内容覆盖，对应的属性是 prefixOverrides 和 suffixOverrides。正因为〈trim〉元素有这样的功能，所以可以非常简单地利用〈trim〉元素来代替〈where〉元素的功能。

在 com. system. mapper 包的 UserMapper. xml 文件中添加如下 SQL 映射语句：

```
<!--使用 trim 元素根据条件动态查询用户信息-->
<select id="selectUserByTrim" resultType=" com.system.po.User"parameterType=
    "com.system.po.User">
select *  from t_user
<trim prefix="where" prefixOverrides="and | or">
<if test=" username! =null and username! ="">
and username like concat('%',#{username},'%')
</if>
<if test="sex! =null and sex! ="">
and sex=#{sex}
</if>
</trim>
</select>
```

在 com. system. dao 包的 UserDao 接口中添加如下数据操作接口方法：

```
public List<User>  selectUserByTrim(User user);
```

在测试类中添加调用数据操作接口方法，代码如下：

```
//使用 trim 元素查询用户信息
User trimmu=new User();
trimmu. setUsername ("张");
trimmu. setSex("男");
List<User>  listByTrim=userDao.selectUserByTrim(trimmu);
for (User myUser:listByTrim) {
    System.out.println(myUser);
}
```

11.6.4 〈where〉元素

〈where〉元素主要用来简化 SQL 语句中的 where 条件判断，自动处理 and/or 条件。

在 com. system. mapper 包的 UserMapper. xml 文件中添加如下 SQL 映射语句：

```
<!--使用 where 元素根据条件动态查询用户信息-->
<select id="selectUserByWhere" resultType=
    "com.system.po.User"parameterType="com.system.po.User">
    select * from t_user
    <where>
        <if test=" username !=null and username !="">
            and username like concat('%',#{ username },'%')
        </if>
        <if test="sex !=null and sex !="">
            and sex=#{usex}
        </if >
    </where>
</select>
```

〈where〉元素的作用是会在写入 where 元素的地方输出一个 where，另外一个好处是不需要考虑〈where〉元素中的条件输出是什么样子的，MyBatis 会智能帮忙处理，如果所有的条件都不满足，那么 MyBatis 就会查出所有的记录，如果输出后是 and 开头，MyBatis 就会把第一个 and 忽略，如果是 or 开头，MyBatis 也会把 or 忽略；此外，在〈where〉元素中不需要考虑空格的问题，MyBatis 会智能帮你加上。在上面的代码中，如果 test＝"username! ＝ null and username ! ＝"，那么输出的整个语句会是 select * from t_user where username like concat('%', #{ username }, '%'，而不是 select * from t_user where and username like concat('%', #{username}, '%')，因为 MyBatis 会自动地把首个 and/or 给忽略。

在 com. system. dao 包的 UserDao 接口中添加如下数据操作接口方法：

```
public List<User>  selectUserByWhere(User user);
```

在测试类中添加调用数据操作接口方法，代码如下：

```
//使用 where 元素查询用户信息
    User wheremu=new User();
wheremu.setUname ("张");
wheremu.setUsex("男");
List<User>  listByWhere=userDao.selectUserByWhere(wheremu);
for (User myUser:listByWhere) {
    System.out.println(myUser);
}
```

11.6.5 〈set〉元素

〈set〉元素主要用在更新操作的时候，它的主要功能与〈where〉元素差不多。首先，在包含的语句前输出一个 set；然后，如果包含的语句以逗号结束，就会把该逗号忽略，如果〈set〉包含的内容为空，则会出错。有了〈set〉元素，就可以动态地更新那些修改了的字段。使用〈if〉和〈set〉标签修改后，如果某项为 null，则不进行更新，而是保持数据库原值。

在 com. system. mapper 包的 UserMapper. xml 文件中添加如下 SQL 映射语句：

```
<!--使用 set 元素动态修改一个用户-->
<update id="updateUserBySet" parameterType=" com.system.po.User ">
update user
<set>
<if test="username!=null"> username=#{username}</if>
<if test="sex!=null"> sex=#{sex}</if>
</set>
where id=#{id}
</update>
```

在 com. system. dao 包的 UserDao 接口中添加如下数据操作接口方法：

```
public int updateUserBySet(User user);
```

在测试类中添加调用数据操作接口方法，代码如下：

```
//使用 set 元素查询用户信息
User setmu=new User();
setmu.setId (1);
setmu.setUsername ("张九");
int setup=userDao.updateUserBySet(setmu);
System.out.println ("set 元素修改了"+setup+"条记录");
```

11.6.6 〈foreach〉元素

〈foreach〉元素主要用在构建 in 条件中，它可以在 SQL 语句中迭代一个集合。〈foreach〉元素的属性主要有 item、index、collection、open、separator、close。

- item：表示集合中每个元素进行迭代时的别名。
- index：指定一个名字，用于表示在迭代过程中每次迭代到的位置。
- open：表示该语句以什么开始。
- separator：表示在每次进行迭代时以什么符号作为分隔符。
- close：表示以什么结束。

在使用〈foreach〉元素时，最关键、最容易出错的是 collection 属性，该属性是必选的，但在不同的情况下，该属性的值是不一样的，主要有以下三种情况。

- 如果传入的是单参数且参数类型是一个 List，则 collection 属性值为 list。
- 如果传入的是单参数且参数类型是一个 array 数组，则 collection 的属性值为 array。
- 如果传入的参数有多个，则需要把它们封装成一个 Map，当然，单参数也可以封装成 Map。Map 的 key 就是参数名，所以这时 collection 的属性值是传入的 List 或 array 对象在自己封装的 Map 中的 key。

在 com. system. mapper 包的 UserMapper. xml 文件中添加如下 SQL 映射语句：

```
<!--使用 foreach 元素查询用户信息-->
<select id="selectUserByForeach"
```

```
    resultType="com.system.po.User" parameterType="List">
    select * from t_user where id in
    <foreach item="item" index="index" collection=
        "list" open="(" separator="," close=")">
        #{item}
    </foreach>
</select>
```

在 com. system. dao 包的 UserDao 接口中添加如下数据操作接口方法：

```
public List<User>  selectUserByForeach(List<Integer>listId);
```

在测试类中添加调用数据操作接口方法，代码如下：

```
//使用 foreach 元素查询用户信息
List<Integer>listId=new ArrayList<Integer>();
listId.add(1);
listId.add(2);
List<User>listByForeach=userDao.selectUserByForeach(listId);
for(User myUser : listByForeach) {
    System.out.println(myUser);
}
```

11.6.7 〈bind〉元素

〈bind〉元素可以从 OGNL 表达式中创建一个变量，并将其绑定到上下文。

在 com. system. mapper 包的 UserMapper. xml 文件中添加如下 SQL 映射语句：

```
<!--使用 bind 元素进行模糊查询-->
<select id="selectUserByBind" resultType=" com.system.po.User" parameterType=
    "com.system.po.User">
    <!--bind 中的 username 是 com.system.po.User 的属性名-->
    <bind name="paran_uname" value="'%'+username +'%'"/>
        select * from t_user where username like #{paran_uname}
</select>
```

在 com. system. dao 包的 UserDao 接口中添加如下数据操作接口方法：

```
public List<User>  selectUserByBind(User user);
```

在测试类中添加调用数据操作接口方法，代码如下：

```
//使用 bind 元素查询用户信息
User bindmu=new User();
bindmu.setUname ("张");
List<User>  listByBind=userDao.selectUserByBind(bindmu);
for (User myUser:listByBind) {
    System.out.println(myUser);
}
```

11.7 小结

本章首先介绍了MyBatis的核心API、配置文件的元素及其用法，重点介绍了映射插入语句、映射更新语句、映射删除语句、映射查询语句。然后通过实例讲解了单表操作和级联查询操作。最后介绍了动态SQL语句。通过本章的学习，读者能够编写增删改查等常见的映射文件，掌握单表和多表的数据操作，实现基本的MyBatis编程。

习 题 11

1. 简述MyBatis配置文件的功能与结构。
2. 简述MyBatis映射文件的功能与结构。
3. 简述数据表多对多关联的处理过程。
4. MyBatis提供的常用注解有哪些，分别起什么作用？
5. 使用MyBatis编程读取employee职工表中的内容。

第12章　SSM三大框架整合

学习目标

- SSM框架整合环境的搭建；
- 在Spring中配置MyBatis工厂；
- 使用Spring管理MyBatis的数据操作接口；
- SSM框架整合测试。

12.1　SSM框架整合环境的搭建

Spring是一个开源框架，也是一个轻量级的控制反转(IoC)和面向切面编程(AOP)的容器框架，还能更好地整合其他框架。

Spring MVC框架是一个MVC框架，通过实现Model-View-Controller模式来很好地将数据、业务与展现进行分离。

MyBatis是一个基于Java的持久层框架。

SSM框架由Spring、Spring MVC和MyBatis构成。用SSM框架实现一个Web应用程序，它们在架构中所处的位置不同，功能也各不相同，各司其职。将整个系统划分为表现层、Controller层、Service层、DAO层共四层。

使用Spring MVC负责请求的转发和视图管理，作为View层的实现者，完成用户的请求接收功能。Spring MVC的Controller作为整个应用的控制器，完成用户请求的转发及对用户的响应。Spring实现业务对象管理，以整个应用大管家的身份出现。整个应用中所有的Bean的生命周期行为均由Spring来管理，即整个应用中所有对象的创建、初始化、销毁及对象间关联关系的维护，均由Spring进行管理。MyBatis作为数据对象的持久化引擎，作为Dao层的实现者，完成对数据库的增、删、改、查功能。

12.1.1　*层次图*

1. 持久层

持久层属于MyBatis模块，也就是DAO层(Mapper层)。主要负责与数据库进行交互设计，用来处理数据的持久化工作，简单来说，就是执行CRUD操作。

首先是设计DAO的接口，并在Spring的xml配置文件中定义此接口的实现类。然后在模块中调用此接口来处理业务数据，而不用关心此接口的具体实现类是哪个类，结构显得非常清晰。

DAO层的数据源配置，以及有关数据库连接的参数都在Spring的配置文件中进行配置。

2. 业务层

业务层属于 Spring 模块，也就是 Service 层。主要负责业务模块的逻辑应用设计。

首先是设计 Service 的接口，再设计其实现的类。接着在 Spring 的配置文件中配置其实现的关联。这样就可以在应用中调用 Service 接口来进行业务处理。

Service 层的业务实现，具体要调用到已定义的 DAO 层的接口。

封装 Service 层的业务逻辑有利于通用的业务逻辑的独立性和重复利用性，程序显得非常简洁。

3. 控制层和表现层

控制层和表现层属于 Spring MVC 模块，也就是 Controller 层（Handler 层）和 View 层。

Controller 层主要负责具体的业务模块流程控制，通过调用 Service 层的接口来控制业务流程。

控制层的配置也同样是在 Spring 的配置文件里进行，针对具体的业务流程，会有不同的控制器，具体设计过程中可以将流程进行抽象归纳，设计出可以重复利用的子单元流程模块，这样不仅使程序结构变得清晰，也大大减少了代码量。

View 层则负责前端页面展示，需要和 Controller 层结合起来开发，即前端页面发送请求，Controller 层接收请求并进行处理，最后将数据返回到前端。

各层之间的联系如下。

- DAO 层、Service 层这两层都可以单独开发，相互的耦合度很低，完全可以独立进行，这样的一种模式在开发大项目的过程中尤其有优势。
- Controller 层、View 层因为耦合度比较高，因此要结合在一起开发，也可以将其看成一个整体独立于前两个层进行开发。这样，在层与层之前只需要知道接口的定义，调用接口即可完成所需要的逻辑单元应用，一切显得非常清晰、简单。
- Service 层是建立在 DAO 层之上的，建立了 DAO 层后才可以建立 Service 层，而 Service 层又是在 Controller 层之下的，因而 Service 层应该既调用 DAO 层的接口，又要提供接口给 Controller 层的类来进行调用，它刚好处于一个中间层的位置。每个模型都有一个 Service 接口，每个接口分别封装各自的业务处理方法。

12.1.2　导入相关 JAR 包

实现 MyBatis 与 Spring 的整合需要导入相关的 JAR 包，包括 MyBatis、Spring 以及其他 JAR 包。

1. MyBatis 框架所需的 JAR 包

MyBatis 框架所需的 JAR 包包括它的核心包和依赖包。

- mybatis-3.5.4.jar 核心包。
- asm-7.1.jar 字节码解析包，被 cglib 依赖。
- cglib-3.3.0.jar 动态代理的实现。
- commons-logging-1.2.jar 日志包。
- javassist-3.26.0-GA.jar 字节码解析包。

- log4j-1.2.17.jar 日志包。
- log4j-api-2.13.0.jar 日志。
- log4j-core-2.13.0.jar 日志。
- slf4j-api-1.7.30.jar 日志。
- slf4j-log4j12-1.7.30.jar 日志。

2. Spring 框架所需的 JAR 包

Spring 框架所需的 JAR 包包括它的核心模块 JAR、AOP 开发使用的 JAR、JDBC 和事务的 JAR 包，具体如下。

- aopalliance-1.0.jar。
- aspectjweaver-1.8.10.jar。
- spring-aop-5.2.5.RELEASE.jar。
- spring-aspects-5.2.5.RELEASE.jar。
- spring-beans-5.2.5.RELEASE.jar。
- spring-context-5.2.5.RELEASE.jar。
- spring-core-5.2.5.RELEASE.jar。
- spring-expression-5.2.5.RELEASE.jar。
- spring-jdbc-5.2.5.RELEASE.jar。
- spring-tx-5.2.5.RELEASE.jar。

3. MyBatis 与 Spring 整合的中间 JAR 包

该中间 JAR 包的版本为 mybatis-spring-2.0.4.jar，此版本可以从网址 https://github.com/mybatis/spring/releases 下载。

4. 数据库驱动 JAR 包

MySQL 数据库驱动包为 mysql-connector-java-5.1.40-bin.jar。

5. 数据源所需的 JAR 包

整合时使用的是 DBCP 数据源，需要准备 DBCP 和连接池的 JAR 包。

可以从网址 htttp://commons.apache.org/proper/commons-dbcp/download_dbcp.cgi 下载 DBCP 的 JAR 包。

可以从网址 http://commons.apache.org/proper/commons-pool/download_pool.cgi 下载连接池的 JAR 包。

Spring MVC 是一个基于 MVC 的 Web 框架，它是 Spring 框架的一个模块，两者无需通过中间模块进行整合。

12.2 在 Spring 中配置 MyBatis 工厂

通过与 Spring 的整合，MyBatis 的 SessionFactory 交由 Spring 来构建，构建时需要在 Spring 的配置文件中添加如下代码：

```
<!--配置数据源-->
```

```
<bean id="dataSource" class="org.apache.commons.dbcp.BasicDataSource">
    <property name="driverClassName" value="com.mysql.jdbc.Driver"/>
    <property name="url" value="jdbc:mysql://127.0.0.1:3306/test?UseUnicode=
        true&amp;characterEncoding=utf-8"/>
    <property name="username" value="root"/>
    <property name="password" value="root"/>
    <!--最大连接数-->
    <property name="maxTotal" value="30"/>
    <!--最大空闲连接数-->
    <property name="maxIdle" value="10"/>
    <!--初始化连接数-->
    <property name="initialSize" value="5"/>
</bean>
<!--配置 SqlSessionFactoryBean-->
<bean id="sqlSessionFactory" class="org.mybatis.spring.SqlSessionFactoryBean">
    <!--引用数据源组件-->
    <property name="dataSource" ref="dataSource"/>
    <!--引用 MyBatis 配置文件中的配置-->
    <property name="configLocation" value="classpath:mybatis-config.xml"/>
</bean>
```

12.3 使用 Spring 管理 MyBatis 的数据操作接口

使用 Spring 管理 MyBatis 的数据操作接口的方式有多种，其中最常用、最简洁的一种是基于 MapperScannerConfigurer 的整合。该方式需要在 Spring 的配置文件中加入以下内容：

```
<!--Mapper 代理开发，使用 Spring 自动扫描 MyBatis 的接口并装配 (Spring 将指定包中所有被@
Mapper 注解标注的接口自动装配为 MyBatis 的映射接口)-->
<bean class="org.mybatis.spring.mapper.MapperScannerConfigurer">
    <!--mybatis-spring 组件的扫描器，com.dao 只需要接口 (接口方法与 SQL 映射文件中的相同)-->
    <property name="basePackage" value="com.dao"/>
    <property name="sqlSessionFactoryBeanName" value="sqlSessionFactory"/>
</bean>
```

12.4 SSM 框架整合案例

开发一个项目的时候，需要完成以下功能模块。

- 实体类 entity，定义对象的属性(可以参照数据库中表的字段来设置，数据库的设计应该在所有编码开始之前)。
- Mapper. xml(MyBatis)定义功能，对应要对数据库进行的那些操作，比如 insert、selectAll、selectByKey、delete、update 等。

- Mapper. java/Dao. java，将 Mapper. xml 中的操作按照 id 映射成 Java 函数。实际上就是 DAO 接口，二选一即可。
- Service. java，为控制层提供服务，接受控制层的参数，完成相应的功能，并返回给控制层。
- Controller. java，连接页面请求和服务层，获取页面请求的参数，通过自动装配，映射不同的 URL 到相应的处理函数，并获取参数，对参数进行处理，之后传给服务层。
- JSP 页面调用，请求哪些参数，需要获取什么数据。

本节的实例使用 SSM 三大框架整合，完成用户信息管理模块的增、删、改、查操作。

12.4.1 准备数据库

创建数据库 mybatis，创建表 t_user，代码如下：

```
create database mybatis;
use mybatis;
create table t_user
(
    id int primary key AUTO_INCREMENT,
    username varchar(50),
    password varchar(50),
    sex varchar(2),
    birthday date,
    address varchar(50),
);
```

输入几条记录，结果如图 12-1 所示。

id	username	password	sex	birthday	address
1	Mary	123	女	1990-01-01	武汉
2	张三	333	男	1997-06-06	上海
3	李四	444	女	2000-02-11	北京

图 12-1　数据表记录

12.4.2 创建 Web 应用项目

在 Eclipse 中创建 Web 应用项目并导入有关的 JAR 包，项目结构如图 12-2 所示，导入的包如图 12-3 所示。

12.4.3 创建持久化层

创建 com. system. po 包，并在该包中创建 POJO 类，也就是实体类，代码如下：

```
package com.system.po;

import java.sql.Date;
```

ssm1
- Deployment Descriptor: ssm1
- JAX-WS Web Services
- Java Resources
  - src
    - com.system.controller
      - UserController.java
    - com.system.dao
      - UserDao.java
      - UserMapper.xml
    - com.system.po
      - MyUser.java
    - com.system.service
      - UserService.java
      - UserServiceImpl.java
    - applicationContext.xml
    - log4j.properties
    - mybatis-config.xml
    - springmvc-config.xml
  - Libraries
- JavaScript Resources
- Referenced Libraries
- build
- WebContent
  - META-INF
  - WEB-INF
    - jsp
      - addUser.jsp
      - listUser.jsp
      - updateUser.jsp
    - lib
    - web.xml

图 12-2　项目结构

lib
- ant-1.9.6.jar
- ant-launcher-1.9.6.jar
- aopalliance-1.0.jar
- asm-5.2.jar
- aspectjweaver-1.8.13.jar
- cglib-3.2.5.jar
- commons-dbcp2-2.2.0.jar
- commons-logging-1.2.jar
- commons-pool2-2.5.0.jar
- javassist-3.22.0-CR2.jar
- log4j-1.2.17.jar
- log4j-api-2.3.jar
- log4j-core-2.3.jar
- mybatis-3.4.5.jar
- mybatis-spring-1.3.1.jar
- mysql-connector-java-5.1.45-bin.jar
- ognl-3.1.15.jar
- slf4j-api-1.7.25.jar
- slf4j-log4j12-1.7.25.jar
- spring-aop-5.0.2.RELEASE.jar
- spring-aspects-5.0.2.RELEASE.jar
- spring-beans-5.0.2.RELEASE.jar
- spring-context-5.0.2.RELEASE.jar
- spring-core-5.0.2.RELEASE.jar
- spring-expression-5.0.2.RELEASE.jar
- spring-jdbc-5.0.2.RELEASE.jar
- spring-tx-5.0.2.RELEASE.jar
- spring-web-5.0.2.RELEASE.jar
- spring-webmvc-5.0.2.RELEASE.jar
- taglibs-standard-impl-1.2.5.jar
- taglibs-standard-spec-1.2.5.jar

图 12-3　导入的包

```
public class MyUser {
    private int id;
    private String username;
    private String password;
    private String sex;
    private Date birthday;
    private String address;
    public int getId() {
        return id;
    }
    public void setId(int id) {
        this.id=id;
    }
    public String getUsername() {
        return username;
    }
    public void setUsername(String username) {
        this.username=username;
    }
    public String getPassword() {
```

```
        return password;
    }
    public void setPassword(String password) {
        this.password=password;
    }
    public String getSex() {
        return sex;
    }
    public void setSex(String sex) {
        this.sex=sex;
    }
    public Date getBirthday() {
        return birthday;
    }
    public void setBirthday(Date birthday) {
        this.birthday=birthday;
    }
    public String getAddress() {
        return address;
    }
    public void setAddress(String address) {
        this.address=address;
    }

}
```

12.4.4 创建DAO层

创建com.system.dao包，并在包中创建UserDao接口，代码如下：

```
package com.system.dao;
import java.util.List;
import org.apache.ibatis.annotations.Mapper;
import org.springframework.stereotype.Repository;
import com.system.po.MyUser;
@Repository("userDao")
@Mapper
public interface UserDao {
    /**
     *接口方法对应SQL映射文件UserMapper.xml中的id
     */
    public List<MyUser>  selectUser();
    public int addUser(MyUser u);
    public int updateUser(MyUser u);
    public int deleteUser(int id);
```

```
    public MyUser selectById(int id);
}
```

在 com. system. dao 包中创建 UserMapper. xml，代码如下：

```
<?xml version="1.0" encoding="UTF-8"?>
<!DOCTYPE mapper
PUBLIC "-//mybatis.org//DTD Mapper 3.0//EN"
"http://mybatis.org/dtd/mybatis-3-mapper.dtd">
<!--com.dao.UserDao 对应 Dao 接口-->
<mapper namespace="com.system.dao.UserDao">
    <!--查询用户信息-->
    <select id="selectUser" resultType="com.system.po.MyUser">
        select * from t_user
    </select>
    <!--添加用户信息-->
    <insert id="addUser" parameterType="com.system.po.MyUser" keyProperty=
        "id" useGeneratedKeys="true">
        insert into t_user(username,password,sex,birthday,address)
            values (#{username},#{password},#{sex},#{birthday},#{address})
    </insert>
    <!--修改用户信息-->
    <update id="updateUser" parameterType="com.system.po.MyUser" >
        update t_user
        set username=#{username},password=#{password},sex=#{sex},
        birthday=#{birthday},address=#{address}
        where id=#{id}
    </update>
    <!--删除用户信息-->
    <delete id="deleteUser" parameterType="int" >
        delete from t_user where id=#{id}
    </delete>
    <!--通过 id 查询用户信息-->
    <select id="selectById" parameterType="int" resultType="com.system.po.MyUser">
        select * from t_user where id=#{id}
    </select>
</mapper>
```

12.4.5　创建 Service 层

创建 com. system. service 包，并在包中创建 UserService 接口，代码如下：

```
package com.system.service;
import java.util.List;

import com.system.po.MyUser;
```

```
public interface UserService {
    public List<MyUser> selectUser();
    public int addUser(MyUser u);
    public int updateUser(MyUser u);
    public int deleteUser(int id);
    public MyUser selectById(int id);
}
```

在 com. system. service 包中创建 UserServiceImpl 类，代码如下：

```
package com.system.service;
import java.util.List;
import org.springframework.beans.factory.annotation.Autowired;
import org.springframework.stereotype.Service;
import org.springframework.transaction.annotation.Transactional;

import com.system.dao.UserDao;
import com.system.po.MyUser;
@Service("userService")
@Transactional
public class UserServiceImpl implements UserService{
    @Autowired
    private UserDao userDao;
    @Override
    public List<MyUser> selectUser() {
        return userDao.selectUser();
    }
    public int addUser(MyUser u) {
        return userDao.addUser(u);
    }
    public int updateUser(MyUser u) {
        return userDao.updateUser(u);
    }
    public int deleteUser(int id) {
        return userDao.deleteUser(id);
    }
    public MyUser selectById(int id) {
        return userDao.selectById(id);
    }
}
```

12.4.6 创建 Controller 层

创建 com. system. controller 包，并在包中创建 UserController 类，代码如下：

```
package com.system.controller;
```

```
import java.util.List;
import org.springframework.beans.factory.annotation.Autowired;
import org.springframework.stereotype.Controller;
import org.springframework.ui.Model;
import org.springframework.web.bind.annotation.RequestMapping;
import org.springframework.web.servlet.ModelAndView;
import com.system.po.MyUser;
import com.system.service.UserService;
@Controller
public class UserController {
    @Autowired
    private UserService userService;
    @RequestMapping("/listUser")
    public String listUser(MyUser user, Model model) {
        List<MyUser> list=userService.selectUser();
        model.addAttribute("listUser", list);
        return "listUser";
    }
    @RequestMapping("/toaddUser")
    public String toaddUser(){
        return "addUser";
    }
    @RequestMapping("/addUser")
    public String addUser(MyUser user) {
        userService.addUser(user);
        return "redirect:/listUser";
    }
    @RequestMapping("/toupdateUser")
    public ModelAndView toupdateUser(int id) {
        ModelAndView mv=new ModelAndView();
        MyUser user=userService.selectById(id);
        mv.addObject("user",user);
        mv.setViewName("updateUser");
        return mv;
    }
    @RequestMapping("/updateUser")
    public ModelAndView updateUser(MyUser user) {
        ModelAndView mv=new ModelAndView();
        userService.updateUser(user);
        mv.setViewName("forward:listUser");
        return mv;
    }
    @RequestMapping("/deleteUser")
    public String deleteUser(int id) {
```

```
        userService.deleteUser(id);
        return "redirect:/listUser";
    }
    @RequestMapping("/selectById")
    public String selectById(int id, Model model) {
        MyUser user=userService.selectById(id);
        model.addAttribute("userList", user);
        return "userList";
    }
}
```

12.4.7 创建 Web 页面

在 WEB-INF 目录下创建 jsp 目录，在 jsp 目录中创建 listUser. jsp 查询所有用户信息列表页面，创建 addUser. jsp 显示添加用户信息表单页面，创建 updateUser. jsp 显示修改用户信息表单页面。

listUser. jsp 页面的源代码如下：

```
<%@page language="java" contentType="text/html; charset=UTF-8" pageEncoding=
    "UTF-8"%>
<%@taglib prefix="c" uri="http://java.sun.com/jsp/jstl/core"%>
<!DOCTYPE html PUBLIC "-//W3C//DTD HTML 4.01 Transitional//EN"
"http://www.w3.org/TR/html4/loose.dtd">
<html>
<head>
<meta http-equiv="Content-Type" content="text/html; charset=UTF-8">
<title> Insert title here</title>
</head>
<body>
<table align="center" border="1" cellspacing="0" width="60%">
    <tr><td colspan="7" align="center"> 用户信息</td></tr>
    <tr align="center">
        <td>用户编号</td>
        <td>用户名</td>
        <td>密码</td>
        <td>性别</td>
        <td>出生年月</td>
        <td>地址</td>
        <td>操作</td>
    </tr>

    <c:forEach items="${listUser}" var="user">
    <tr align="center">
        <td>${user.id}</td>
```

```
        <td>${user.username}</td>
        <td>${user.password}</td>
        <td>${user.sex}</td>
        <td>${user.birthday}</td>
        <td>${user.address}</td>
        <td>
        <a href="${pageContext.request.contextPath }/toupdateUser?id=
            ${user.id}">修改</a>
        <a href="${pageContext.request.contextPath }/deleteUser?id=
            ${user.id}">删除</a>
        </td>
    </tr>
    </c:forEach>
    <tr><td colspan="7"><a href="${pageContext.request.contextPath }/
        toaddUser">增加</a></td></tr>
</table>
</body>
</html>
```

addUser.jsp 页面的源代码如下：

```
<%@page language="java" contentType="text/html; charset=
    UTF-8" pageEncoding="UTF-8"%>
<%@taglib prefix="c" uri="http://java.sun.com/jsp/jstl/core"%>
<!DOCTYPE html PUBLIC "-//W3C//DTD HTML 4.01 Transitional//EN"
    "http://www.w3.org/TR/html4/loose.dtd">
<html>
<head>
<meta http-equiv="Content-Type" content="text/html; charset=UTF-8">
<title> Insert title here</title>
</head>
<body>
    <form action="addUser" method="post">
    <table align="center" border="1" cellspacing="0" width="300">
    <tr><td colspan="2" align="center">添加用户信息</td></tr>
    <tr>
        <td>用户名:</td>
        <td><input type="text" name="username"/></td>
    </tr>
    <tr>
        <td>密码:</td>
        <td><input type="text" name="password"/></td>
    </tr>
    <tr>
        <td>性别:</td>
        <td><input type="text" name="sex"/></td>
    </tr>
    <tr>
```

```
        <td>出生年月:</td>
        <td><input type="text" name="birthday"/></td>
    </tr>
    <tr>
        <td>地址:</td>
        <td><input type="text" name="address"/></td>
    </tr>
    <tr>
        <td colspan="2" align="center"><input type="submit" value="添加用户"/></td>
    </tr>
    </table>
    </form>
</body>
</html>
```

updateUser.jsp 页面的源代码如下：

```
<%@page language="java" contentType="text/html; charset=
    UTF-8" pageEncoding="UTF-8"%>
<%@taglib prefix="c" uri="http://java.sun.com/jsp/jstl/core"%>
<!DOCTYPE html PUBLIC "-//W3C//DTD HTML 4.01 Transitional//EN"
    "http://www.w3.org/TR/html4/loose.dtd">
<html>
<head>
<meta http-equiv="Content-Type" content="text/html; charset=UTF-8">
<title> Insert title here</title>
</head>
<body>
    <form action="updateUser" method="post">
    <table align="center" border="1" cellspacing="0" width="300">
    <tr> <td colspan="2" align="center"> 修改用户信息</td></tr>
    <tr>
        <td>用户编号:</td>
        <td><input type="text" value="${user.id}" name="id"/></td>
    </tr>
    <tr>
        <td> 用户名:</td>
        <td><input type="text" value="${user.username}" name="username"/></td>
    </tr>
    <tr>
        <td>密码:</td>
        <td><input type="text" value="${user.password}"name="password"/></td>
    </tr>
    <tr>
        <td>性别:</td>
        <td><input type="text" value="${user.sex}"name="sex"/></td>
```

```
    </tr>
    <tr>
        <td> 出生年月:</td>
        <td><input type="text" value="${user.birthday}"name="birthday"/></td>
    </tr>
    <tr>
        <td> 地址:</td>
        <td><input type="text" value="${user.address}"name="address"/></td>
    </tr>
    <tr>
        <td colspan="2" align="center"><input type="submit" value="点击修改"/></td>
    </tr>
    </table>
    </form>
</body>
</html>
```

12.4.8 创建配置文件

1. web.xml

在 WEB-INF 目录下新增 web.xml 文件,代码如下:

```
<?xml version="1.0" encoding="UTF-8"?>
<web-app xmlns:xsi="http://www.w3.org/2001/XMLSchema-instance"
    xmlns="http://xmlns.jcp.org/xml/ns/javaee"
    xsi:schemaLocation="http://xmlns.jcp.org/xml/ns/
        javaee http://xmlns.jcp.org/xml/ns/javaee/web-app_3_1.xsd"
    id="WebApp_ID" version="3.1">
    <!--实例化 ApplicationContext 容器-->
    <context-param>
        <!--加载 src 目录下的 applicationContext.xml 文件-->
        <param-name> contextConfigLocation</param-name>
        <param-value>
            classpath:applicationContext.xml
        </param-value>
    </context-param>
    <!--指定以 ContextLoaderListener 方式启动 Spring 容器-->
    <listener>
        <listener-class>
            org.springframework.web.context.ContextLoaderListener
        </listener-class>
    </listener>
    <!--配置 DispatcherServlet -->
    <servlet>
```

```
        <servlet-name>springmvc</servlet-name>
        <servlet-class>org.springframework.web.servlet.DispatcherServlet
            </servlet-class>
        <init-param>
            <param-name>contextConfigLocation</param-name>
            <param-value>classpath:springmvc-config.xml</param-value>
        </init-param>
        <load-on-startup>1</load-on-startup>
    </servlet>
    <servlet-mapping>
        <servlet-name> springmvc</servlet-name>
        <url-pattern>/</url-pattern>
    </servlet-mapping>
    <!--避免中文乱码-->
    <filter>
        <filter-name>characterEncodingFilter</filter-name>

<filter-class>org.springframework.web.filter.CharacterEncodingFilter</filter-class>
        <init-param>
            <param-name>encoding</param-name>
            <param-value>UTF-8</param-value>
        </init-param>
        <init-param>
            <param-name>forceEncoding</param-name>
            <param-value>true</param-value>
        </init-param>
    </filter>
    <filter-mapping>
        <filter-name>characterEncodingFilter</filter-name>
        <url-pattern>/*</url-pattern>
    </filter-mapping>
</web-app>
```

2. applicationContext. xml

在 src 目录下新建 applicationContext. xml 文件，这是 Spring 的配置文件，其作用是管理各种配置信息。

通过注解，将 Service 的生命周期纳入 Spring 的管理。

```
<context:annotation-config />
<context:component-scan base-package="com.system.service"/>
```

配置数据源的代码如下：

```
<bean id="dataSource" class=
    "org.springframework.jdbc.datasource.DriverManagerDataSource">
```

配置生产 SqlSession 对象的工厂：

```
<bean id="sqlSession" class="org.mybatis.spring.SqlSessionFactoryBean">
```

扫描 Mapper，并将其生命周期纳入 Spring 的管理：

```
<bean class="org.mybatis.spring.mapper.MapperScannerConfigurer">
```

具体代码如下：

```
<?xml version="1.0" encoding="UTF-8"?>
<beans xmlns="http://www.springframework.org/schema/beans"
    xmlns:xsi="http://www.w3.org/2001/XMLSchema-instance"
    xmlns:context="http://www.springframework.org/schema/context"
    xmlns:tx="http://www.springframework.org/schema/tx"
    xsi:schemaLocation="http://www.springframework.org/schema/beans
        http://www.springframework.org/schema/beans/spring-beans.xsd
        http://www.springframework.org/schema/context
        http://www.springframework.org/schema/context/spring-context.xsd
        http://www.springframework.org/schema/tx
        http://www.springframework.org/schema/tx/spring-tx.xsd">
    <!--配置数据源-->
    <bean id="dataSource" class="org.apache.commons.dbcp2.BasicDataSource">
            <property name="driverClassName" value="com.mysql.jdbc.Driver" />
            <property name="url" value=
            "jdbc:mysql://localhost:3306/mybatis?characterEncoding=utf8" />
            <property name="username" value="root" />
            <property name="password" value="root" />
            <!--最大连接数-->
            <property name="maxTotal" value="30"/>
            <!--最大空闲连接数-->
            <property name="maxIdle" value="10"/>
            <!--初始化连接数-->
            <property name="initialSize" value="5"/>
    </bean>
    <!--添加事务支持-->
    <bean id="txManager"
        class="org.springframework.jdbc.datasource.DataSourceTransactionManager">
        <property name="dataSource" ref="dataSource"/>
    </bean>
    <!--开启事务注解-->
    <tx:annotation-driven transaction-manager="txManager"/>
    <!--配置 MyBatis 工厂，同时指定数据源，并与 MyBatis 完美整合-->
    <bean id="sqlSessionFactory" class="org.mybatis.spring.SqlSessionFactoryBean">
        <property name="dataSource" ref="dataSource"/>
        <!--configLocation 的属性值为 MyBatis 的核心配置文件-->
        <property name="configLocation" value="classpath:mybatis-config.xml"/>
```

```
    </bean>
    <!--Mapper 代理开发,使用 Spring 自动扫描 MyBatis 的接口并装配
    (Spring 将指定包中所有被@Mapper 注解标注的接口自动装配为 MyBatis 的映射接口)-->
    <bean class="org.mybatis.spring.mapper.MapperScannerConfigurer">
        <!--mybatis-spring 组件的扫描器-->
        <property name="basePackage" value="com.system.dao"/>
        <property name="sqlSessionFactoryBeanName" value="sqlSessionFactory"/>
    </bean>
    <!--指定需要扫描的包(包括子包),使注解生效。dao 包在 mybatis-spring 组件中已经扫描,
    这里不用再扫描-->
    <context:component-scan base-package="com.system.service"/>
</beans>
```

3. springmvc-config. xml

在 src 目录下新建 springmvc-config. xml。

扫描 Controller,并将其生命周期纳入 Spring 管理。

```
<context:annotation-config/>
<context:component-scan base-package="com.system.controller">
        <context:include-filter type="annotation"
        expression="org.springframework.stereotype.Controller"/>
</context:component-scan>
```

注解驱动,以使得访问路径与方法的匹配可以通过注解配置。

```
<mvc:annotation-driven/>
```

静态页面,如 html、css、js、images 可以访问。

```
<mvc:default-servlet-handler />
```

视图定位到/WEB/INF/jsp 这个目录下。

```
<bean class="org.springframework.web.servlet.view.InternalResourceViewResolver">
        <property name="viewClass"
            value="org.springframework.web.servlet.view.JstlView"/>
        <property name="prefix" value="/WEB-INF/jsp/"/>
        <property name="suffix" value=".jsp"/>
</bean>
```

具体代码如下:

```
<beans xmlns="http://www.springframework.org/schema/beans"
  xmlns:xsi="http://www.w3.org/2001/XMLSchema-instance"
  xmlns:mvc="http://www.springframework.org/schema/mvc"
  xmlns:context="http://www.springframework.org/schema/context"
  xmlns:tx="http://www.springframework.org/schema/tx"
  xsi:schemaLocation="http://www.springframework.org/schema/beans
  http://www.springframework.org/schema/beans/spring-beans.xsd
```

```
  http://www.springframework.org/schema/mvc
  http://www.springframework.org/schema/mvc/spring-mvc.xsd
  http://www.springframework.org/schema/context
  http://www.springframework.org/schema/context/spring-context.xsd">
    <!--配置包扫描器,扫描@Controller注解的类-->
    <context:component-scan base-package="com.system.controller"/>
    <!--加载注解驱动器-->
    <mvc:annotation-driven/>
    <!--配置视图解析器-->
    <bean class=
    "org.springframework.web.servlet.view.InternalResourceViewResolver">
        <property name="prefix" value="/WEB-INF/jsp/"/>
        <property name="suffix" value=".jsp"/>
    </bean>

</beans>
```

4. log4j. properties

编写导入的 log4j. properties 数据库配置文件(这里用的是 MySQL 数据库)。在 src 下新建 log4j. properties 文件,代码如下:

```
#Global logging configuration
log4j.rootLogger=ERROR, stdout
#MyBatis logging configuration...
log4j.logger.com.dao=DEBUG
#Console output...
log4j.appender.stdout=org.apache.log4j.ConsoleAppender
log4j.appender.stdout.layout=org.apache.log4j.PatternLayout
log4j.appender.stdout.layout.ConversionPattern=%5p [%t] - %m%n
```

5. mybatis-config. xml

其代码如下:

```
<?xml version="1.0" encoding="UTF-8"?>
<!DOCTYPE configuration
PUBLIC "-//mybatis.org//DTD Config 3.0//EN"
"http://mybatis.org/dtd/mybatis-3-config.dtd">
<configuration>
    <typeAliases>
        <typeAlias alias="MyUser" type="com.system.po.MyUser"/>
    </typeAliases>
    <mappers>
        <mapper resource="com/system/dao/UserMapper.xml"/>
    </mappers>
</configuration>
```

12.4.9 发布并运行应用程序

项目部署到 Web 服务器，在浏览器中输入地址 http://localhost:8080/ssm1/listUser 查询数据表里的所有用户记录，结果如图 12-4 所示。点击"增加"链接，跳转到添加用户信息页面，如图 12-5 所示，添加用户完成后，跳转到查询结果页面，可以看到新增加的记录。点击"点击修改"链接，跳转到修改用户信息页面，如图 12-6 所示，修改用户完成后，跳转到查询结果页面，可以看到修改后的记录。点击"删除"链接，删除用户完成后，跳转到查询结果页面，可以看到删除后的记录，如图 12-7 所示。

Insert title here

http://localhost:8080/ssm1/listUser

用户信息						
用户编号	用户名	密码	性别	出生年月	地址	操作
1	Mary	123	女	1990-01-01	武汉	修改 删除
2	张三	333	男	1997-06-06	上海	修改 删除
3	李四	444	女	2000-02-11	北京	修改 删除
增加						

图 12-4 查询结果

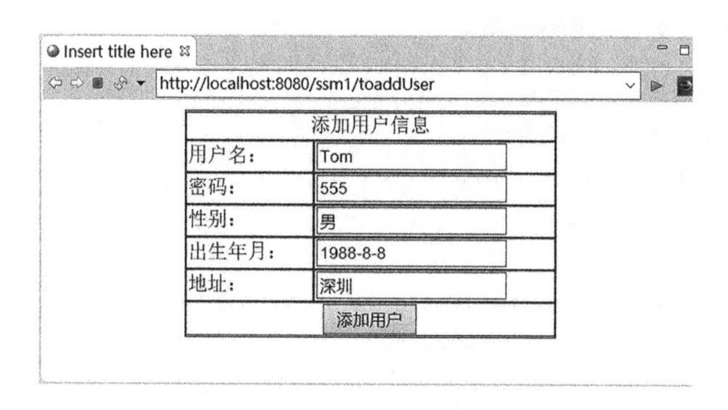

图 12-5 添加用户信息页面

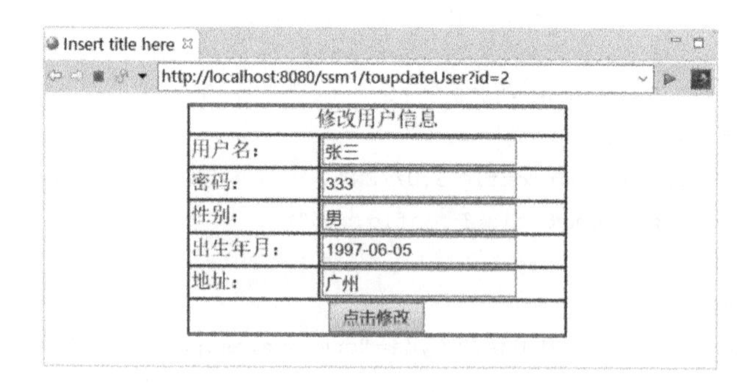

图 12-6 修改用户信息页面

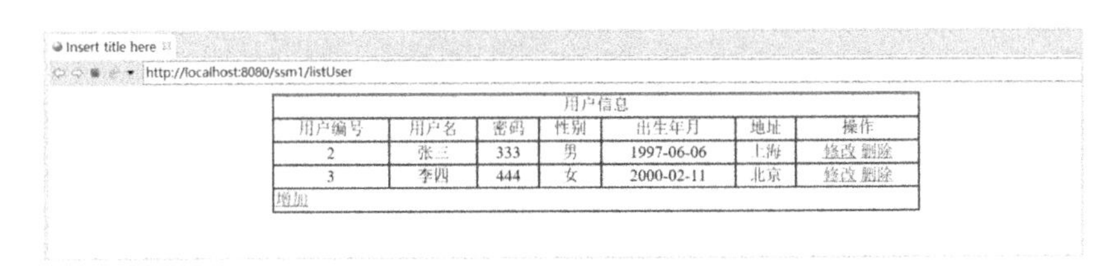

图 12-7　删除结果

12.5　小结

本章重点介绍了 SSM 三大框架整合开发环境的搭建，其中主要是 Spring 和 MyBatis 的整合，并通过一个开发实例展示了 SSM 的具体应用。通过本章的学习，读者能够运用 SSM 框架来完成基本的 Web 应用开发。

习　题　12

1. 解释 SSM 是哪三大框架？
2. Spring、Spring MVC 和 MyBatis 框架在项目开发过程中分别起什么作用？
3. 使用 SSM 开发项目的优势在哪里？

参考文献

[1] 黑马程序员. Java EE 企业级应用开发教程(Spring+Spring MVC+MyBatis)[M]. 北京:人民邮电出版社,2017.

[2] 李西明,陈立为. SSM 开发实战教程[M]. 北京:人民邮电出版社,2019.

[3] 陈恒,楼偶俊,张立杰. Java EE 框架整合开发入门到实战[M]. 北京:清华大学出版社,2018.

[4] 千锋教育高教产品研发部. Java EE(SSM)企业应用实战[M]. 北京:清华大学出版社,2019.

[5] 梁永先,李树强,朱林. Java Web 程序设计 慕课版[M]. 北京:人民邮电出版社,2016.

[6] 谭振江. Java Web 开发技术[M]. 北京:人民邮电出版社,2019.